현대건축 흐름과 맥락

KB072139

STORY OF MODERN ARCHITECTURE

© original edition: h.f.ullmann publishing GmbH

Original title: Die Geschichte der modernen Architektur

ISBN original edition in German: 978-3-8480-0564-2

Managing Editor: Peter Delius

Project Management: Ulrike Reihn-Hamburger

Cover design: Simone Sticker

Cover: All images © Archiv für Kunst und Geschichte, Berlin, except for:

Front cover top left and top middle right

Back cover bottom: © British Architectural Library Photographs Collection

Printed in Korea

The Story of MODERN ARCHITECTURE of the 20th Century

현대건축

흐름과 맥락

1890-2010

Jürgen Tietz 저 **고성룡** 역

씨아이알

옮긴이의 글

　대학에서 근대건축과 현대건축을 가르쳐오면서 늘 갖던 생각은, 학생들에게 정확한 지식을 전달하면서도 매우 콤팩트한 내용의 교재가 아쉽다는 것이었다. 그리고 건축의 배경이 되는 사회 문화적 역사를 간략히 언급하고 있다면 더욱 좋겠다고 생각했다. 따라서 이런 교재를 써야겠다고 항상 마음에 두고 있었다.

　10여 년 전 프랑스 파리 벨빌 건축대학에서 졸업설계심사에 참여하는 도중, 시간을 내 저녁 때 들른 파리 시내 뤼느서점에서 이 책의 프랑스어 판을 처음 발견하였다. 얼른 구입하고 살펴보니, 문화적 역사적 토픽과 어우러진 정확한 시대별 건축 경향이 잘 정리되어 있어 현대건축 교재로는 그만이었다.

　한국으로 돌아온 후 아마존닷컴에 조회하니 이미 독일어, 영어, 프랑스어, 스페인어로 번역 출판되었고, 세계 여러 나라 건축대학에서 교재로 쓰고 있음을 확인하였다. 그래서 학생들에게 원서강독을 겸하여 이 책의 영어판을 교재로 그동안 근대건축과 현대건축 수업을 진행하여 왔다. 학생들은 내용이 매우 잘 정리되어 있어 수업교재로는 만족하면서도, 학습효과를 더욱 높일 수 있게 번역본을 내달라는 무언의 압력으로 시끌시끌하였다.

　이 책은 1890년부터 2010년까지 대체로 10년 단위로 근대건축과 현대건축의 흐름과 배경을 자세하게 설명하고 관련된 세계사의 흐름을 매 장마다 첫 부분에 정리하고 있어, 이 번역본의 제목을 『현대건축–흐름과 맥락』으로 하는 계기가 되었다. 또한 내용에 적확한 사진들을 게시하고 있어 독일 출판사의 원 도판을 그대로 수용하였다. 그리고 학생이나 일반인이 참고할 수 있도록 용어해설과 건축가 인명해설도 덧붙이고 있다.

　원서는 1999년 처음 출판되었고 몇 차례 개정판을 낸 뒤, 특히 2000년 이후의 건축경향을 다룬 내용을 추가하여 2013년 최종 출간되었다. 이 책은 2013년 펴낸 영어판을 번역한 것이며, 지은이의 의도에 공감하여 옮긴이가 주요 건축용어에 영어를 함께 표기하여 교재로서도 충실하도록 보완하였다.

　끝으로 원서로 열심히 공부하여 이 책을 번역할 실마리를 마련해준 건축학과 학생들에게 감사하며 특히 원고를 꼼꼼히 읽어 준 김주애와 씨아이알 출판사 여러분께 감사드린다.

경상대학교 건축설계연구실 소슬재에서 고성룡 씀

CONTENT

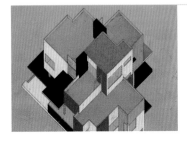

세기 전환기의 건축 1890-1910

Architecture at the turn of the century 1890-1910
Stocktaking and impulses
재고와 충동

18·19세기의 뿌리
THE ROOTS IN THE 18TH AND 19TH CENTURIES

우리 주변의 일상 The world around us

우리 일상생활은 상당 부분 우리를 둘러싸고 있는 건축의 영향을 매일 받고 있다. 즉 집에서나 일터에서, 외출하여 쇼핑할 때도 그렇다. 또한 수영장이나 축구장 또는 박물관에서 즐기거나 휴식할 때에도, 건축은 우리 활동에 필요한 건축 환경을 만들고 있다. 건축이 없다면 인간사회는 불가능할 지도 모른다.

우리 도시는 다채롭고 다층의 세계를 보이고 있다. 여러 세기에 걸쳐 세워진 건물들이 현대건축과 섞여 생활 유기체를 만들고 있다. 철과 유리로 된 고층빌딩은 고딕성당에 이어 높이 솟아 있고, 성당의 화강암 파사드를 비춰내고 있다. 사람이 서서 들어 갈 수 있을 정도의 큰 조각 같은 화려한 박물관 건물이, 소박하고 기능적인 공장이나 따분해 보이는 관공서들과 공존하고 있다.

20세기 말, 건축은 현재의 삶과 마찬가지로 다양한 면면들을 보이고 있다. 우리는 다양한 기능들이 매우 헷갈리게 조합된 도시에서 지내고 있으며, 건축은 매우 폭넓게 다양한 모습들로 도시에 필요한 틀을 부여하고 있다.

새로운 세계 ... New worlds...

20세기 건축기술이나 형태가 급격히 발전된 근원은 멀리 18세기까지 이른다. 계몽주의는 근대 시민들의 중요성과 사회적 위치를 높였으며, 정치문화를 근본적으로 변화시켰다. 구세기의 군주제는 급속하게 늘어가던 여러 집단들이 그 개념을 표출하였던 민주체제에 자리를 내주었다. 그 사상은 미국독립선언문(1776)에서 매우 상세히 그리고 강하게 구체화되었으며, 또한 프랑스혁명(1789) 중에 직접 정치적 표현으로 나타났다.

18세기에 내딛은 출발에 이어, 19세기가 생활 전반에 영향을 준 혁명적인 변화의 세기였음은 거의 피할 수 없는 사실이었다. 영국에서 시작하여 온 유럽과 북미로 퍼져나간 산업혁명은 새로운 유형의 근로자, 즉 전례 없이 수많은 공장에서 아주 어렵게 생계를 벌어나가는, 급여 노동자나 프롤레타리아를 만들어 냈다. 전 세계에서 급증한 공업화의 상징은 제임스 와트가 1785년에 발명한 증기기관이었으며, 이는 다시 공장과 주철공방으로 새롭게 확대되었고 적절한 건물유형을 발생시켰다.

다음으로, 새 시대의 의미 깊은 상징은 철도였다. 1830년 리버풀에 크라운 스트리트Crown Street 역이 승객을 위해 최초로 지어졌으며, 승객들은 편안하게 리버풀과 맨체스터를 여행할 수 있었다. 철도망이 전 유럽으로 뻗어나갔고, 사람들과 화물들을 상당히 먼 거리까지 마차보다 매우 빨리 수송할 수 있었다. 이는 다시 건축으로 귀결되었다. 예를 들어 산과 계곡을 지나려면 석

1833 영국에서 아동노동에 대한 최초 입법.

1837 영국 빅토리아 여왕 등극.

1842 중국이 영국에게 홍콩을 조차해주고 서구열강에 개항.

1848 카를 마르크스가 『공산당선언 Communist Manifesto』 발표.

1861 에이브러햄 링컨의 미 대통령 취임과 노예제 폐지.

1869 수에즈 운하 개통으로 인디아 항로 단축.

1871 보불전쟁 종전으로 독일제국 성립.

1876 A. G. 벨이 전화 특허 등록. 필라델피아에서 International Centennial Exhibition 개최.

1886 미국독립선언 100주년을 기념하여 프랑스 공화국이 보낸 자유의 여신상 건립.

1889 파리에서 만국박람회l'Exposition Universelle 개최. 에펠탑 완공.

1895 빌헬름 콘라트 뢴트겐이 X-레이 발견. 지그문트 프로이드가 정신분석학 정립. 베를린의 막스 스클라다노프스키와 파리의 뤼미에르 형제가 활동사진을 선보임.

1899 국제 갈등을 평화적으로 해결하려는 제1차 세계평화회의가 헤이그에서 개최되어 육전조약 채택. The United Fruits Company가 중앙아메리카에서 최초로 바나나 교역 독점권 획득.

1900 파리에서 만국박람회와 올림픽 게임 개최.

1900-01 중국에서 의화단 사건이 발발하여 서구열강의 원정대가 진압함.

1901 시어도어 루스벨트 미 대통령 취임. 토마스 만의 소설 『부덴브로크가의 사람들』 출간. 파리 시민의 일상 정경과 서커스단원들의 생활을 그린 피카소의 〈청색시대〉 시작. 파블로프

가 동물심리학 실험 시작.

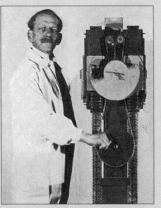
막스 스클라다노프스키와 바이오스코프(영사기), 1895

1903 독일 슈타이프가 라이프치히 박람회에 테디 베어를 처음 선보임.

1904 푸치니의 〈나비부인〉이 초연됨. 안톤 체호프 사망.

1905 에리히 헤켈, 에른스트 루트비히, 카를 슈미트-로틀루프가 표현주의 예술운동인 '다리파Die Brüke' 결성.

1906 대지진과 화재가 발생하여 샌프란시스코 파괴.

1907 마리아 몬테소리가 최초로 어린이집 설립. 쑨원(孫文)이 사회입법으로 중국 민주공화제를 세우려고 중국 혁명동맹회를 결성.

1908 마티스가 조르주 브라크의 미술을 '입체파Cubism'라고 명명.

1909 런던에서 최초로 파마머리 등장. 포드가 자동차 Model-T의 대량 생산체제를 구축하고 1909년 한 해 동안 19,000대 판매.

1910 일본이 한국 합병. 13대 달라이 라마가 중국에서 망명하여 인도에 임시정부 수립. 로베르 들로네가 그림 〈에펠탑〉 완성. 파이닝거가 입체파/표현주의 스타일로 주목받음.

재나 철재로 만든 터널과 대형 교량들이 필요하였으며, 이는 토목기술civil engineering의 걸작이기도 하였다.

철도역사는 단숨에 매우 거대하고 화려한 궁전 같은 건물로 자라났으며, 차지하는 공간의 크기 때문에 대부분 도시 경계부에 자리를 잡게 되었다.

새로운 건물들 ... new buildings ...

19세기 건축에 표현된 것은 기술적인 진보뿐만 아니라, 정부기관의 새롭고 민주적인 형태였다. 즉 찰스 배리Charles Barry가 설계한 런던 국회의사당(1839-52)이라든가, 파울 발롯Paul Wallot이 계획한 독일 베를린 국회의사당(1884-94), 그리고 임레 스타인들Imre Steindl의 부다페스트국회의사당(1885-1902) 같은 유명한 의사당 건물들과, 지방정부와 행정의 중심으로 쓰인 시청들이 세워졌으며, 이 같은 건물들은 또한 새롭게 형성된 부르주아들의 자신감을 강하게 표현하고 있다. 이러한 자신감은 거의 동시에 세워진 수많은 다른 건축 유형들, 예를 들면 클렌체Klenze의 독일 뮌헨 조각 갤러리Sculpture Gallery in Munich(1816-34)나 스머크Smirke의 대영박물관British Museum in London(1823-47) 같은 박물관 건

축에도 반영되어 있다. 이른바 이 '뮤즈의 전당temples of muses'들은 귀족들의 사적인 수집품 전시관을 대신하여 모든 이에게 개방되었으며, 자기 자신들을 교육하고자 하였던 중산층의 의지를 강하게 증명하고 있다.

이런 일들이 진행되는 동안 파리, 런던, 브뤼셀 같은 대도시에서는, 19세기 상업세계가 싹트면서 최초의 백화점들과 아케이드arcades - 지붕 덮인 상가 - 들이 탄생하였다.

익숙한 형태들 ... familiar forms ...

건축이 충족시켜야 할 요구조건들이 19세기에는 근본적으로 바뀌었으며, 건축가에게는 완전히 새로운 임무들이 계속 주어졌다. 그럼에도 불구하고 당시의 대다수 건축들은, 특히 인상적인 표현을 만들어 내야 한다는 요구 - 즉 국가를 경영하는데 귀족들을 대신하였듯이, 떠오르는 부르조아들이 귀족들로부터 물려받은 요구들 - 때문에, 그 특징들이 만들어졌다. 일찍이 1828년에 독일 건축가 하인리히 휩쉬Heinrich Hübsch는 "우리들은 어떤 양식으로 건축해야 할까?"라고 자문하며, 당시의 요구에 적합한 건축형태상의 양식style이 무엇인지에 대해, 19세기의 보편적인 불확실함을 말로써 표현하고 있다.

조셉 팩스턴, 크리스털 팰러스(수정궁)

런던. 1851. 1855년 시든햄으로 이축. 1936년 화재로 소실.

대기 중에 아로새긴 순수 공간 - 이는 수정궁이 만들어 내는 인상이다. 수정궁은 조경가이자 건축가인 조셉 팩스턴이 1851년 런던에서 최초로 개최된 만국박람회를 위해 건립하였다. 기본 모듈은 당시 생산 가능한 최대 유리패널 크기였다. 전시장의 모든 구성부품들을 표준화하고 조립 가능하도록 공장 생산하였다. 따라서 5개월도 안 되어 70,000㎡에 이르는 대형 홀을 세울 수 있었고 또한 폐막 후 시든햄으로 이축할 수도 있었다. 외장상 모든 장식을 배제하고, 철과 유리, 목재로 건설된 수정궁은 모든 중량감sense of solidity을 벗어 던졌다. 건축 엔지니어링이라는 새로운 분야 최초의 성공작이었으므로, 이후 많은 경쟁을 유발하였다. 20세기가 시작될 무렵 이 건물은 근대성modernity으로 향하는 돌파구였다.

아주 적절하고 두루 가치 있는 건축양식을 찾아내는 것이 19세기와 20세기 초 건축 특징 중의 하나였다. 그 기초가 된 것 중의 하나가, 이미 18세기부터 시작되었던 커다란 기획인, 건축역사에 대한 철저하고 과학적인 연구였다. 예를 들어, 고대 기념물들이 남겨진 곳들을 찾아 아테네나 로마, 시칠리아 등을 오랜 기간 연구 여행한 결과들이 대형 판화집으로 출판되었으며, 전 유럽의 수많은 건축가들이 이를 처음으로 접하게 되었다.

고대에 대한 고고학적인 연구 이외에도, 로마네스크Romanesque나 고딕Gothic, 르네상스Renaissance, 바로크Baroque에 대해서도 역사적으로나 예술적으로 새로이 조명하게 되었다. 매우 다양한 역사적 측면에 대한 이러한 정리 작업들을 이끈 원동력은, 건축양식은 물론 국가적 근원을 찾으려는 열망 때문이었다. 19세기는 민족주의 세기의 시작이었다. 예를 들어 신고딕neo-Gothic 양식이 19세기 전반 프러시아에서 매우 활발하게 번성하였는데, 이는 고딕의 근원이 독일이라고 여겼기 때문이다. 그러나 고딕양식은 중세 프랑스에서 생겨난 것이라는 사실이 나중에 연구로 밝혀졌다.

1800년대의 사람들은 이전 시대의 건축 유적들을 과학적으로 연구하기 시작하였을 뿐만 아니라, 건물 그 자체를 새로운 관심으로 다루었다. 건물들을 보존conservation하려고 노력하였을 뿐만 아니라, 건물이 심하게 손상되었을 때에는 다시 복원restoration하였다. 역사적 기념물의 보존 시대가 시작되었다.

건축역사의 배경과 전개에 대해 아주 깊이 파고들어 연구함에 따라, 당대 건축가들은 갑자기 자신의 작업에 사용할 수 있는 폭넓은 건축양식들을 갖게 되었다. 하인리히 휩쉬도 어떤 양식으로 건축해야 할지를 물은 자기 자신의 질문에, 로마네스크에서 빌려온 둥근 아치round-arch 스타일을 택함으로써 답하게 되었다. 그러나 19세기에는 휩쉬의 질문에 더욱 많은 답을 더해주게 되었다. 1800년대에는 고대 그리스까지 거슬러 오르는 모습의 건축물로 전 유럽에 고전주의classicism가 퍼져나간 반면에, 고트프리트 젬퍼Gottfried Semper는 1838년에서 1841년에 걸쳐 건설된 드레스덴 오페라좌(1871–1878에 재건립되었고, 현 오페라하우스는 1985년에 세워졌다) 같은 대형건물에 알맞은 건축양식으로 신르네상스neo-

renaissance 양식을 채택하였다. 다른 경향으로는, 결과적으로 이전 양식들을 모두 쓸어버렸던 네오바로크neo-Baroque 양식을 샤를르 가르니에Charles Garnier가 파리 오페라좌(1861–75)에서 시작하였다. 영감의 원천으로 역사를 바라보는 경향은 점차 증가하여 19세기 후반에는 절정에 이르게 되었으며, 건축가가 저마다 참고하는 시대나 양식이 다르다 할지라도 이를 일반적으로 역사주의historicism라 불렀다.

20세기에는 오랜 기간 동안 역사주의로 만들어진 건축들을 다소 무시하는 경향이 일반적이었다. 왜냐하면 역사주의 그 자체에는 창조력이 없다고 여겼기 때문이다. 그래서 1920년대에 신건축Neues Bauen 운동으로 이를 깨닫게 되자, 사람들은 이전부터 내려오던 주택 파사드를 간단히 내던져버렸다. 때문에 20세기 두 차례의 전쟁으로 이미 두드러지게 고갈된 도시들은, 다시 보수가 불가능할 정도로 더욱 손실을 입게 되었다.

도시의 모습 The aspect of the town

건축이 바뀜에 따라 도시의 모습도 변화하였다. 한눈에 들어오는 조그만 도시들, 이는 1800년대까지도 지켜진 일반 규칙이었지만, 19세기 말에 이르러는 마치 몰록Moloch신의 거대도시처럼 바뀌게 되었다. 중세의 성벽들이 헐려지고, 도시의 경계가 시골로 더욱 확장되었다. 그러나 가장 심각하게도, 일자리와 좋은 주거조건을 바라면서 시골에 있는 자신들의 집을 등졌던 수백만 노동자들과 그 가족들의 주거가, 공장이나 산업장치물들을 둘러싸게 되었다.

빛과 신선한 공기가 들지 않고 돌멩이투성이 뒤뜰이 있어 악명 높은 그리고 증가일로에 있는 저급주택을 세우려고 토지 투기가 성행하였다. 가능한 한 아주 작은 공간에 조금이라도 더 밀어넣었기 때문에, 모든 거주민층이 쇠약해지고 병들기 시작한 반면에, 더욱 부유했던 부르주아들은 이전에 자신들이 비난했던 귀족들의 생활양식을 일구게 되었다.

19세기 말경에는 이러한 거주조건들이 점차 바뀌게 되었다. 빛과 공기가 인구의 비특권층 주거에도 들어가기 시작하였다. 레이먼드 언윈Raymond Unwin과 배리 파커Barry Parker는 1898년과 1914년 사이에 최초의 전원도시garden city를 영국 허트포드셔 근처 레치워드Lechworth에 건설하였고, 1893년에는 알프레드 메셀Alfred Messel이

귀스타브 에펠, 에펠탑
파리, 1889

에펠탑은 귀스타브 에펠과 모리스 쾨쉴랭이 1889년 파리 만국박람회 때 건립하였으며, 건축 엔지니어링과 파리 스카이라인 분야 모두에서 정점을 이루는 상징이 되었다.

엔지니어이자 기업가였던 에펠은, 수많은 교량과 철도역사 건설에서 얻은 경험들을 이 탑에 집중하였다. 실제 용도와는 상관없이 에펠탑은 이후 40년 동안 세계에서 가장 높은 구조물이었다. 당시로서는 상상하기 어려운 1,000ft(300m)의 높이를, 공장 생산되어 리벳으로 고정한 철제 거더들의 구조체로 달성하였으며, 최소의 하중으로 최대의 안정성을 확보하고 있다. 힘의 분산을 탑의 형태에서 바로 볼 수 있다. 각주를 연결하는 네 개의 아치만이 장식요소로서 나중에 더해졌다. 파리 시민들은 '벌거벗은 건축naked architecture'이라 묘사하였던 이 탑과 하루도 함께 지내지 않을 수 없었을 뿐만 아니라, 철거에 대해 격렬하게 논쟁을 벌였다. 그러나 이미 1900년에 이르러 에펠탑은 파리의 상징이 되었으며, 예술작품으로 널리 알려지게 되었다.

베를린 지킨젠스트라세Sickingenstrasse에 임대 아파트를 건설하여, 20세기 전반의 의욕적인 주거단지 개발로 이어지는 주거 개량 운동의 기초가 되었다.

유리, 철, 콘크리트 – 새로운 가능성들을 만들어 낸 새로운 건물 재료들 Glass, iron, concrete - new building materials create new possibilities

나무, 돌, 벽돌같이 수천 년 동안 사용하여온 친근한 건물 재료들과 함께, 19세기에는 주철, 아연, 강철, 유리 같은 새로운 재료들이 건축에서 갈 길을 찾기 시작하였다. 이 새 재료들이 늘 눈에 띄도록 사용되지는 않았기 때문에, 역사주의 외관을 띤 건물의 내부에 근대적인 잠식이, 즉 과감하게 지붕을 철이나 유리 천창으로 설치하는 일들이 빈번히 일어났다.

일찍이 19세기 중반에 단일 재료를 쓴 건물인 크리스털 팰러스the Crystal Palace가 런던에 만들어졌다. 이 유리 궁전은 최초의 국제박람회인 1851년 만국박람회the Great Exhibition of 1851를 위해 세워졌으며, 이전의 모든 전통양식과 무관하였다. J. 팩스턴Paxton은 순전히 주철 프레임으로 지지되고, 석재가 아니라 판유리로 구성된 벽으로, 기념비적인 구조물을 만들어 냈다. 유리 마천루로 특징되는 시대인 현재에서 볼 때, 주변이 모두 돌로만 둘러싸인 당시 사람들이 이 고상한 구조물을 얼마나 혁명적으로 느꼈을까를 상상하기란 그리 쉽지 않다.

주철과 유리로 건립된 이 전시 건축물은, 건축에서 기능적인 부재를 체계적으로 절감하도록 이끄는 발전의 첫걸음이 되었다. 역사주의 양식을 띠는 대부분의 건물들은, 아직도 현란한 취향과 겉보기에 화려한 장식을 보이고 있었으며, 이런 취향과 장식들은 기능과는 아무런 상관없이 공장이나 공공건물 또는 단순히 주거에도 적용되고 있었다. 이와는 반대로 모든 건축을, 넘쳐나는 모든 장식을 피해 가장 기능적으로 만들어내야 한다는 주장들도 제기되고 있었다. 이런 사고방식을 미국 건축가 루이스 설리번Louis Sullivan은 의미심장한 어구로 요약하였다. 즉 "형태는 기능을 따른다Form follows function"이다. 이 말은 20세기 근대건축을 이끄는 원칙 중의 하나가 되었다.

J. 팩스턴의 이 유리 궁전은, 적지 않게 토목기술의 걸작에서만 발견할 수 있었던, 19세기 건축의 혁신을 또한 보여주고 있다. 또 다른 근대 아이콘은 에펠탑Eiffel Tower이었으며, 이 탑은 토목 엔지니어인 귀스타브 에펠Gustav Eiffel과 모리스 쾨쉴랭Maurice Koechlin이 건설하였다. 1889년 만국박람회L'Exposition Universelle de 1889의 하나로, 파리 중심부 외곽이었던 옛 샹 드 마르Champ de Mars에 건립 예정이었던 이 탑의 공사는 그 당시 상당한 반대에 부딪혔다. 그러나 에펠은 300미터(1,000피트) 높이의 이 탑을 철재 거더만으로 구성·건립할 수 있으며, 그 외의 어떤 고정 구조물도 거대한 표면이 풍압에 견디지 못해 붕괴하기 쉬울 것이라고 판단하였다.

유리, 주철, 강철이 건축의 외관을 변화시켰으며, 이 변혁에 모래와 자갈 시멘트의 혼합체가 가담하였다. 이렇게 콘크리트가 뒤이어 나타남으로써, 현재에 이르기까지도 긍정적으로나 부정적으로 도시에 흔적을 남기는 건축들을 만들어 낼 수 있게 되었다. 콘크리트는 비교적 가볍고 회반죽이 필요하지 않기 때문에, 상대적으로 무거운 석재나 비교적 부서지기 쉬운 목재 같은 전통 재료로는 도달하기 어려운, 대단히 풍부한 형태표현 범위를 열어주었다.

비록 이 새로운 재료가 1890년대에 개발되었지만, 프랑스 건설기업가인 오귀스트 페레Auguste Perret가 파리 프랭클렝 가 25번지 아파트, 즉 주거건물에 매우 놀랄 만한 효과로 처음 사용한 것은 1902년의 일이었다. 놀랄 만큼 단순한 건물의 핵심은 강화 콘크리트reinforced concrete 그리드였다. 여기서 '강화reinforced'란 철재 골조로 안정성stability을 주었다는 말이다. 따라서 콘크리트 내력 부재 사이의 파사드façades는 아르누보 스타일의 세라믹 타일ceramic tiles로 채워질 수 있었다. 한편 당시 은행들은, 콘크리트로 주거건물을 건설하려는 페레의 계획이 매우 위험한 일이라고 판단하여 신용대부를 거부하기도 하였다.

미술공예운동 The Arts and Crafts movement

근대건축으로의 약진은 이미 19세기 중반부터 시작되었지만, 획기적으로 성장하던 대도시들은 19세기 말까지도 여전히, 느낌 없이 재생산해낸 똑같은 '고딕'이나 '고전' 장식들을 보이며, 마치 거대한 신상(神像)colossi처럼 대부분 석재로 마감되어 있었다. 도시와 거주민의 실제 모습은 대여섯 개의 후정이 있는 아주 저급한 주택군들이었으며, 이 주택군들은 아주 빠른 속도로 세워지고

오귀스트 페레, 프랭클렝 가의 주택
파리, 1902-03

1층은 완전히 개방되고 2층 이상은 들어가고 튀어나온 다양한 평면들이 있는 오귀스트 페레의 프랭클렝 가 25의 공동주택. 신재료인 강화 콘크리트의 가능성을 다층건축물로써 최초로 보여주었다. 이 기술로 기둥과 보의 골조만으로 건물을 단단히 고정할 수 있어, 벽 부분은 원하는 대로 비내력재로 채워 넣을 수 있게 되었다. 따라서 파사드 대부분은 유리면이 되었고, 식물문양 타일로 화려하게 장식되었다.

빅토르 오르타, 타셀 주택

브뤼셀, 1893

1893년에 빅토르 오르타는 폴-에밀 타셀 주택을 설계하였으며, 이 집은 아르누보의 시초로 여겨진다. 이는 건축가가 형태를, 더 이상 이미 확립되어 있던 건축역사상의 규범에서가 아니라, 자연에 대한 세밀한 고찰에서 이끌어 냈다는 매우 참신한 사실을 보여준다. 오르타의 꽃무늬 모양은 장식 이상으로 건물에 적용되어, 주택이 유기적으로 디자인된 전체가 될 수 있도록, 양식적인 요소가 되고 있다. 각각 명확히 분리된 방들과 복도들의 총합이 아니라, 하나로 연관된 공간으로서 기본 계획되었다. 곡선을 이루는 철제 부재들뿐만 아니라 아름답게 세공된 모자이크에 이르기까지 장식된 인테리어 모두가, 건축가의 첫 번째 순수 아르누보 건축의 역동성을 지지하고 있다.

있었다. 그러므로 세기말에 사람들은 아주 고답적인 아카데미즘에 실망하였을 뿐만 아니라, 사회문제와 관련된 건축의 무능력함에도 실망하게 되었다.

19세기 전통형태에 대한 불만은 새로운 표현수단, 즉 새로운 스타일style을 찾는 시발점이 되었다. 산업화가 진행되고, 진보에 대한 한없는 믿음과 일찍이 없었던 도시화가 진행되던 기간에, 미술공예운동Arts and Crafts movement이 영국에서 일어났다. 19세기 중엽 초에 이 운동의 지지자들은 중세의 수공예전통으로 돌아가자는 캠페인을 벌이기 시작하였다.

사람들의 일상생활을 미술공예전통에 따라 만들어진 질 높은 생산품으로 채워 넣어, 대량생산된 공업생산품들이 우세하지 못하게 하고 미학적으로도 파괴하지 못하도록 하는 것이 미술공예운동의 목표였으며, 이 운동은 예술가이며 공예가인 윌리엄 모리스William Morris, 건축가 필

립 웹Philip Webb, 영향력 있는 저술가이며 예술가이자 건축비평가인 존 러스킨John Ruskin이 주도하였다. 윌리엄 모리스는 라파엘 전파 화가인 단테 가브리엘 로제티Dante Gabriel Rosetti로부터 영향을 많이 받았으며, 1861년에는 자신의 상점을 열어, 가구에서 유리제품, 직물 및 벽지에 이르기까지 생산해냈으며, 꽃을 양식화한 패턴으로 반복하여 장식하였다. 예술공예운동의 가장 뛰어난 인물이었던 모리스는 비록 건축가는 아니었지만, 그의 작업은 20세기로 막 접어든 건축에 놀랄 만한 영향을 주었다.

아르누보 ART NOUVEAU

유럽 전체로 퍼져나간 식물형태

Vegetal forms spread across Europe

역사주의가 새로운 시대를 적절하게 표현해낼 어떤 양식도 뚜렷이 제공하지 못했기 때문에, 사람들은 새로운 방식으로 연구하여 자연에서 이끌어낸 모델에 눈을 돌리게 되었다. 19세기 중엽부터 화가들은 특히 프랑스에서, 이전에 해왔듯이 화실에 갇혀 작업하는 대신에 전원으로 나아가 자연 속에 이젤을 세웠다. 이렇게 집중하여 자연에 열중함으로써 새로운 회화 주제나 새로운 종류의 표현에 이르게 되었다. 사람들은 나무의 구부러진 선이나 새싹의 뒤얽힌 꽃잎들을 장식ornamentation 상의 새로운 형태언어로, 겉보기에 2차원 상으로 환원하며, 이전에 쓰였던 형태목록을 완전히 폐기하였다. 또한 자연계에서 끌어낸 이 식물형태가 새로운 건물재료인 유리나 철과 결합되면서, 건축에서도 새로운 형태언어가 만들어졌다. 또한 새로운 재료들이 벽돌이나 돌, 대리석 같은 전통 재료들과 나란히 소박하게 쓰임으로써, 새로운 스타일은 물론 이전에는 몰랐던 재료 미학도 개척하게 되었다.

독일에서 이 운동은 다분히 의도적으로 이름 붙인 듯한 유겐트슈틸Jugentstil로 불렸는데, 꽃에 대한 영감이나 꽃을 이상적으로 환기시키는 재생이나 각성과는 어느 정도 거리를 유지하였으며, 젊고 신선함, 즉 예술잡지《Die Jugent(젊음)》에서 그 명칭이 유래되었다. 이 잡지는 1896년 뮌헨에서 발행되었으며, 리하르트 리머슈미트Richard Riemerschmid, 브루노 파울Bruno Paul, 아우구스트 엔델August Endell, 이 세 건축가들의 활동

으로 새로운 예술 운동의 중심이 되었다.

1800년대의 고전주의classicism처럼, 아르누보는 20세기가 시작될 무렵에 전 유럽을 사로잡았다. 그러나 전통형태 규범에서 아주 작은 편차만을 허용하였던 고전주의와는 달리, 아르누보는 지역적 변수에 따라 다양하게 다른 이름으로 전개되었다. 즉 프랑스에서는 아르누보Art Nouveau, 독일에서는 유겐트슈틸, 영국에서는 모던 스타일Modern Style, 이탈리아에서는 스틸레 리베르티Stile Liberty 그리고 스페인에서는 모데르니스모Modernismo로 불렀다. 브뤼셀의 화려하고 유희적인 빅토르 오르타Victor Horta의 작업, 바르셀로나의 환상적인 안토니 가우디Antoni Gaudi의 작업, 콘스탄티노플과 투린의 감성적인 라이몬도 다론코Raimondo D'Aronco의 작업, 그리고 비엔나의 요제프 호프만Josef Hoffmann과 글라스고의 찰스 레니 매킨토시Charles Rennie Mackintosh의 엄격하고 직선적인 작업에, 이들의 다양한 이름만큼이나 다양한 변형이 나라마다 있었다. 그러나 아르누보 경향 전체로는 이전 세기의 역사주의historicism와 비교해 볼 때 절대적으로 혁신적인 성격이었다.

브뤼셀과 파리 Brussels and Paris

벨기에 건축가 빅토르 오르타가 브뤼셀 폴–에밀 장송가 6번지에 수학교수였던 에밀 타셀Emile Tassel의 주택을 설계한 1893년은, 바로 아르누보 건축이 생겨난 원년이기도 하였다. 구부러진 출입문 손잡이로부터 식물 문양으로 굽이치는 계단 난간, 가느다란 기둥, 휘감긴 패턴으로 모자이크 장식된 바닥에 이르기까지, 오르타는 전체로 통일된 디자인으로 아주 섬세하고 완전한 아르누보를 만들어 냈다.

1896년과 1899년 사이에 오르타는 이와는 완전히 다른 건물 프로젝트를 실현시켰다. 즉 벨기에 사회당을 위해 지은 '인민의 집Maison du Peuple'은, 같은 목적으로 지어진 수많은 20세기 건축물의 모델이 되었다. 이 '인민의 집'에서 오르타는 기술적 혁신과 새로운 스타일의 장식을 매우 모범적인 형태로 합쳐냈다. 건물 최상층에 매우 넓은 집회 홀을, 아무런 지지기둥도 없을 뿐만 아니라 매우 우아하게 곡선을 이룬 철재 구조로 대담하게 덮고 있다. 건물 전체의 대부분은 유리와 철재로 세워졌다. 그러나 건축역사상의 중요성에도 불구하고 이 건물은 1969년에 무자비하게

철거되었다.

프랑스인 엑토르 귀마르Hector Guimar는 오르타만큼이나 엄청나게 장식적으로, 파리 지하철역 입구를 디자인하였다. 만국박람회L'Exposition Universalle에 참가했던 방문객들은 1900년에 지하철 입구를 볼 수는 있었지만, 지하철 자체는 그 다음해에 개통되었다. 지하철 입구는 매우 풍성하고 다양한 꽃문양 패턴의 주철moulded iron 부재들로 건설되었다. 귀마르는 입구가 개방되는지 또는 덮여지는지에 따라 여러 종류로 다양하게 지하철 입구를 차별화하였다.

그러나 아르누보 자체의 한계는 이미 1900년 전시회에서 보이고 있었다. 풍성한 그렇지만 매우 곱슬곱슬한 귀마르의 장식 다음으로, 로코코 같은 과잉 경향이 나타났다. 한 예로서, 이탈리아 건축가 라이몬도 다론코의 파격적인 형태 언어를 들 수 있다. 1902년 투린 미술공예박람회 때 출품된 그의 파빌리온은 건축형태나 조각 같은 배경mise en scène으로 볼 때 매우 극적이었다.

엑토르 귀마르, 지하철역 입구
파리, 1900

엑토르 귀마르의 파리 지하철역 입구는 프랑스 아르누보의 가장 인상적인 작품 중 하나이다. 화려하고 풍성한 형태는 새 세계로 향하는 도시 지하교통의 역동성을 표현한다. 가로에서 솟아오른 푸른빛을 띤 연초록색 가로등이나 난간, 유리지붕의 식물 같은 주철제 형상들은 마치 기술세계와 조화를 이루려 하며, 단지 외관에만 허용된 자연의 모습이 일상생활의 대부분을 점해 나갔다. 사실 이 꽃문양 파빌리온은 상징적으로나 기능적으로 지하철과는 아무런 관련이 없었다. 이는 암암리에 교통시스템의 신기함을 나타내기도 하였지만, 아르누보의 근본적인 문제점도 드러내었다. 이전의 그 어떤 양식보다도 빠르게 과도한 장식으로 퇴행하였고, 또한 유럽 전역으로 퍼져나갔다.

안토니 가우디 이 코르네트, 카사 바트요
바르셀로나, 1904-06
가면 같은 발코니, 공룡 모양의 지붕, 직각 없는 평면 배열 등 – 고급 공동주택인 카사 바트요는, 완전히 독특한 예술가이며 카탈루냐 건축가였던 안토니 가우디의 충만한 상상력과 기술적 통달을 보여준다. 가로에서 촬영된 위 사진은, 주택의 전형적인 원통형 측탑을 보여주며, 그 파사드는 자연석과 다채로운 작은 자기 타일이 매우 다양한 패턴으로 변화되고 있다. 스페인 모데르니스모나 아르누보의 다른 대표 건축가들의 작품과는 달리, 가우디의 유기적이며 자연친화적인 형태들은, 덧붙여진 장식이 아니라 건물 전체에 스며들어 구조체를 결정하고 있다. 즉 건축이 조각이 된다.

프랑스 아르누보의 평가는 이 시기의 가장 중요한 공예를 살펴보지 않는다면 매우 불완전할 것이다. 즉, 낭시파와 그 주요 대표자인 에밀 갈레Emile Gallé의 유리공예 작품들이다. 갈레는 매우 값비싼 작품들, 꽃문양으로 장식된 또는 식물 형태로 모양낸 보석 같은 유리세공품들을 만들어 냈다. 이들은 매우 섬세한 컬러링이나 때로는 광채 나는 받침의 반짝임으로, 또는 매우 빛나는 반짝거림으로 효과를 더하였다. 이 점이 바로 이 유리세공품들을 매우 고가의 수집품이 되게 하였다. 갈레의 예술에 접근하였던 당시 유일한 사람은 미국인 루이스 컴포트 티파니Louis Comfort Tiffany였다.

가우디와 스페인 모데르니스모
Gaudí and Modernismo in Spain

카탈루냐 건축가 안토니 가우디의 작품은 건축 역사상 매우 독특하다. 가우디는 작품 거의 다가 바르셀로나에 있으며, 아르누보의 스페인판인 모데르니스모의 가장 대표적인 예술가이다. 기능성을 접어두고 가우디는 고딕과 무어Moorish 양식, 그리고 그 자신의 것을 포함하여 매우 풍부한 형태언어를 만들어 냈다. 유리조각과 도자기 파편들을 짜맞추어, 가우디는 그가 설계한 주택들의 파사드나 제일 중요한 후원자였던 에우제비 구엘Eusebi Güell의 이름을 딴 구엘 공원의 굽이치는 벤치를 활기 있게 하는, 매우 생생한 모자이크mosaics를 만들었다.

가우디의 일생 동안 성공의 정점을 이룬 작품들은 카사 바트요Casa Batlló와 카사 밀라Casa Milá 두 주거건물이었다. 가우디는 기존 파사드 대신에 카사 바트요에 굽이치고 때로는 완만하게 휘어지며, 둥근 자기 파편들로 활기를 더하는 무지갯빛 외관을 만들고 있다. 1층에는 코끼리 다리 같은 기둥들이 특징을 이루며, 2층의 기묘한 창문 개구부들은 선사시대 괴수들의 쩍 벌린 입처럼 보인다. 기괴한 모습의 가면 같은 발코니는 매우 풍부하고 생생한 파사드를 더욱 활기차게 만들고 있다. 외부와 마찬가지로 건물 내부에서도 대부분 구불구불한 형태들이 매우 다양한 문과 창문들과 함께, 가우디의 환상을 풍부하게 만들어 내고 있다. 주택에는 공룡의 등뼈를 떠올리게 하는 지붕들이 얹혀 있으며, 띠벽fascia 뒤 다락방 위로 솟아난 굴뚝들은 투구모양으로 구부러지며 마치 이 세상에는 존재하지 않는 거

인들이 회합하는 듯하다.

그러나 가우디의 추상적인 건축적 환상들은, 실제로 결코 파악될 수 없는 마음의 연상들을 불러일으키기 때문에, 나타내고 있는 갖가지 상상에도 불구하고 보는 이를 다소 당황하게 만든다.

바르셀로나의 사그라다 파밀리아Sagrada Familia 성당은 백여 년 전에 건축이 시작되어 아직도 완성을 기다리고 있다. 가우디가 후계자도 없이, 건축 역사에서 매우 존경스러운 극락조의 위치에 있다는 것은 그리 놀랄 만한 일은 아니다. 가우디의 주택이 바로 그 증거인, 그의 열광적이며 엉뚱함은 어떤 건축가도 그의 모험을 과소평가할 수 없는 가치를 보여줄 뿐만 아니라, 그의 순수하며 한없는 창조의지에 결코 쉽게 필적할 수 없게 한다.

독일의 유겐트슈틸 The Jugentstil in Germany

벨기에인 앙리 반 데 벨데Henry van de Velde의 작품은, 누구보다도 명확하게 유겐트슈틸이 예술공예운동Arts and Crafts movement과 마찬가지로, 건축적 유행 이상의 것이란 사실을 보여주고 있다. 반 데 벨데의 예술에 대한 매우 새로운 비전은, 건축뿐만 아니라 모든 생활분야에서 과거의 모든 전통이나 관습에서 벗어나도록 이끌었다. 일상용품들은 예술적인 형태를 띤 공예품이어야 인정되었고, 특별한 디자인 과정을 거쳐야만 했다. 그러므로 반 데 벨데의 걸작품들은 값비싼 제본술과 새로운 레터링 스타일, 곡선이 진 맵시 있는 가구들을 만들어 냈을 뿐만 아니라, 그가 『예술의 경지까지 높인 여성 의상』이란 책 제목으로도 쓴 바와 같이, 여성 의상 디자인까지 만들어 냈다.

자신의 집인 블루멘베르프Bloemenwerf 주택을 지었던 우클Uccle과 이웃한 브뤼셀에서 최초로 체류하고 이어 파리에서 체류한 후에, 반 데 벨데는 독일에서 그 생애 중 가장 중요한 작품을 진행하였다. 그는 1901년과 1902년 사이에 에센의 기업가 카를 에른스트 오스트하우스Karl Ernst Osthaus가 건립한, 폴크방 박물관Folkwang Museum의 실내장식을 시행하였다. 반 데 벨데의 친구이자 조언자인 하리 그라프 케슬러Harry Graf Kessler ― 그의 일기는 현재까지도, 세기 전환의 문화사에서 가장 인상적인 자료 중의 하나로서 평가되고 있는데 ― 는 반 데 벨데를 바이마르의 빌헬름 에른스트 대공의 궁전으로 데려갔다. 그곳에서 반 데 벨

데는 1907년에서 1914년까지 응용미술학교를 계획하고 감독하였으며, 제1차 세계대전 이후에 그로피우스의 바우하우스를 낳게 하였다.

바이마르의 또 다른 귀족이었던, 에른스트 루트비히 폰 헤센Ernst Ludwig von Hessen은 자신의 궁전에 유겐트슈틸 증축을 후원하였다. 1899년에 그는 다름슈타트Darmstadt에 비엔나의 요제프 마리아 올브리히Joseph Maria Oblich를 포함하여 여러 예술가들을 초빙하여 예술가촌을 조성하였다. 이 예술가촌은 에른스트 루트비히 대공의 후원 아래, 이후 여러 해 동안 마틸덴회헤Mathildenhöhe로 성장하였으며, 특히 건축 프로젝트들을 실현시킴으로써 독일 유겐트슈틸의 중심으로 중요하게 자리매김하게 되었고, 이는 1908년 올브리히의 갑작스런 사망 시까지 계속되었다.

다름슈타트에서 올브리히의 가장 유명한 건물은, 예술촌 예술가들의 작업장으로 제공된 에른스트-루트비히-하우스Ernst-Ludwig-Haus와 분리하여 건설한 결혼기념탑the Wedding Tower이었다. 붉은 벽돌 탑은 손가락 같은 다섯 개의 아치 형태요소들이 지붕을 이루며 푸른색 자기 타일로 덮여 있다.

마틸덴회헤는 거의 다 올브리히의 작품들로 가득하지만, 또 다른 예술가인 페터 베렌스Peter Behrens가 이미 화가와 공예가로서 뛰어난 재질을 보인 다음에, 건축가로서 첫 발을 디딘 곳이기도 하다. 베렌스는 이후에 유럽 건축역사상 가장 영향력 있는 인물 중의 한 사람이 되었다.

곡선 대신에 큐브: 글라스고와 비엔나

Cube instead of curve: Glasgow and Vienna

브뤼셀의 오르타 작품이나 바르셀로나의 가우디 작품이, 저마다 도시에 이미지를 새겨 넣었듯이, 찰스 레니 매킨토시의 작품들은 스코틀랜드의 대도시였던 글라스고Glasgow의 상징이 되었다. 그의 주요 작품인 글라스고 미술학교는, 동시대 사람들의 격렬한 반대를 불러일으켰으며, 식물 형상이 아니라 매우 엄중한 기하학Stereometric이 디자인의 기본이었다. 부드럽지만 오히려 위협적인 자연산 석재 파사드는 대형 창문들로 개방되어 있다.

1900년에 매킨토시는 자신의 작품을 발표하려고 비엔나로 초빙되었다. 대부분 큐빅 형태였

요제프 마리아 올브리히, 결혼기념탑
다름슈타트-마틸덴회헤, 1908

에른스트 루트비히 폰 헤센 대공은 정치개혁과 더불어 시각예술 개혁을 지원한 몇 안 되는 독일 귀족이었다. 그는 7명의 예술가를 다름슈타트로 불러 마틸덴회헤(예술가촌)에 조치시키고, '영속되는 가치를 지닌 독일예술의 기록'을 만들도록 하였다. 1901년 정착 예술가들의 스튜디오가 일반에게 개방되었고, 이는 아르누보 유형의 최초 전시회가 되었다. 오토 바그너의 제자였던 요제프 마리아 올브리히는, 대공의 두 번째 결혼기념일을 맞아 '다섯 손가락을 모은' 모양의 결혼기념탑을 설계하여, 근대 예술가들의 작품 중 가장 중요한 부분을 완성하였다.

앙리 반 데 벨데, 카를 에른스트 오스트하우스 박물관
브루넨할, 하겐, 1901-02

K. 제라르Gerard가 기본구조를 계획한 폴크방Folkwang 박물관의 실내계획은, 벨기에 건축가 앙리 반 데 벨데가 독일에서 작업한 가장 중요한 초기 작품 중의 하나에 속한다. 주요 예술후원자였던 은행가의 아들 카를 에른스트 오스트하우스가 반 데 벨데를 고용하였다. 반 데 벨데는 이 박물관에서 두드러져 보이는 식물 문양 형태언어를 쓰는 유겐트슈틸의 강력한 주창자로 자리매김하였지만, 재료의 경제적 사용에 특히 주목할 만하다. 석재, 목재, 유리, 철재가 새로운 미학을 규정하는 데 함께 쓰였으며, 이 미학은 그 당시 성황을 이루던 엔지니어링 대작들의 상대 개념이었다. 공간 감각에 영향을 주는 재료들의 효과는, 분수 정원(죠르주 민느George Minne 작, Fountain with Boys, 1901)의 천창 채광되는 기둥에서 살펴볼 수 있듯이, 흐르는 듯 하지만 다소 평편한, 반 데 벨데 디자인 형태에서 드러나고 있다.

찰스 레니 매킨토시, 글라스고 예술학교
1896-1909

스코틀랜드 건축가 찰스 레니 매킨토시가 설계한 글라스고 예술학교는 언뜻 보면 매우 냉철하고 합리적인 건축으로 보인다. 외부는 모가 난 큐브이며, 자연석을 사용하여 블록처럼 닫힌 성질을 더욱 강조하고 있다. 건물 북쪽의 대형 채광창들은 그 뒤 내부에 있는 스튜디오를 나타내고 있다. 내부공간은 이동 칸막이벽을 사용하여, 미스 반 데어 로에보다 수년 앞서, 매우 융통성 있는 배치가 가능하도록 구성되어 있다. 전체로 거칠게 잘려진 명료성 위에는 여리고 우아한 디테일이 덮여 있는데, 이는 단순히 장식으로서 건물에 더해진 것이 아니라, 건물을 인간화하고 생기를 불어넣고 있다. 입구 위 아치와 줄무늬 세공된 알코브, 곡선으로 된 계단 난간 그리고 철과 목재로 된 인테리어 디테일 모두에서 매킨토시의 예리한 그래픽 상상력을 엿볼 수 있다.

이 두 가지 형태원리의 조화 속에 매킨토시 건축의 힘이 있으며, 바로 이 점이 그를 비엔나 제체션이나 모더니즘의 모델이 되게 한다.

던 매킨토시의 가구들은, 요제프 호프만이 1903년에 비엔나 공방을 설립하는 데 자극을 주었으며, 이 비엔나 공방은 1933년 폐쇄될 때까지 응용미술 생산의 중심이 되었다. 매킨토시의 작품들은, 요제프 마리아 올브리히가 다름슈타트로 옮기기 바로 전에 지었던 제체션 전시관에 전시되었다.

1897년 화가 구스타프 클림트Gustav Klimt와 조각가 막스 클링거Max Klinger로부터 건축가 요제프 호프만에 이르는 매우 다양한 예술가들이, 기성 비엔나 예술세계와 아카데미 미술 전시회에서 철수하여, 비엔나 제체션Vienna Secession(빈

분리파)을 결성하였으며, 이는 세기 전환시기의 오스트리아-헝가리 제국 수도인 빈Wien을 이끄는 예술적 배경이 되었다. 새롭게 설립된 이 예술가연맹은 뮌헨이나 베를린 같은 다른 제체션의 모델이 되었다.

비엔나 제체션관은 건물 상부에 철제 월계수잎으로 된 큐폴라를 얹은 매우 색다른 건물이었을 뿐만 아니라, 도시의 일반적인 건축형태나 풍경과도 완전히 다른 것이었다. 즉, 제체션 전시관 자체가 익숙한 기존 전시관과는 극히 다른 이미지를 보이고 있었다. 그림들이 여러 열로 걸려 있어 적절히 감상하기에 불가능했던 꽉 찬 벽 대신에, 제체션관은 구성과 전시효과를 높일 수 있도록 예술작품마다 알맞은 여백이나 공간을 주고 있다.

비엔나 유겐트슈틸 건축에는 매우 엄정한 기하형태 언어tectonic language가 있었기 때문에, 식물 모델에 기댄 오르타의 작품이나 넘쳐 나는 가우디의 환상과는 명백히 달랐다. 이는 특히 근대건축의 대세였던 기능주의 발달과 관련하여, 매우 중요한 구실을 하였다. 비록 오토 바그너Otto Wagner가 린케 빈차일 스트라세Linke Wienzeile Strasse 40번지의 소위 '마졸리카 하우스Majolika house'로 불리는 건물의 파사드를 화려한 꽃장식으로 덮었어도, 이 건물의 전체 형태언어는 큐빅이었으며 더 한층 차분하였다.

이런 예로는 빈 우편저금국the Vienna post office savings bank의 대형 출납 홀cashier's hall이 있다. 이 건물은 엄격한 직선 그리드rectilinear grid에 따라

오토 바그너, 오스트리아 우편저금국
빈. 1904-06

부등변 사각형 건물의 내부, 특히 대형 예금출납 홀은 매우 우아하고 경제적이다. 장식을 배제하고 구성요소를 최소로 하여 단순한 형태가 지닌 매력으로 이끌고 있다. 즉 유리 아치 천창의 철재 지지재는 지극히 가늘며, 구조적 효율을 위해 기둥은 기초를 향해 점점 좁아지고 있다. 지붕 구조물은 바그너가 현수교량 원리를 응용한 것으로, 기둥이 평범하게 지붕을 지지하는 것이 아니라 지붕을 관통하고 있다는 사실을 강조하고 있다. 이 우편저금국은 오토 바그너의 「근대건축에 대한 논문Theses on modern architecture」을 뒷받침하는 것으로, 이 논문은 같은 이름으로 1896년 책으로도 출간되었다. 이 책에서 바그너는 건축과 엔지니어링 모두를 새롭고 실용적이며 총체적인 예술 작업으로 이끌 수 있는, 시대에 적합한 근대 양식에 대해 논하고 있다.

"기능적이지 않은 그 어떠한 것도 아름다울 수는 없다."

아돌프 로스 ADOLF LOOS

아돌프 로스는 모더니즘에 속하는 건축가이자 저술가였으며, 자신의 이론을 설계로 옮길 수 있었던 건축가였다. 아돌프 로스는 청각에 어려움을 겪었으나, 그의 생각을 현란한 우화나 상상력 풍부한 에세이로 글로써 나타냈으며, 반면에 설계로 아이디어를 다룰 때에는 소박한 건축과 고전형태를 선호하였다. 로스는 여러 원칙의 영향에서 벗어난 '순수 건축'의 탐구를 그의 글에서 줄기차게 표현하였다. 로스에 따르면 건축은 3차원 예술이 아니라 공간 구성이었다. 기능주의자funtionalist로서 로스는, 예를 들면 내부공간의 스터코stucco 같은 장식적 요소를 거부하자는 캠페인을 벌였으며, 동료 건축가들에게도 건물 용도의 기술적 측면에 집중할 것을 요구하였다. 멋쟁이이며 예술가이고, 건축가이며 예술비평가이자 작가 카를 클라우스Karl Klaus의 평생 친구였던, 아돌프 로스는 20세기 건축계에서 가장 뛰어나고 다재다능한 인물들 중의 한 사람이었다.

아돌프 로스는 모라비아Moravia의 브륀brünn에서 태어났으며, 이상하게도 처음에는 비엔나 제체션의 일원으로 출발하였다. 비엔나 제체션은 영국 수공예 운동의 전통을 고수하며 건축과 수공예를 융합하려 하였다. 로스는 소위 'Coffee house trio'의 한 사람이었으며, 다른 멤버는 요제프 마리아 올브리히와 요제프 호프만이었고, 이들은 유겐트슈틸의 열렬한 지지자들이기도 하였다. 그러나 1898년 로스는 어떤 원칙 문제 때문에 이 서클에서 탈퇴하였다. 그 원칙은 나중에 가장 격렬한 비평 논제 중의 하나가 되었다.

1930년경의 아돌프 로스

그 이후로 로스는 장식의 배제가 정신적인 힘의 상징이며, 「문화의 진화란 실용 물체에서 장식을 제거하는 것」이라는 논문을 발전시켰다. 예술에서 분리됨으로써 로스는 예술과 건축 모두가 진실성이 강화된다고 보았다. 로스는 이러한 구분을 문화적 근대성의 전제조건으로 보았으며, 심지어 작가나 저널리스트로서 자신의 작업에서 모든 글을 소문자로만 써서, 당시 인쇄에서 쓰인 장식적인 대문자로부터 벗어나려고 하였다.

로스가 드레스덴에서 공부하는 도중 3년간을 (1895-1898) 미국에서 지내면서, 세계박람회를 관람하고 시카고파(42쪽 참조)에 접하게 되었다. 미국에서 로스는 루이스 설리번의 이론을 연구하였는데, 설리번은 1885년 일찍이 그의 논문 「건축의 장식 Ornament in Architecture」에서 "적어도 몇 년 후에는 건축의 장식적 요소들을 포기해야 한다. 왜냐하면 이 장식적 요소들은 불필요하게도 기능과 형태, 재료, 표

현 사이의 유기적 관계들을 방해하기 때문이다."라고 주장하고 있었다. 로스는 이 주장을 더욱 발전시켜 장식은 사회적으로나 경제적으로 낭비라고 매도하였다. 건설기술자가 실제로 힘써야 할 것은 주택 그 자체일 뿐이라고도 하였다. 장식은 단지 노동력 낭비이며 재료를 망치는 수준으로 여겼다.

이런 태도의 건축적 결과로, 로스는 미하엘러플라츠에 설계한 건물(1909-11년 신축. 1981 재건축)로 스스로 증명하고 있다. 이는 마침내 자신의 건축적 돌파구를 마련한 것이기도 하였다. 양복점인 골드만 & 잘라치Goldman & Salatsch의 의뢰에 따라, 로스는 절제되고 단정한 건물을 세웠으며, 재료에서 규정되는 이 건물의 유일한 장식적 특징은 1층을 마감하는 자연석이다. 이 건물은 주

미하엘러플라츠에 세운 골드만 & 잘라치 양복점의 주상복합건물, 오스트리아 빈, 1909-11

거와 상점의 복합용도였으며, 주변건물의 요소들(예를 들어 미하엘러 교회의 주두)과 일치시키려 하였다든지, 건물을 코너에 배치할 때 기존 방식대로 대지를 최대로 이용하도록 최적화하는 대신에, 한 벽면을 광장에 면하도록 전망 좋은 위치에 배치하여, 건축주가 경제성을 능가하는 도시계획적 고려를 하게 하였다는, 로스의 감수성으로도 유명하다. 로스는 장식적인 건물과 공개적으로 투쟁하였을 뿐만 아니라, 비록 자신이 공식화하지는 않았지만 '공간계획spatial planning' 개념으로도 유명하였다. 공간계획의 핵심은 건물 내 각 방들을 그 용도와 표현 정도에 따라 크기를 정하는 것이었다. 로스가 각 방의 높이를 달리하는 아이디어는 영국에서 가져온 것으로, 중세 홀의 갤러리 구성에서 계획 방향을 찾아 전원주택에 적용하였던 것이다. 늘 선동가였던 로스는, 건축가들은 스케치하거나 파사드를 설계하거나 횡단면도를 끊지 말아야 한다고 주장하였다. 이보다 더 중요한 일은 "공간을 디자인해야 한다."는 것이었다. 이 주장의 결과로 로스는, 박스 내에 박스들을 조합하고 이를 계단실과 연결한, 몰러 건물Moller Building(빈, 1928)이나 뮐러 주택Müller house(프라하, 1930) 같은 건축물들을 설계하였다. 이 중 뮐러 주택은 로스 자신의 공간계획을 실제로 실행한 가장 돋보이는 건물이다. 거실, 식당, 서재, 여성용 드레스 룸들이 모두 각기 다른 레벨이지만, 열린 공

간구성과 연계하여 서로 일관성 있게 구성되어 있다. 모든 방들은 값비싼 재료 ─ 대리석, 마호가니, 레몬우드 ─ 들로 마감되어 있는데, 이는 장식이란 술책은 고귀한 재료들의 표현효과로 대체되어야 한다는 로스 주장의 출발점이 되고 있다.

로스의 가장 유명한 작품 중에는, 로스의 미국 체류 경험과 관련된, 비엔나의 케른터 바kärnter Bar(1908)가 있으며, 서서 마시는 스탠드바라는 미국적 아이디어가 도입되어 있다. 'Stars and Stripes'라는 멋진 배너를 표시하며 확실하게 돌출된 캐노피 지붕을, 매우 윤기 나는 대리석 기둥이 받치고 있다. 배너의 레터링은 매우 선명한 색채의 깨진 유리들로 만들어져, 건축과 예술을 강제로 분리하려던 로스의 금칙을 무의미하게 만든다. 로스는 극히 일부분의 건축 ─ 묘소나 기념비 ─ 만이 예술의 영역에 속하며, 여기에는 아마도 상징적 성격 이외에는 어떠한 건축적인 감성이나 기능도 없다고 규정하고 있다.

그러나 로스 이론을 가장 확실하게 해석한 건축가는 이론의 창시자였던 로스 자신이 아니라, 철학자이자 건축가였던 루트비히 비트겐슈타인Ludwig Wittgenstein이었으며, 로스의 제자인 파울 엥겔만Paul Engelman과 함께 1926-29에 아주 딱 들어맞는 장식 없는 큐브들로 된 건물을 세웠으며, 이는 마치 '거장'인 로스 자신이 설계한 듯하였다.

무장식: 릴리 & 휴고 슈타이너 주택(빈, 1910년 완공)의 평평하고 대칭적인 정원쪽 전경, 입면은 장식적 건축에 대한 로스의 투쟁 일면을 보여준다.

프랭크 로이드 라이트

FRANK LLOYD WRIGHT

'미국에서 가장 위대한 건축가가 되는 것'이 1869년 프랭크 로이드 라이트가 태어났을 때 그의 어머니 소원이었다. 90년 후 라이트가 사망하였을 때, 라이트는 정말로 자기 조국의 건축 향방을 제시한 건축가였다.

프랭크 로이드 라이트, 1957

라이트는 족히 400개가 넘는 건물과 프로젝트를 남겼으며, 많은 것들이 시대의 아이콘이 되었으나, 어떤 것도 특정한 학술적 범주에 속하는 것은 없었다. 왜냐하면 수많은 스타일과 스타일의 변주들이 건물 내에 표현되었기 때문이다. 라이트는 선두주자이자 주인공이었으며 동시대인으로서 20세기 건축, 즉 모더니즘의 발전에 위대한 큰 획을 그은 건축가였다.

언뜻 보기에 라이트의 작품에 일관된 모든 것이 라이트 자신만의 의지대로 디자인된 것처럼 보인다. 완벽주의를 열망하는 근본의지 때문에, 원경 디자인에서 가구 디테일에 이르기까지 프로젝트의 모든 단계마다 손수 작업하는 원인이 되었으며, 루이스 설리번 사무소에서 일했던 때(1887–93)에 맡았던 '로미오와 줄리엣 풍차(1896)'처럼 호감이 가지 않는 프로젝트조차에도 개인적인 각인을 넣을 정도였다. 당시 건축가 대부분의 건물들은 역사주의 장식에 빠져있었고, 모더니즘 건축가들이(설리번의 명제였던) "형태는 기능에 따른다form follows fucntion"를 자신들의 명제로 만들기 훨씬 이전에, 설리번은 이미 자신의 실무에서 이를 시행하고 있었으며, 시공과 조화를 이룬 건물 설계를 개발하고, 또한 재료와 일치되는 시공을 추구하였다.

그러나 라이트는 자신에게 건축의 이론적 기초를 주었던 설리번과 같은 동료건축가들의 성과를 즐길 수 없었다. 그는 돈이 모자라 위스콘신 주립대학교 3학년 제도강의까지만 이수하였고, 루이스 설리번사무소에서 일하기 위해 학교를 그만두었다. 라이트는 1894년 시카고에 자신의 사무소를 설립했다. 1906년에는 일본을 여행하였으며, 이때 일본 미술에 깊게 영향받았다. 1910년 유럽을 방문했을 때 베를린에

서 전시회를 열었고, 바스무트 출판사에서 작품집이 출판되어, 라이트는 유럽에서 혁신을 자극하는 중요 인물로서 부각되었다. 그러나 라이트는 엄격한 합리주의 동료였던 그로피우스나 르 코르뷔지에, 미스 반 데어 로에 등의 개념에는 개인적으로 관여하지 않았다. 라이트는 모더니즘의 주제에 대해 추상적으로나 이론적인 방법이 아니라, 실제 작업에서 그리고 그의 디자인에서 주목하였다. 이런 예로서 '기계machine'를 들 수 있다. 유럽의 동료들이 기계를 건물을 만드는 수단으로 여긴 반면에, 라이트는 기계를 예술을 창조하는 도구로 삼았다. 그래서 라이트는 1924년에 기계로 생산한 조립식 콘크리트 블록을 사용하여 완전한 모더니즘 정신으로 찰스 에니스 주택Charles Enis house을 만들어 냈다. 즉 라이트는 수공예적 방법으로 기술을 사용하여 주택 파사드를 마야 스타일로 장식하였는데, 이는 모더니즘 건축가들이 아돌프 로스의 "장식은 죄악이다"라는 교시에 따라 거부한 바였다.

스스로 깨우치고 일생을 거쳐 마치 선교사처럼 헌신하듯 전파한 라이트 자신이 개발한 주제는 유기주의 건축organic architecture이었다. "건축의 내부와 외부가 조화를 이룰 때, 그리고 내외부가 기능과 건물의 존재 이유, 입지와 건립 시기 등의 성격과 성질에 조화될 때에만, 그 건물은 유기적이다."

유기적 방향으로 최초로 나아간 것이 '프레리 주택Prairie House'이었다. 당시에는 매우 혁신적이고 자유스런 배치였으며, 모든 거주공간이 벽난로를 중심으로 구성되었다. 넓게 돌출시킨 지붕 아래 육중한 기단을 세우고, 사면으로 창문을 확장하여 주택을 주위 경관으로 개방시켰다. 수평선이 우세한 이 건물은 빈센트 스컬리가 말했듯이, "미국인이 자신들의 대륙에 영원히 살게 되었다는 것을 확신시켜 준다." 1910년 이래로 프레리 주택 유형의 건물들이 아주 많이 세워졌다.

후기의 건물들은 프로젝트와 지형의 특별한 요구 조건에 맞추어 더욱 독특해졌다. 1936년의 카우프만 주택은 단순히 '낙수장Falling Water'이라고 이름 붙였는데, 폭포 위로 떨어지는 물과 완벽하게 공생하며 주택이 건설되었기 때문이다. 다른 건물들, 예를 들어 마린 카운티 주정부청사도 언덕 위에 환상적인 자태로 얹혀 있다. 그렇지만 프레리 주택에서 발전된 기본 모티브는 여전히 남아 있었다.

라이트는 자연경관 속에 자신만의 설자리를 자리 잡았다. 위스콘신의 작은 마을에서 목사의 아들로 태어나, 문명의 중심에서 멀리 벗어나 일생을 보냈다. 1911년 라이트는 위스콘신의 스프링 그린으로 돌아갔다. 선조들의 계곡에 탤리에신Taliesin(1914년 완공. 화재 후 1925년 재건)을 건설하였다. 탤리에신에서 건축은 생활의 모델이 되었다. 이 건물은 주거 공간이며 스튜디오였고 또한 농장이기도 하였다. 1938년에는 아주 신중하게 이름붙인 탤리에신 웨스트Taliesin West를 애리조나 스코츠빌에 세웠다. 프레리의 심연

폭포와 완벽하게 공생하는 카우프만 주택, 이름하여 '낙수장'

속에서, 또한 설계실의 가파른 목제 프레임 아래에서, 탤리에신 건축학교의 학생들과 스스로 건축의 아버지 같은 존재가, 거의 정신적인 종교집단처럼 운집해 있었다.

위와 같이 생활한다면 어느 누구도 도시에 대해 적대적인 태도를 안 가질 수 없다. 라이트는 시카고에 대해 다음과 같이 적었다. "시카고는 아주 춥고 어둡고 축축하다. 아크등의 푸르스름한 흰 빛이 모든 것을 지배하고 있다. 정말 전율이 느껴진다." 그 결과 라이트는 주로 탁 트인 경관이나 전원에서 건축하였다. 도시적 맥락에서 건설된 라이트의 몇 안 되는 작업들은, 도시로부터 모든 것을 외면하고 오로지 풍부한 내부세계를 창조하고 있다. 뉴욕 버팔로의 라킨 빌딩(1905)은 외부에서 보기에는 벽돌의 요새였지만, 대형 중정공간이나 오로지 상부에서 내려 비추는 빛은 상업적인 사옥계획에서 가히 혁명적인 디자인이었다. 똑같은 효과를 위스콘신의 라신에 세운 존

버섯 모양 지지체들의 숲 아래로 존슨 왁스 회사의 대형 중앙 사무동이 있다.
(미국 위스콘신 주 라신)

슨 왁스회사의 공장건물들(1936–39)에서 얻고 있다. 건물 내부도로가 건물복합체의 입구에 놓여 있다. 버섯 모양 기둥들의 숲 아래에는 일찍이 보지 못했던 전체가 한 공간인 인상적인 내부공간이 서있다. 뉴욕의 구겐하임 미술관(63쪽 사진 참조)에서는 엘리베이터가 관람객을 5번가에서 꼭대기까지 데려다 준다. 나선 램프가 내부공간의 아래로 기막히게 유도하여, 도시와 미술마저도 잊게 한다.

라이트는 뉴욕과 같은 거대도시에 대항하여 반도시적인 대응 모델anti-urban counter model을 디자인하였다. '유소니아usonia' 계획안에서 모든 사람은, 라이트가 탤리에신에서 했던 것처럼 살 수 있었다. 유럽의 전원도시Garden city 계획과는 달리 유소니아는 커뮤니티가 아니라, 미국사회가 기반을 두는 개인의 자유에서 출발하였다. 따라서 라이트는 각 주호당 최소 1헥타르의 대지면적을 요구하였고, 각 개인은 차를 소유할 것을 주장하였다. 마침내 1935년에 개체들이 서로 조화되고 경관을 부여하는 계획, 즉 브로드에이커 도시Broadacre City(40–41쪽 참조) 계획을 개발하였다.

이러한 비전은 정체불명의 교외를 단순하게 활성화하였다. 그러나 건축가는 그가 꿈꾸어 왔듯 현대 미국문화의 구원자가 될 수는 없었다. 라이트는 『증언Testament』이라는 저서에서 "미국은 야만barbarism에서 그 사이의 무문화no culture로 퇴보한 유일한 문명이다."라고 말하며 자신의 단념을 시인하였다.

헨드리크 페트뤼스 베를라허, 증권거래소
암스테르담, 1896-1903

헨드리크 페트뤼스 베를라허에 따르면, 플라스터 벽은 '진실되지 못한 것'이었다. 19세기 절충주의에 반발하여, 베를라허는 '건축문제에 진실되게 직면'하고자 하였으며, 재료의 물성에 충실한 단순성과 장인적인 작업을 추구하였다. 그가 설계한 증권거래소(1903)는 벽돌 조적의 미술을 보여주었으며, 암스테르담파(24쪽 참조) 성립의 기초가 되었다. 메인 홀은 벽돌 표피로 덮여 있고, 기술적인 원리에 따라 계획된 단순한 프레임들로 지지되고 있다. 반면에 아치로 이루어진 벽돌조 벽면들은 로마네스크 시기 이래로 그 알 수 없는 특징들을 스스로 만들어 내며 철재 골조를 드러내고 있어, 근대원리를 기대하게 한다. "무엇이 이슈일까? 다시 양식을 갖자! 단순히 왕국 그 자체가 아니라 그 자체가 양식의 천국이다! 이는 절망적인 외침이다. 이는 크나큰 행복의 상실이다. 베를라허는 중요한 것은 실체를 위해 가짜 예술, 즉 거짓과 싸우는 것이다."라고 그의 저서 『건축 양식 소고Reflections on style in architecture』에 쓰고 있다.

배치되었고, 빛을 실내로 흘려 들이는 완만하게 곡선이 진 유리 스킨의 아치들로 덮여 있다. 바 그녀의 또 다른 예술적 터치는 유리블록으로 된 천장부분을 통해 홀 아래 실내에 빛을 주는 것이었다.

매우 유사한 절제된 형태를, 또 다른 비엔나 건축가였던 요제프 호프만Joseph Hoffman의 작품에서 볼 수 있으며, 그의 대표작은 브뤼셀의 팔레 스토클레Palais Stoclet였다. 이 저택은 은행가 아돌프 스토클레Adolphe Stoclet를 위해 지었으며, 상호 관입하는 큐빅 블록과 파사드façade에 경제적으로 사용된 장식이 그 특징이다. 즉 절제된 파사드 요소들은 제1차 세계대전 이후의 근대건축에서나 기대할 수 있는 것들이었으며, 네덜란드의 데 스테일De Stijl(31쪽 참조)이나 독일의 바우하우스Bauhaus(33쪽 참조) 같은 운동의 영향으로 뚜렷하게 드러날 것이었다.

매우 혁신적인 면면에도 불구하고, 팔레 스토클레는 분명 마지막으로 활짝 핀 유겐트슈틸의 꽃이었다. 여러 재료들이 호사스럽게 쓰였을 뿐만 아니라, 저택의 전체 파사드는 대리석 판들로 입혀졌고 동으로 모서리가 마감되었다. 내부에는 구스타프 클림트의 모자이크 작품이 실내 장식으로 녹아들어 있었다. 호프만은 비엔나 공방과 협동으로 독특하며 유일무이한 예술작품을 만들려고 하였다.

요소주의 건축 Elemental architecture

적절하고 필요한 모양을 얻기 위해 형태를 줄이는 개념은 네덜란드 건축가 헨드리크 페트뤼스 베를라허Hendrik Petrus Berlage의 지침이었다. 그는 건축가이면서 또한 이론가로서 20세기 전반 근대건축의 선두 주자였다. 그의 작품은 뒤이어 일어난 네덜란드 건축운동인 데 스테일뿐만 아니라, 페터 베렌스나 루트비히 미스 반 데어 로에Ludwig Mies van der Rohe 같은 독일 건축가들에게도 직접 영향을 미쳤다.

암스테르담 증권거래소를 설계할 때, 베렌스는 재료들을 가장 적절한 방법으로 사용하려는 가장 기본적인 구축적tectonic 요구에 바탕을 둔 건축을 지지하며, 역사주의의 형태목록을 폐기하였다.

아돌프 로스Adolf Loos가 유겐트슈틸을 외면하고, 장식은 한심한 죄악이라 선언하며, 극히 절제된 슈타이너Steiner 주택과 미하엘러플라츠Michaelerplatz 건물을 만들어 내자, 20세기 건축의 첫 장은 막을 내리기 시작하였다.

한편 19세기 말의 미국건축은 유럽에서 벌어지는 발전과는 사실상 무관하였다. 오직 프랭크 로이드 라이트의 작품만이 단독주거 건축에 변혁을 일으켜, 도시 교외주변으로 널리 퍼진 자유자재의 디자인으로, 유럽에서 활동하는 건축가들에게 직접 영향을 준 미국 건축이었다.

요제프 호프만, 팔레 스토클레 Palais Stoclet
브뤼셀, 1904-11

요제프 호프만의 팔레 스토클레 외관은 전체적으로 합리주의 미학의 엄숙함을 보이지만, 그 디테일은 데카당스에 딱 맞게 풍부하고 세련되어 있다. 바로 이러한 이중성 때문에 이 건물이 19세기에서 20세기로 건축의 전환을 보여주는 주요 사례가 된다.

첫 번째 모던
1910-1920

The First Moderns
1910-1920
Reform and Expressionism
개혁과 표현주의

근대화와 산업화
MODERNIZATION AND INDUSTRIALIZATION

제1차 세계대전 중 제국주의 시대의 종말

The age of imperialism ends in the First World War

회고해 보건대, 유럽이 제1차 세계대전으로 치달은 것은 그 자체 논리로 불가피한 일이었다. 세기 초 영국, 프랑스, 오스트리아-헝가리 제국, 독일 등 유럽 열강들은 제국주의적 제스처로 서로에게 점차 위협을 더하고 있었다. 또한 19세기 말에 매우 어렵게 고착되었던 열강들의 균형이 다시 변화되기 시작하였다. 국수주의자들의 압력은 점점 소리를 높여 갔고, 무장 경쟁은 유럽 국가들의 불신과 악의의 굴곡만큼이나 깊어졌다. 정치적으로나 경제적으로 자국의 이익만을 추구하였으며, 불건전한 경쟁심리를 유도하여 열강제국의 행동을 부추기게 되었다.

1914년 6월 28일 사라예보에서 일어난 오스트리아-헝가리 제국의 황위 계승자 프란츠 페르디난트 대공의 암살사건은, 고도의 비밀외교에도 불구하고 이 같은 행동을 촉발시켰으며, 불과 수주일 후 제1차 세계대전을 발발시켰다.

그러나 처음 몇 주간과 몇 달 간의 도취적인 전쟁 열병은 단명할 운명이었다. 베르덩Verdun이나 솜Somme의 참호 속에서 여러 해 동안 꼼짝 않고 대치하던 상황은, 영국이나 프랑스 그리고 마찬가지로 독일에도 전쟁이 일상사가 된 공포의 연속이라는 사실을 재빨리 국가마다 인식시켰다. 제1차 세계대전은 '지루하게 긴 19세기'의 종말을 가져다주었다. 19세기는 1789년 프랑스혁명에서 시작되었으며, 세계대전의 피비린내 나는 열기 속에서 마침내 가라앉았다.

독일공작연맹 The German Werkbund

19세기 시작 무렵 영국과 독일 사이의 경제 발전 차이는 여전히 컸다. 대영제국의 영원하고 의심할 바 없는 우월성에 도전하려는 노력이 대륙에서 강력히 이루어졌고, 산업화industrialization란 이름으로 경쟁하였다. 그러나 독일에서는 그들의 산업과 생산품들이 세계시장에서 경쟁할 수 있게 되기 전에 걸어가야 할 큰 길이 있었다.

윌리엄 모리스와 예술공예운동Arts and Crafts movement(10쪽 참조)이, 잃어버렸던 중세의 수공예 전통으로 돌아가 낭만적으로 귀 기울임으로써 예술을 새롭게 하려했던 반면에, 제1차 세계대전 전 독일에서 개혁하려는 세력은 그 목적을 달성하기 위해 또 다른 길로 나아가고 있었다. 산업화와 기계화를 채택하여 건축에서 새로운 스타일을 얻는 만큼이나, 디자인이 훌륭하고 질 높은 생산품을 만들어 내는 것을 목표로 하였다. 산업가들과 예술가, 공예가들의 경제적이며 예술적으로 복합된 노력들이 1907년 '독일공작연맹

1911 쑨원의 영도 아래 중국에서 신해혁명이 일어나 몇몇 지방 관리들도 혁명에 가담하였으며, 만주왕조(1644년 건국)가 정권을 양도하였다. IBM(International Business Machines Cop.) 설립.

1912 이탈리아 영화 〈쿼바디스Quo Vadis〉와 러시아 영화 〈전쟁과 평화 War and Peace〉가 극장 개봉. 세상의 모든 영화 중 90%가 프랑스에서 제작됨. 타이타닉Titnic호 침몰.

1913 인도의 시인이자 철학자인 라빈드라나트 타고르Rabindranath Tagore가 노벨문학상 수상.

1914 오스트리아 프란츠 페르디난트 대공이 사라예보에서 암살되면서 제1차 세계대전(1918년 종전) 발발. 헨리 포드의 모델 T 조립라인 생산 시작. 1893년부터 남아프리카에 있었던 마하트마 간디가 인도로 돌아옴. 파나마 운하 개통.

1915 아인슈타인이 상대성 이론 theory of relativity 개발 시작.

1916 베르덩 전투 발발. 페르디난트 자우어부르흐가 처음으로 의족과 의수를 만듦. 동물을 통해 표현하는 독일 표현주의 화가인 프란츠 마르크 Franz Marc가 전사함. 예술운동인 다다이즘이 취리히와 제네바에서 시작(1922년경까지 지속).

1917 국제적십자사가 노벨평화상 수상. 러시아에서는 10월 혁명으로 황제의 통치 종식. 레닌, 트로츠키, 스탈린 등이 소련을 세움. 게오르게 그로스가 사회를 신랄하게 풍자한 석판화 작품 〈지배계급의 면모The faces of the ruling class〉를 완성.

1918 오토 한과 리즈 마이트너가 방사성 금속원소인 프로토악티늄 protactinium 발견. 러시아 화가 카시미르 말레비치가 절대주의 정점에 이른 〈백색 배경의 백색 사각형White square on a white ground〉이라는 단색 작품을 그림.

1919 평화회담이 파리에서 개최됨. 국제연맹 성립. 베르사이유 조약 체결. 좌익 사회주의 지도자였던 로자 룩셈부르크와 카를 리프크네히트가 극우익 장교에게 피살. 바이마르 공화국 선포. 미국에서 금주법 시행.

1920 간디가 인도 독립을 위해 비폭력운동 시작. 마리 비그만Marie Wigman이 '표현주의 무용'을 발표하면서 드레스덴에 무용학교 개설. 영국 작가 휴 로프팅Hugh Lofting이 동화책 『의사 둘리틀Dr. Doolittle』을 펴냄. 표현주의 영화인 〈칼리가리 박사의 밀실 The Cabinet of Dr. Caligary〉이 초연됨.

포드 모델 T의 생산 장면, 디트로이트,
1913년경 사진

Deutsche Werkbund'에 모아졌다. 이 독일공작연맹의 진보적인 목표는 일상생활 용품과 평범한 일상생활에서 더욱 질 높은 디자인을 얻어내는 것이었다.

독일 공예를 개혁하려고 사회정치적인 그리고 경제적인 관심이 독일공작연맹에 쏟아졌다. 연맹 창립 멤버 중에는 독일의 주거 건물에 큰 영향을 준 글을 쓴 헤르만 무테지우스Hermann Muthesius라든가, 에밀 라테나우Emil Rathenau의 AEG(Allgemeiner Elektricitäts-Gesellschaft) 소속 건축가이며 디자이너가 되었던 페터 베를라허 같은 중요한 건축가들이 있었다.

공작연맹은 1933년까지 독일에 가장 큰 영향을 미쳤으며, 뮌헨 출신 건축가 테오도르 피셔Theodor Fischer가 최초로 의장이 되었다. 피셔는 울름Ulm의 가르니존스 교회Garnisonskirche를 설계한 건축가였으며, 또한 차세대 건축가들에게 가장 영향을 미친 스승이기도 하였다. 공작연맹이 주최한 전시회가 1914년 제1차 세계대전이 일어나기 바로 몇 주 전에 쾰른에서 열렸으며, 당시의 다양한 건축적 흐름을 개괄해 보여주었다. 앙리 반 데 벨데가, 더욱 힘차게 산업화하고 더욱 수공예 지향적으로 나아가기 위해 초빙되었다. 반 데 벨데는 유겐트슈틸의 챔피언이었으며, 전시회를 위해 독일공작연맹 극장을 설계하였다. 이런 다소 과거지향적인 입지는, 헤르만 무테지우스와는 완전히 반대되는 것이었다. 무테지우스는 철저히 산업 생산으로 이행할 것을 주장하였으며, 여기에는 전통적으로 수공예로 만들어냈던 생산품은 물론이며 건축도 포함시켰다.

유리가 새 시대-산업 문화를 열다

Glass brings us the new age - industrial culture

독일공작연맹 쾰른 전시회의 가장 뛰어난 기획은 브루노 타우트가 설계한 유리 파빌리온Glass Pavilion이었다.

둥그런 기단base 위에 마름모꼴 유리 패널로 구성된 큐폴라cupola를 얹은 건물이었다. 건물 외부는 물론 내부의 섬세한 다채색의 빛 때문에, 이 건물이 고딕에 기원을 두었음에도 불구하고 초기 독일 표현주의 건축의 대표 사례가 되었다. 타우트의 유리건축은 시인 파울 셰어바르트Paul Scheerbart의 유토피아적 시구에 힘입은 것이었으며, 셰어바르트의 격문은 그의 친구였던 타우트의 파빌리온 파사드에 장식되었다. "유리는 우리

에게 새로운 시대를 가져온다. 벽돌의 문화는 오직 고통을 줄 뿐이다."

바로 한 해 전인 1913년, 타우트는 라이프치히 건축박람회에 철강 산업을 위해 철재 기념물이라는 또 다른 주제 작품을 만들었다. 이 기념물은 철재라는 새로운 형태와 재료를 사용한 모델로서 제안되었다. 역사주의 장식historicist ornamentation이나 유겐트슈틸의 꽃무늬 장식 대신에, 기념물은 재료의 모범적인 사례를 보이고 있다. 외부에서조차 철제 건물building in iron의 원칙을 명확히 나타내고 있다.

아돌프 마이어Adolf Meyer와 발터 그로피우스Walter Gropius가 설계한 알펠트 안 데어 라인 소재 파구스 공장Fagus Factory(구둣골 제조 공장, 1911-13)에 특성을 준 것도 동일한 원칙이었다. 이 건물은 곧바로 20세기 근대건축의 기초가 되는 건물 중의 하나가 되었다. 그 때까지 유럽의 어느 누구도, 매우 분명하고 기능적으로, 장식 없이 구조요소들을 표현한 산업건축물을 만들어 내지 못하고 있었으며, 그로피우스와 마이어가 1910년까지 그의 사무소에서 일했던, 페터 베렌스조차도 해내지 못하였다.

기능적이며 기술적인 형태언어를 지닌 이 새로운 공장 건물의 모델은, 설득력 있는 기능성이 미학적 차원에까지 인정되고 있었던 미국의 사일로와 산업건축물이었다. 독일공작연맹의 1913년 연감으로 그로피우스가 발간한, 미국 『산업건축물』 선집은 이런 모범적인 건물을 널리 인식시키는 계기가 되었다.

브루노 타우트, 유리 파빌리온
쾰른 공작연맹 전시회, 1914

19세기 엔지니어들은 유리를 오로지 매우 합리적인 표면재로만 사용하였다. 그러나 브루노 타우트는 쾰른 공작연맹 전시회에서 파빌리온으로, 독일 유리공업을 위해 유리의 여러 가능성들을 보여주었다. 또한 타우트는 다음을 입증하였다. 즉 전쟁의 그림자가 드리워진 당시에, 지붕에서부터 기단 계단에 이르기까지 모든 것이 거울이나 색유리로 된, 그리고 물이 방울지며 떨어지는 유리 폭포를 포함하는 구조체를 만들어, 새로운 것 또는 낙원 같은 세계의 비전을 주었다. 건물의 스타일은, 파빌리온 외부에 장식된 파울 셰어바르트의 시어처럼, 새로운 도덕의 일부로까지 재료를 드높이고 있다.

타우트는 나중에 이 디자인을 〈도시의 왕관City crowns〉이라는 환상적인 수정체 스케치 시리즈로 발전시켰다. 그러나 그 어느 것도 실제로 지어지지는 못했다.

발터 그로피우스와 아돌프 마이어
파구스 공장, 전경(오른쪽 사진)과 계단실 디테일
(아래 사진), 알펠트, 1911–13
파구스 공장은 첫 번째 중요한 그로피우스 건물
이었다. 구둣골 공장의 기다란 작업장 블록은 엄
정하고 꾸밈없는 단순성 자체였다. 그로피우스는
내력구조와 비내력 파사드를 정확히 구별하고,
커튼월로써 건설하였다. 전체가 유리로 된 모서
리에서 경쾌한 인상이 나오며, 기둥이 뒤로 물러
나 마치 돌출되어 보이는 코니스에, 수직으로 연
이은 유리 판재가 매달려 있는 듯하다. 내부에는
기둥이 없기 때문에 계단은 유리타워에 자유롭
게 떠있는 듯하다. 이러한 요소들 그리고 (굴뚝을
제외한) 건물의 모든 부분에 동일한 의미를 주었
다는 사실은, 파구스 공장을 모더니즘 건축의 전
형으로 만들고 있다.

또한 유럽에 큰 영향을 주었던 건축물은, 알
버트 칸Albert Kahn과 엔지니어 어니스트 랜섬Ernest
Ransome이, 기업가인 헨리 포드의 매우 공격적인
새로운 자동차 제조공정을 위해 콘크리트조로 기
획한 미국 디트로이트의 공장건물들이었다.

어느 누구보다도 포드의 이름은 20세기 자동
차계를 휩쓴 성공과 연관되었다. 그의 혁명적인
경제적 사회적 독창성은 똑같이 혁명적인 생산
공장 건물과도 일치되어야만 했다. 포드 자동차
회사는 1903년부터 자동차를 생산하기 시작하였
다. 그의 성공 처방은 근대성modernity의 신호였
다. 즉 차를 조립하는 데 단지 몇 가지 대량생산
된 부품만이 필요하였다. 각 작업이 다음 작업으
로 연속되는 엄정한 합리성과 증가된 노동 분업,
그리고 그 결과로 나타나는 생산비용의 저하 모
두가 헨리 포드를 당 시대의 가장 성공한 자동차
생산자로 만드는 데 공헌하였다. 상대적으로 높
은 임금과 낮은 노동시간은 노동자들의 열의를
자극하였다.

알버트 칸의 건물들은 자체 표현을 완전히
포기하면서 이런 경제적 관점을 엄격히 반영하
였으며, 불필요한 장식이 전혀 없는 수수한 큐빅
형태를 띠었다. 콘크리트 구조였으므로 건물은
비교적 저렴하게 지어졌다. 컨베이어 벨트가 있
는 제조공장은 합리적으로 계획되었고, 모든 것
이 단일 레벨에 배치되었으며, 콘크리트조로 지
지되는 커다란 창문을 통해서 순전히 자연 채광
되는 밝은 실내로도 유명하였다. 칸의 실용주
적 건물에 쓰인 이런 기법들은 전통적으로 예술

적이라고 생각되던 모든 것을 포기하게 하였다.

한편 유럽의 다른 건축물들은 칸의 건물이나
그로피우스와 마이어의 초기 작품만큼 아직 명
확히 근대적이지 못했다. 근대주의적 요소들과
역사적 historicist 요소들이 여전히 함께 쓰이고 있
었다. 여러 세기 이어온 – 때론 천 년이나 된 –
유럽의 지역적 건물 전통을 생각해 볼 때 의심할
여지가 없는 상황이었다. 이런 건물 전통의 종합
은 베를린 건축가 한스 푈치히Hans Poelzig의 초기
작품 속에서 나타났다. 펠치히의 특이하며 표현
적인 건축언어는, 포젠Posen 근처 루바우Lubau에
1911년과 1912년 사이에 지은 화학공장의 경우
처럼, 점차 중심 무대에 서게 되었다. 벽돌건물
은 기하학적으로 치쌓여진 큐브로 보이며 그 산
업적 성격을 외관에 명백히 표현하고 있다. 펠치
히는 1911년 브레슬라우Breslau에 창문들이 이루
는 수평선들과 둥근 모서리로 유명한, 전체가 강
화 콘크리트조인 오피스 빌딩을 설계하였는데,
건물에 사용된 모티브들은 에리히 멘델존이나
한스 샤로운 같은 근대 건축가들의 1920년대 작
품들을 자주 떠올리게 한다.

콘크리트의 승리 The triumph of concrete

새로운 재료는 매우 대단하게 자기 자신을 증명
해 보였다. 처음에 산업이나 실용 건물에만 쓰였
던 재료들이 점차 전통적인 건물 프로젝트 전반
을 점령하기 시작하였다. 그것은 무엇보다도 건
축을 혁신시킨 전대미문의, 콘크리트의 가능성
때문이었다.

예전에는 내부공간에서 시야를 방해하긴 했지만 기둥 같은 형태로 추가로 지지해야 했던 것을, 이 새로운 재료를 사용하여 거대한 홀을 마침내 기둥 없이 내덮을 수 있게 되었다. 이 첫 번째 예가, 브레슬라우의 시정 건축가였던 막스 베르크Max Berg가 설계한 백주년 기념관Jahrhunderhalle이었다. 홀의 돔dome이 로마 산 피에트로 성당의 석조 돔보다 무려 세 배나 컸지만, 베르크의 매우 탁월한 창조물인 강화 콘크리트 리브의 무게는 겨우 반에도 미치지 못했다.

무한한 가능성을 가진 건축 재료인 콘크리트가 건축가의 상상력 안으로 들어올수록, 더욱 더 많은 변화를 가져왔다. 점차 콘크리트는 꾸밈없는 그 자체의 형태만으로 미학적인 가치를 인정받게 되었다.

오귀스트 페레August Perret는 1905년 파리 프랭클랭 가 공동주택 건설에서 콘크리트 지지체를 세라믹 타일로 마감하였지만, 퐁티외 51번가 차고를 지을 때에는 콘크리트 그리드를 그대로 노출시켰다. 다만 날씨로부터 보호하기 위해 페인트로 단순히 마감하였다. 지지체 사이의 벽 공간은 완전히 판유리로 채워졌다.

20세기 시작 무렵에 자동차는 급격히 대중화되어 자동차를 수납하는 건물을 계획하는 것이 건축가들의 완전히 새로운 임무가 되었다. 페레는 건물 내외부에서 아주 적절하고 새롭게 대응하였다. 대형공간에 걸칠 수 있는spanning 콘크리트의 잠재력을 이용하여, 페레는 기둥 등으로 방해받지 않는 널찍한 공간을 만들 수 있었으며,

따라서 단기나 장기 주차에 필요한 여러 요구들에 대응할 수 있었다.

페레가 건축을 기능적으로 콘크리트 지지 뼈대까지 줄이려는 적극적인 시도는, 1924년 설계한 파리 근처 노트르담 뒤 랭시Notre-Dame-du-Raincy 성당에서 정신적으로 최고점에 이르렀다. 성당 네이브의 볼트 천장은 순전히 콘크리트로만 되어 있었으며, 아주 세장한 기둥 위에 얹혀 있었고, 벽은 창문으로 크게 꿰뚫려 거의 아무런 방해 없이 햇빛이 흘러들어오게 하고 있었다.

스위스 건축가인 샤를르 에두아르 잔느레Charles-Édouard Jeanneret는 르 코르뷔지에Le Corbusier라는 이름으로 가장 중요한 근대 건축가 중의 한 사람이 되었는데, 한때 오귀스트 페레의 사무실에서 일하면서, 페레가 주거용 건물로서 개발하였던 강화 콘크리트조 건축architecture in reinforced concrete을 사용하는 데 몰두하였다. 일찍이 1915년에 르 코르뷔지에는 제1차 세계대전의 격전지로 황폐화된 플랑드르 지방을 재건하려고 '돔-이노 시스템Dom-ino System'을 개발하였다. 이는 주택을 대량생산하려는 계획으로, 불과 수주일 만에 콘크리트 골조를 만들 수 있었다. 이 계획은 건설단위, 특히 콘크리트 거푸집의 광범위한 획일성이 전제조건이었다. 도미노 주택은 르 코르뷔지에가 철저하게 합리화와 완벽한 기능성을 추구한 첫 번째 시도였다. 비록 계획은 실현되지 못하고 프로젝트로 남았지만, 이후 건축과 도시계획에 대한 견해의 발전에 특징이 되었다.

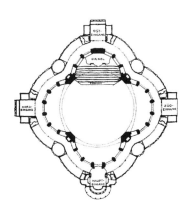

오귀스트 페레, 노트르담 뒤 랭시 성당
파리 근교, 1924

고대나 고딕시대의 전통에 따라 설계되는 종교 건물에 철근콘크리트를 쓴 선구자. 콘크리트는 어디에서나 눈에 띄며, 거푸집 때문에 여전히 거칠어 보인다. 장식은 절제되고 구조에 의해 좌우된다. 벽은 채색 유리와 콘크리트 기성 부품재들로 구성되어 빛이 가득한 공간이 형성되며, 이 때문에 고딕성당과 차별화된다. 성당은 3개의 네이브와 배럴볼트 때문에 로마네스크 바실리카의 기본 유형에 속한다.

신고전주의 NEOCLASSICISM

국가 양식의 추구 In search of a national style

비록 1910년에 모더니즘 건물들이 몇몇 계획되고 실현되었지만, 합리주의와 기능주의 건축 경향은 제1차 세계대전 전에는 지배적인 존재와는 거리가 멀었다. 이와 달리 매우 다양한 스타일들이 이질적으로 복합되며 도시에 우위를 점하고 있었다. 많은 건물들은 실제로 역사주의, 모더니즘, 유겐트슈틸 형태들이 절충되며eclectic 뒤범벅되어 있었다.

20세기 초에 올바른 양식right style에 대한 의문이 갑자기 다시 토론의 주제가 되었으며, 그 의문이란 전적으로 19세기 특히 고전주의classicism나 신르네상스neo-Renaissance에 뿌리를 두고 있었다. 당시까지도 별로 실현되기 어려웠던 몇 안 되는 모더니즘 건축들은, 수세기 동안 전해 내려온 건축형태 목록을 채용하며 오랫동안 관습화되어 온 웅대한 역사주의historicist 건물들과 날카롭게 대비되었다. 그럼에도 불구하고 네오바로크neo-Baroque 양식의 보수적인 외관을 한 궁전의 매우 화려한 스터코 장식 아래에는 철골조나 콘크리트 골조가 숨겨져 있었다.

제 나라의 고유 이미지와 관련하여 국가 양식national style을 찾으려는 노력 때문에 신고전주의neo-Classicism가 1910년경에 건축의 흐름을 지배하였으며, 이미 풍부한 동시대 건축의 스펙트럼에 다시 한 국면을 더하고 있었다.

특히 페터 베렌스는 베를린 터빈 공장을 포함하여 AEG를 위해 설계했던 건물에 건축역사로부터 끄집어낸 사례들을 정확히 사용하였다.

터빈 공장의 거칠고rough-cast 약간 둥근 모서리벽quoins은 곧바로 고대 이집트를 명확히 떠올리게 한다. 신성함과는 정말 관계없는 프로젝트인 터빈 공장은 그 근대적인 기능에도 불구하고, 역사에서 인용함으로써 고대 이집트의 신전과 마찬가지로 지면 위에 우뚝 선 독특한 숭고함을 얻고 있다. 1911년 베렌스는 상트 페테스부르크 대사관 건물에서 더욱더 건축역사를 인용하고 있다. 그 결과 그 당시로는 필적할 것이 없는 도릭Doric 양식의 기념물을 창조하였으며, 이는 이 건물을 세운 건축주의 위엄과 힘을 명확히 나타내고 있었다.

그러나 신고전주의가 뿌리를 내리며 1920년대와 1930년대까지 바로 이어진 것은 독일만이 아니었다. 에드윈 루티언스Edwin Lutyens는 당시 일반적으로 힘의 언어로 이해되었던 이 신고전주의 양식을 사용하여, 인도 뉴델리의 새로운 건축물(1915-24)에 대영제국의 자부심을 나타냈다.

또한 헨리 베이컨Henry Bacon은, 과거 정부청사의 고전주의 양식을 반영하라는 조건에 따르는 듯, 이 같은 기념적인 고전주의 형태언어를, 1917년 워싱턴 D.C.에 설계한 링컨기념관에 사용하였다. 신축 건물과 국가적 기념물에 이 고전 건축언어를 채택하는 것은 명확히 과거 전통을 따르고, 국가를 수호한다는 것이 함축되어 있다.

고전주의와 모더니즘 Classicism and Modernism

하인리히 테세노프Heinrich Tessenow는 베렌스나 루티언스보다도 더욱 절제된 형태언어를 사용하였다. 그러나 드레스덴 근처 헬레라우Hellerau에 있는 테세노프의 페스티벌 하우스Festspielhaus조차도 고전주의 형태목록의 영향을 받고 있다. 즉 메인 파사드에서 그 자체로 높이를 이루는 기념비적인 열주 포티코pillared portico가 급경사 지붕의 팀파눔tympanum을 받치고 있다. 홀의 내부는 서로 다른 종류의 퍼포먼스에 다양하게 대응될 수 있도록 하여, 유리드믹스eurythmics나 근대음악, 프리댄스 같은 새로운 예술의 표현에 쓰일 수 있도록 계획되었다.

마찬가지로 한때 베렌스 사무소에서 일했던 미스 반 데어 로에(59쪽 참조)도, 베를린이나 포츠담의 부유층을 위해 지었던 초기의 빌라에서, 순수 고전주의classicism 모델에 깊은 신념을 보이고 있다.

미스 반 데어 로에는 1960년대의 최근작에

페터 베렌스 PETER BEHRENS

페터 베렌스가 1901년 다름슈타트 마틸덴회헤 예술 가촌에 자신의 집을 지었을 때 커다란 반향을 일으켰다. 함부르크 출신으로, 독일에서는 당시 이미 유명인사였으며, 화가와 공예가 양면에서 유겐트슈틸의 주창자로서 그 명성을 쌓았다. 그러나 건축에서는 그는 신참이었다.

다양한 예술형태에 다재다능하고 열려 있던 베렌스는 20세기 전반 가장 영향력 있는 만능 예술가 중의 한 사람이 될 운명이었다. 오늘날 베렌스는 건축가로서 가장 잘 알려져 있지만, 그는 또한 북 디자이너였으며, 서체 디자이너였고 공예가였다. 따라서 그는 최초의 '(토탈) 디자이너' 중의 한 사람이라고 여겨지고 있다.

베렌스의 경력이나 독일 예술 역사에서 이정표가 된 것은 에밀 라테나우Emil Rathenau의 AEG(General Electricity Company)와의 연결이었으며, 이는 1910년경 독일에서 산업분야의 가장 큰 관심사였다. 1907년에 제조업자와 디자이너의 파트너 관계가 시작되었다는 것은 당시 매우 드문 일이었다. 아에게AEG를 위한 베렌스의 작업은, 예술적 규범에 따라 생산품을 디자인하는 것으로, 미술과 공예, 그리고 산업생산이 서로 협동하는 모델을 제공하였으며, 바로 이것이 같은 해에 결성된 독일공작연맹의 목표 중의 하나이기도 하였다. 그러므로 그는 '산업디자인industrial desgn'과 '기업 이미지 통합 전략CI; Corporate identity'의 원조가 되었다. 그러나 그가 대중의 관심을 불러일으킨 것은 AEG 산업생산품만이 아니었다. 그의 터빈 공장(1909)도 있었다. 베를린에 위치한 회사를 위해 설계하였으며, 오늘날까지도 그 기념비적인 느낌에도 불구하고, 절제된 형태언어 때문에 근대건축 아이콘 중의 하나로 남아 있다. 이것은 폴타 스트라세에 있는 AEG 조립공장(1912)에서 더욱 절제되고 있어, 건물 파사드는 분명한 선과 완전한 무장식 때문에 거의 혁명적인 성격을 주고 있으며, 그로피우스나 칸의 초기 주요 작품과도 견줄 만하다.

빛이 건물로 퍼져드는 시대를 열다: AEG 터빈 공장, 베를린, 1909 건립

그저 단순하게 발견되지는 않는다. 베렌스는 독특한 열주 홀이 있는 여유롭게 아름다운 베를린-달렘의 빌라 비간트 Villa Wiegand처럼, 개인주택에 오히려 더욱 많이 사용하였다. 예술적으로 가치 있는 산업생산을 하려는 의지와는 달리, 이 절제된 신고전주의는 베를린 건축현장에서 후배 건축가들에게 전해주는 주요 주제가 되었다. 베렌스의 대를 이은 가장 중요한 건축가들을 많이 꼽을 수 있다. 그중에서도 르 코르뷔지에, 루트비히 미스 반 데어 로에, 그리고 발터 그로피우스를 열거할 수 있겠다.

붕은 그 위 주호의 테라스로 쓰이고 있다.

나치는 베렌스의 신고전주의 측면에 끌려, 그에게 나치를 위해 설계할 것을 요청하였다. 베렌스가 사망하기 직전, 알베르트 슈페어가 설계한 베를린의 북서쪽 축에, AEG 신사옥을 계획하였다. 그러나 그 프로젝트는 모델(1937-39) 이상으로 발전되지는 못하였고, 제3제국의 멸망으로 실현되지도 못하였다.

AEG회사의 엠블럼은 아주 정교한 역사주의 양식에서 유겐트슈틸 판으로 바뀌었고, 다시 베렌스의 기능주의적 형태로 변화되었다. 베렌스는 AEG의 글꼴 역시 만들어 냈다.

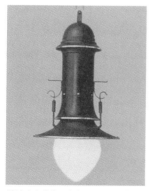

산업디자이너로서의 베렌스: AEG 전등은 매달아 놓을 공간이 부족한 건물 내부를 위해 특별히 고안되었다.

베렌스 건축의 뛰어난 특징은 기능성을 제외하더라도, 예를 들어 터빈 공장이나 AEG 소형 모터 공장(1910)처럼, 그 기념성의 표출에 있다. 이 특성은 엄격한 큐브 볼륨에서 얻어지며 또한 주로 도리아식 오더를 사용한 고전적인 형태언어 때문이기도 하다.

이 기념비적인 도리아식 스타일은 베렌스를 유럽 신고전주의의 선도자가 되게 하였지만, 상트 페테스부르크의 독일 대사관(1911-12)처럼 고급건축에서는

건축가로서 페터 베렌스의 공헌은 다음과 같다. 베렌스는 무엇보다도 시대정신을 잘 조율할 수 있었으며, 그 결과 베렌스는 시대에 걸맞는 건축형태로써 그를 지원한 사람들의 요구나 욕망들을 표현할 수 있었다. 새로운 양식이나 예술적 표현 형태에 대한 베렌스의 개방성은 훼히스트 염료회사 조적조 본사 사옥에서 잘 나타난다. 높고 성당 같은 입구 홀은 무지개의 모든 색깔을 표현하고 있다. 제1차 세계대전 전에 표현주의자였던 베렌스는 암스테르담파의 건물에 자극받아, 여기서는 표현주의 운동에 가담하고 있다.

또한 베렌스는 표현주의에서 신건축운동Neues Bauen으로 향하는 건축의 다음번 진화의 한 부분이기도 하였다. 그것은 그리 놀라운 행보는 아니었다. 모더니즘 건축의 가장 중요한 대표 주자들이 모두 베렌스의 제자였거나 동료였기 때문이다. 독일공작연맹의 창립 회원이면서 지도적인 대표자로서, 베렌스는 슈투트가르트 주거 단지인 바이센호프지들룽Weissenhofsiedlung(39쪽 참조)에 참가하여, 단이 진 아파트 블록을 출품하였다. 베렌스는 신건축운동의 현대적 형태를 어떻게 개인 용도로 전환할지를 대가답게 이해하고 있었다. 즉 건물의 육면체 볼륨들이 서로 상호 관입되어, 아파트 블록 저층부의 평편한 지

표현주의 벽돌조 건물: 훼히스트 염료회사 본사 사옥의 입구 홀. (1920-24)

이르기까지, 19세기 가장 중요한 프러시아 건축가였던 카를 프리드리히 쉰켈Karl Friedrich Schinkel의 건축 유산에 영향받았다. 미스는 쉰켈의 혁신적인 재료 사용 – 예를 들어 철재나 아연재의 선구적 사용 – 이나 공간의 엄격한 분절들을 자신의 작품으로 전환, 실현하는데 그 어느 누구보다도 뛰어났다. 미스는 조금씩 조금씩 쉰켈이 채택하였던 고전주의 형태언어를, 고전주의적 모티프가 아니라, 추상적인 근대건축으로 번역해내는 데 성공하였다.

표현주의 EXPRESSIONISM

색채와 형태의 다양성으로 나아가다

The way to variety in color and form

완전히 새로운 건축 경향이 1905년경에 시작되었다. 회화 분야의 새로운 경향과 거의 동시

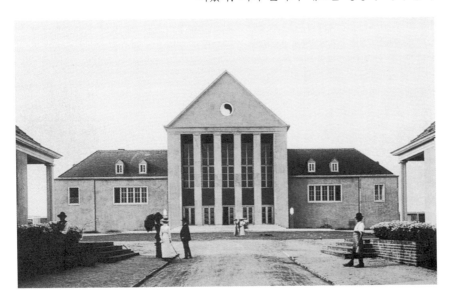

하인리히 테세노프, 페스티벌 홀
드레스덴 근교 헬레라우, 1910
제1차 세계대전 이전에 가장 의욕적인 주거 프로젝트는, 드레스덴 근처 헬레라우 공장을 위한 전원도시 계획이었다. 그 중간에 하인리히 테세노프의 페스티벌 홀이 1910년 완공되었다. 이 문화센터의 핵심은 혁신적으로 가변성 있는 홀이었으며, 가동 요소를 갖춘 단일 무대는 동적 예술로서 사회적 조화를 이루려는 의도에 맞춰져 있다. 건물 외관도 똑같이 기품이 있었고, 형태언어는 한층 더 전통적이었으며, 테세노프는 이를 위해 고전주의 건축 요소들을 추상화하였다.

에 일어났으며, 회화에서는 프랑스의 앙리 마티스Henri Matisse와 모리스 드 블라밍크Maurice de Vlaminck가 이끈 야수파Fauves와, 에리히 헤켈Erich Heckel, 칼 슈미트-로트루프Karl Schmidt-Rottluff, 루트비히 키르히너Lidwig Kirchner, 막스 페히슈타인Max Pechstein 등이 포함된 드레스덴의 독일 다리파The German Brücke에 의해 시작되었다.

추상abstraction의 경계까지 형태를 급진적으로 줄이는 것 이상으로, 강렬한 색채와 강한 붓터치가, 감성적이고 한없이 주관적인 회화의 혁명적인 혁신 중의 하나였다. 이 혁신적인 회화는 모든 것의 영향에 개방되어 있었다. 이 중에는 야외에서 몇몇 획만으로 표현한 스케치 같은 누드화이거나, 아프리카나 오세아니아의 소위 '원

시미술primitive art'도 연결될 수 있었는데, 이는 현재까지도 중요한 예술적 시도로 여겨지지 않는 테마이다. 표현주의 화가들의 또 다른 창조적인 시도는, 고딕 건축의 활기찬 형태와 포인티드 아치pointed arch, 그리고 무한한 정신력을 다루었던 것이다.

제1차 세계대전 직전에 건축가들도 역시 표현주의Expressionism에 관심을 가지기 시작하였다. 따라서, 예를 들면 발터 그로피우스Walter Gropius의 기능적 형태언어fuctional formal language와 함께, 모더니즘의 또 다른 생생한 가지였던 표현주의의 활동적인 언어mobile language가 드러나게 되었다.

표현주의는 대부분 벽돌birck과 유리라는 재료로 건축을 표현하였다. 유리와 크리스털의 표현주의Glass and Crystal Expressionism는, 1914년 베르크분트Werkbunt 전시회에 브루노 타우트Bruno Taut가 출품한 유리 파빌리온에서 비롯된 이상주의적인utopian 건축 프로젝트였다. 벽돌조 표현주의 건축은 곧바로 1920년대를 휩쓸었으며 특히 북해연안의 나라에서 성행하였는데, 이들 나라들은 고딕시대까지 거슬러 올라가는 지속된 전통이 있었다. 적황색에서 푸른빛을 띤 자색에 이르는 벽돌색이나 다양한 벽돌 재질을 더하여, 파사드는 색채와 형태 모두가 완전히 다양하였다. 벽돌들을 개별적으로 생산해냄으로써, 특히 소규모의 그리고 극적으로 상세한 표현주의 장식에 적합하게 되었다.

암스테르담파 – 네덜란드의 새로운 방향

The Amsterdam School - new directions in the Netheland

일찍이 자신들을 암스테르담파Amsterdam School라고 불렸던 건축가 그룹이 네덜란드에서 형성되었고, 그들의 상상력 있고 표현적인 디자인이 급속히 유명해지기 시작하였다.

네덜란드에서 벽돌조 표현주의 예술의 전주는 동시에 클라이맥스이기도 하였다. 그것은 1912년에서 1916년 사이에 요한 멜히오르 판 데어 메이Johann Melchior van der Mey가 미켈 데 클레르크Michel de Klerk, 피터 크라머Pieter Kramer와 함께 세운 쉬파르츠하우스Schiffahrtshaus(해운빌딩)이었다. 이 놀랄 만한 오피스 건물은 자신들의 본사로서 대표될 수 있도록 건물을 의뢰한 암스테르담 해운회사에서 그 이름을 따왔다. '벽돌 건물이면서 그다지 소박한 느낌은 나지 않게'라

는 요구에 따라, 반 데어 메이는 여러 가지 장식 ornaments과 조각 그리고 세부장식으로 구성된 프리즈frizes들로 치장된 파사드를 디자인하였다. 해운이나 바다, 무역의 영역에서 무한한 상상력 있는 감각으로 끄집어 낸 조각상들이 건축주를 직설적으로 나타내는 데 쓰이고 있었지만, 해운 빌딩의 매우 화려한 벽돌 표면이 단지 바로 아래의 내력 콘크리트 구조를 덮고 있다는 사실은 거의 알 수 없었다. 합리주의 비평가들은 반 데어 메이의 파사드는 표면적이며 단지 건물의 회화적인 매력만을 주고 있다고 비난하였다. 이 표현주의 건축의 초기 예만 하더라도, 각 표현요소들이 건물을 얼마나 조각적으로 보이게 하였는지 그리고 적절하게 장식하였는지 또한 말하는 건축architecture parlanté의 구실을 맡은 완전체로 취급하였는지를 보여주고 있다.

1913년에서 1920년 사이에 여러 단계로 나뉘어 건설된 스파아른다머플라춘Spaarndammerplatsoen 복합주거로, 미켈 데 클레르크는 당시 암스테르담 주거건축 계획에 가장 중요한 공헌을 하게 되었다. 주거 개선 방향이 비록 부르주아 스타일이긴 하였지만, 네덜란드 같은 작은 국가에서 실현가능한 것이었다. 이 복합주거는 해운빌딩만큼 지나치게 장식적이지는 않았으며, 대신에 반원에서 사다리꼴에 이르는 매우 다양한 표현 모티브들과 창문들의 조합들이 훌륭하였다. 그 결과 단조로움을 피하고 데 클레르크의 개인적 성향을 명백히 알 수 있게 파사드가 표현되었다.

데 클레르크는 그의 친구이며 동료였던 피터 크라머와 함께 남부 암스테르담에서 자조를 위해 구성된 데 다헤라아트De Dageraad라는 노동자 단체를 위해, 1918년 데 다헤라아트 노동자 집합주택 개발을 시작하였다. 같은 지역에서는 헨드리크 페트뤼스 베를라허Hendrik Petrus Berlage가 계획한 도시계획이 광범위하게 시행되고 있었다. 데 클레르크는 데 다헤라아트에서 다시 한 번 벽돌brick을 사용하여, 자신의 동료들이 광범위하게 인용한, 매우 다양한 건물 유형들의 수많은 경우들을 개발해냈다. 그중에는 큐빅 형태나 원기둥, 배 건조에서 인용한 형태들, 그리고 건물의 아래까지 연장돼 내려온 지붕과 벽돌조 조각 등이 있었다. 데 다헤라아트는 단명하였지만, 역동적인 건물 아이디어들의 혁신적인 쇼케이스였으며, 더욱이 각각의 부분이 전체에 잘 조화를 이루었다.

데 다헤라아트는 예술적인 표현이었지만, 또한 사회적이며 정치적인 표현이기도 하였다. 즉 역사주의로 지어진 병영 막사 같았던 공동주택을 거부한 것이었다. 노동자 가족을 위한 이 주거 개발의 가장 중요한 주제는, 매우 풍부하고 다양한 환경 속에서 빛과 공기를 얻는 것이었다. 이를 주문한 노동자 단체의 협동적인 성격이야말로 데 다헤라아트의 사회적 공약에서 더욱 중요한 요소였다.

비록 1920년대의 주거 건물들은, 네덜란드에서 데 스테일(31쪽 참조)에 의해 그리고 이어서 독일에서 (매우 큰 규모로 프랑크푸르트와 베를린에서와 같이, 37쪽 참조) 건설되었고, 값비싼 데 클레르크와 크라머의 표현주의 건축언어와는 뚜렷하게 달랐지만, 데 다헤라아트에 건설된 주거 단지는 노동자 계급의 주거개선의 확실한 진일보였다.

1920년대 건축형태의 스펙트럼은 매우 넓었다. 그러나 이 시대에 정신적으로 접근해보면,

요한 멜히오르 판 데어 메이, 미켈 데 클레르크, 피터 크라머

쉬파르츠하우스. 암스테르담. 1912–16

3명의 암스테르담파 지도자들이 해운회사 그룹의 본사 사옥을 설계하였다. 철근콘크리트 구조 위에 타일, 콘크리트, 테라코타 등 다양한 재료로 마감하였다. 풍성하고 이국적인 조각 형태들은, 해운업과 그들이 개척하는 머나먼 세계를 상징적으로 연결하고 있다. 따라서 이 건물은 표현주의의 조각적 창의성이나 '말하는 건축'을 보여주는 초기 사례이다.

로버트 반트 호프, 빌라Villa
하위스 테르 헤이더, 1916

반트 호프의 빌라는 미국 건축가 프랭크 로이드 라이트의 작품에서 특성을 들여왔다. 라이트는 당시 유명 출판사에서 작품집을 출간(1910-11)하였고, 베를린 전시회를 통해 유럽에 알려지기 시작하였다. 그 특성이란, 띠창과 천창 그리고 특히 명백한 큐브 형태와 철근콘크리트 구조의 회색 칠한 수평 블록들로써 수평선을 강조한 것들이다. 이 네덜란드 건축가는 미국에서 공부하며 라이트를 개인적으로 알게 되었고, 자신의 작품 목록 형성에 도움이 되었다. 이 빌라 계획에 반트 호프는 라이트의 특징과 프랑스 큐비즘을 결합할 수 있었다. 이는 1917년 피트 몬드리안, 테오 판 두스뷔르흐, 헤리트 토마스 리트펠트 등이 네덜란드 데 스테일을 결성하기 이전의 일이었다.

에리히 멘델존, 아인슈타인 타워
포츠담, 1920-24, 스케치

중요한 첫 과제를 준비하면서 에리히 멘델존은 건축도면의 주요 작업을 펜으로 그려냈다. 완성된 건물은 표현주의의 진정한 아이콘이 되었다. 건물의 구조를 합리적으로 나타내기보다는 형태로서 상징적으로 표현하였다. 묵직한 기단과 위로 솟아오르는 타워, 그리고 강력한 망원경을 감싸는 반구 등으로 건물을 구성하였고, 지하층의 실험실, 지층의 작업실, 숙소 등이 하늘과 지상으로 이어져 있다. 오목 볼록면이 있는 조각 같은 형태는, 원래 재료의 조소성을 최대로 사용할 수 있는 철근콘크리트로 주조할 계획이었다. 그렇지만 기술상의 어려움 때문에 기단 위의 벽은 기존 방법대로 조적조로 건설하고 플라스터로 마감하였다.

프랭크 로이드 라이트의 명쾌한 콘크리트 큐빅 형태가 첫 번째로 유럽에 전이된 것은, 로버트 반트 호프Robert van't Hoff가 설계한 하위스 테르 헤이더Huis ter Heide의 주택이었음은 확실하며, 이때는 바로 암스테르담파 건축가들이 다양한 형태로 표현주의 언어들을 개발할 때였다.

아인슈타인 타워에서 칠레 빌딩까지 - 독일의 표현주의 From the Einstein Tower to the Chile Building - Expressionism in Germany

독일의 표현주의 건축은 1914년 쾰른 공작연맹 전시회에 출품된 브루노 타우트의 유리 파빌리온Glass House에서 비롯되었다. 그러나 주요 건축물은 제1차 세계대전 이전까지는 나타나지 않았다.

독일에서 건축행위는 1914년에서 1918년 사이에 거의 중단되었다. 건축적인 노력은 전쟁 수행의 무덤이 드리우면서 스스로 탈진된 듯하였으며, 다만 환상적이며 표현주의적인 드로잉과 수채화만이 만들어졌다. 브루노 타우트는 새로운 아이디어들을 토론하고 유통하기 위해 '유리 사슬Gläserne Kette'이라는 포럼을 만들었으며, 이는 1919년부터 1921년까지 지속되었다.

타우트는 새로운 사회에 대한 유토피아적 개념과 건축이 포함되는 도시의 이상적인 건축을, 그의 전설적인 에세이인 『Alpine Architekture』(알프스 건축, 1918)와 『Stadtkrone』(도시의 왕관, 1919)에서 설명하였다. 그러나 그는 이러한 이상들을 마그덴부르크Magdeburg의 시정 건축가로서 재직하던 시기(1921-23)나 또는 베를린에서 실무건축가로 있었을 당시에는 실현에 옮기지 않았다. 대신에 그는 매우 실용적이며 사회적인 프로그램인 노동자계층 주거working-class housing에 몰두하였으며, 1920년대 이 분야의 지도적인 건축가가 되었다.

자신의 생각을 실현한 몇 안 되는 사람 중의 하나가 에리히 멘델존Erich Mendelsohn이었다. 멘델존은 초기에 드로잉으로 그렇게 몰두하였던 형태의 유기적 언어organic language를 포츠담Potsdam의 아인슈타인 타워라는 실제 건물로써 번역해냈다. 천문대와 아인슈타인의 상대성 원리를 연구하는 천문학연구소로서 지어진 이 놀랄 만한 타워는 멘델존을 즉각 유명하게 만들었다.

1920년에 불과 펜 몇 획만으로 그려낸 건물 디자인이었지만, 역동성이 집중된 자신의 성격이 모두 표현되어 있으며, 이는 근대건축 드로잉의 아이콘이 되었다.

아인슈타인 타워의 조형성과 형태들의 유기적인 짜임에서 보이는 생각은 암스테르담파 건축가들의 건물들을 상기시킨다. 아인슈타인 타워가 매우 논리적으로 완성된 후 이들은 멘델존을 암스테르담에 초빙하여 자신들이 만들었던 건물들을 연구하게 하였다.

그러나 놀랍게도 포츠담 타워의 혁신적인 외관 형태에도 불구하고, 벽은 재래식으로 시공되었다. 이는 멘델존이 콘크리트로 만들고자 하였던 곡면 파사드를 만들어줄 거푸집을 그 당시 기술로는 제작하기 어려웠기 때문이다.

아인슈타인 타워와 비교할 때 디자인상 더욱 구축적인stereometric 것은 멘델존이 루켄발데Luckenwalde에 스타인베르크 헤르만 회사Steinberg Hermann and Co.를 위해 설계한 모자 공장(그 대지는 현재 불가피하게 확장 건설되었지만)이었다. 이는 또한 멘델존이 1925년 이후에 만든 합리주의 경향의 오피스건물이나 백화점과도 관련됨을 보여주고 있다. 루켄발데 모자 공장은 (염색장치에서 발산되는 유독한 연기들을 분산시키는 배열처럼) 기능적인 디자인과 기술적인 혁신을 통합하고 있으며, 1920년대 산업건축물로는 보기 드문 표현주의적인 형태였다.

제1차 세계대전 직후에 또 다른 베를린 건축가였던 한스 푈치히는 1919년 베를린 중심부에 유명한 극연출가 막스 라인하르트Max Reinhardt를 위해 관객 5,000명을 수용하는 거대한 극장을 설계하였다. 이는 1986년 철거되었다. 극장 내부에 올려진 돔으로부터 늘어뜨려진 모습이 마치 동굴의 종유석처럼 보이도록 하였다. 그리 멀지않은 시기(1920~22)에 푈치히는, 매우 유사한 디자인으로, 동굴 같고 케이크의 당의처럼 뒤얽힌 모습의 극장을 잘츠부르크Saltzburg에 설계하였다.

독일 표현주의 건축은, 함부르크 건축가이며 당시 독일공작연맹의 위원이었던 프리츠 회거Fritz Höger의 벽돌 건물로, 또 다른 절정에 이르렀다. 회거의 주요 작품 중의 하나가 함부르크 칠레하우스Chilehaus이며, 그는 대양 연락선의 형태로 해운회사 오피스빌딩을 지었다. 이 건물의 가장 유명한 부분은 선박의 뱃머리처럼 날카롭게 뾰족한 남동쪽 코너부였다.

건물은 흑적색 클링커clinker 벽돌로 지어졌다. 회거는 해양 건축뿐만 아니라 독일 북부에

프리츠 회거, 칠레하우스

함부르크, 1921-24

프리츠 회거가 선박회사를 위해 설계한 오피스 빌딩이다. 건물 내외부에는 거대한 선들이 두드러져 있다. 선박의 선실처럼 오피스의 단위 실들을 동일시하는 선들이다. 상층 벽을 후퇴시킨 스트립이나 수평 레일들은 뱃머리 같은 삼각형 건물의 모서리를 더욱 강조한다. 파사드에 쓰인 적갈색 벽돌과 안쪽의 둥근 아치 리브 등은 독일 고딕 건축의 조적조 전통을 또한 생각나게 한다.

널리 분포되어 있던 벽돌조 고딕 성당에서 이 빌딩의 영감을 얻었다. 이러한 인용은 건물 내 아케이드에서 더욱 두드러진다. 아케이드는 끝부분으로 갈수록 좁아지며, 전체 오피스빌딩의 수직성에 액센트가 되고 있다. 이 수직성은 주로 파사드를 분절시키는 외부 벽면 기둥external piers을 건축가가 채택함으로써 얻고 있다. 이 거대한 복합건물을 적절히 환기시키고 각 실에 충분한 빛을 주기 위해, 회거는 세 개의 커다란 중정을 설치하였다.

칠레하우스와 이보다 십 년 전에 세워진 쉬파르츠하우스는 여러 가지 차이점에도 불구하고, 건물 용도와 벽돌 사용 그리고 다양한 작은 스케일의 장식 때문에 표현주의 양식의 건물로서 서로 엮여진다.

요세프 고차르, '블랙마돈나' 백화점

프라하, 1911–12

요세프 고차르는 큐비즘 건축의 대표적인 선도
자였으며, 당대에는 작가와 예술가로 자유로이
지성적 변신을 계속하였다. 고차르는 처음에는
백화점을 모던한 고전주의 모드로 계획하였다.
그러나 근본적으로 수정하여, 철근콘크리트 구조
인 건물 형태를 큐브 요소들로 규정하고, 특히 전
면 출입구나 지붕창dormer window, 파사드 기둥
의 주두 등을 표현하였다. 이 디자인은 음영이 만
들어 내는 효과를 특히 두드러지게 하여, 건물의
3차원적 특성을 강조하고 있다. 건축가의 디자
인은 건물 인테리어에도 계속되어, 최상층의 입
체파 카페Cubist café까지 포함하고 있다. 그러
나 카페는 개조 때문에 곧 심하게 원형이 훼손되
었다. 당시에는 매우 도발적이었지만 오늘날에는
역사주의 건물들 주변에 조화롭게 끼워 넣어진
사례가 되고 있다. 맨사드 지붕은 보존 유산인 로
비에 그 자태를 양보하는 듯 보인다.

요세프 호홀, 호데크 아파트

프라하, 1913–14

요세프 호홀의 건축은 공간과 외관에 대한 큐비
즘 이론을 철두철미하게 번역한 결과물이다. 그
전형적인 예로서, 호데크 빌딩 1층의 창문 형상
디자인을 들 수 있으며, 심하게 경사진 대지의 한
점에서 더욱 두드러져 보인다. 다세대를 위한 주
거인 이 빌딩은 마지막 디테일에 이르기까지 건
물 전체가 당시의 정신을 나타내고 있다. 심지어
모서리의 방들은 다각형이다.

큐비즘 CUBISM

프라하의 건축 형태적 독립

Architectonic independence in Prague

1911년경 프라하에는, 비엔나 유겐트슈틸의 대
표였던 오토 바그너의 명확한 구축적stereometric
건축의 영향을 받아 작업하던 지식인 그룹이 있
었다. 그들에게 또 다른 중요한 본보기이자 영향
을 준 것은, 형태를 급진적으로 해체하고 재조립
한 로베르 들로네Robert Delaunay, 조르주 브라크
Georges Braque, 그리고 파블로 피카소Pablo Piccaso
의 작품이었다. 들로네는 파리에 머물렀던 내내,
표현하는 오브제가 기본 기하 형태 – 큐브, 구,
원 – 로 해체되는 스타일의 시기에 있었다. 예
를 들어 〈에펠 타워〉나 거대한 구성인 〈City of
Paris〉와 같은 들로네의 입체파 회화 작품은 매우
드라마틱하고, 대도시의 다이너미즘dynamism 그
자체였다. 따라서 프라하 입체파 건축가들은 이
를 그들이 설계하는 주택 파사드 영감의 원천으
로 받아들여, 주택들을 여러 줄의 큐빅이나 프리
즘 같은 형태로 장식하였다. 당시의 표현주의 운
동처럼 건물 전체를 조각적인 어휘로 다루어, 그
속에서 거주가 가능한 조각 같은 느낌을 어느 정
도 주고 있다.

프라하 건축가들은 후기 고딕 건축의 예를
또한 인용하여 거의 추상적인 볼트vault를 써왔는
데, 이 볼트는 당시뿐만 아니라 현재까지도 프라

하에서 많이 볼 수 있다. 오랫동안 프라하의 입
체파 건축들은 순수한 지역적 표현이라고 잘못
해석되어 왔으며, 현재는 북유럽 표현주의와 관
련 있지만 또 다른 독자적인 대안이라고 재평가
되고 있다.

요세프 고차르Josep Gočár가 설계한 백화점인
'블랙 마돈나The Black Madonna'는 프라하 큐비즘
의 가장 중요한 작품 중의 하나이며, 표현주의와
큐비즘 건축 사이의 차이점을 명백히 보여주고
있다. 암스테르담파 건축을 특징짓는 난해하고
조형적인 장식 대신에, 고차르는 알기 쉽고 구조
적으로 명확한 건물을 디자인하였다. 파사드를
분절하는 크리스털 같은 형태는 빛과 그림자의
즐거운 유희를 만들어 내고, 건물에 더욱 특별하
고 생생한 매력을 주고 있다.

유사한 건축언어가 요세프 호홀Josef Chochol
이 설계한 5층의 호데크Hodek 아파트 블록에 적
용되었다. 큐브나 프리즘 형태를 따르고 있지만,
파사드는 수직 수평요소들의 엄격한 그리드에
따라 실제로 세분되어 있다. 특히 1층은 색다르
게 6개의 모서리가 있도록 형태를 이룬 창문으로
강조되어 있다. 창문 위 다이아몬드 모양이, 파
사드 상부에 얹힌 돌출된 코니스의 지그재그 모
양의 릴리프에 다시 반영되고 있어, 다이내믹한
느낌에도 불구하고 조화로운 결과를 건물에 주
고 있다.

미래파 FUTURISM

근대성으로 향한 이탈리아

Italy breaks out into modernity

세상에 대한 인간의 지각perception과 전용appropriation 문제는 20세기 초두에 예술의 중심 주제 중의 하나였다. 표현주의가 자신들의 캔버스에 세상을 완전히 주관적인 시각으로 그려낸 반면에, 입체파Cubist는 의자나 기타 같은 모든 일상 사물들을 기본 기하 구조로 해체하기를 즐겼으며, 이를 보는 이가 놀라거나 방향성을 잃도록 캔버스에 동시적으로 그려 놓기도 하였다. 그리하여 원래 눈에 익숙하였던 오브제는 뭔가 다른 것이 되며, 동시에 보는 이는 원래 오브제 – 실제 의자나 기타 – 를 새롭고 비평적으로 지각하게 된다. 이 결과 어떤 경우든 실재를 더욱 날카롭게 지각하게 하였다.

이탈리아 미래파Futurist의 실험은 입체파들과는 또 다른 방향이었다. 즉 운동의 단면들을 나누고 이를 단일 평면에서 재조립하였다.

건축으로 이행되기 전에 회화, 시, 조각에서 처음 발전되었지만, 미래파Futurism의 예술 개념은, 운동의 단면들을 시각화하는 것이었고 운동결과로 나타나는 속도의 힘이었으며, 미래의 성격을 규정하는 중요한 요소로 인식하였던 다이너미즘dynamism이었다. 비록 이탈리아 미래파가 그들의 건축형태나 도시계획안들을 실행에 옮기지는 못하였지만, 그들의 드로잉들은 과거를 거부하고 동시에 진보에 대한 신념을 표현하였으며, 그들의 비전을 20세기 근대예술의 중요한 한 경향으로 자리매김하고 있다.

미래파를 이끈 대표적인 건축가는 안토니오 산텔리아Antonio Sant'Elia였으며, 그가 1914년 7월 발표한 미래파 건축선언에서, '장엄하며 극적이며 장식적인 건물'을 명확히 반대하고 대신에 "미래파 도시를 생각하고 지어내려 하였다. 미래도시는 마치 거대한 조선소와 같아, 모든 구성 부분들이 변화되고 움직이며 다이내믹하다. 즉 미래파의 주택은 마치 거대한 기계와 같아야 한다." 산텔리아가 그린 〈치타 누오바Citta Nuova〉 스케치에는 상호 교차하는 자동차 차선, 철로, 비행체들, 그리고 발전시설물이나 유리로 빛나는 고층주거의 외부 엘리베이터 등이, 진정한 근대 기술세계에 대한 그의 개념이 나타나 있다. 그렇지만 미래파는 상상에만 그쳤다. 산텔리아

는 자신의 건축에 대한 상상("건축은 인간과 인간환경에 자유롭게 그리고 대담하게 서로 조화를 이루도록 하는 능력을 의미한다.")을 1914년 밀라노에서 출판하였다. 비극적이게도 산텔리아는 2년 뒤 제1차 세계대전 와중에 전사하여 미래파 건축을 실현할 기회를 얻지 못했다.

그러나 계단 형상의 마천루라던가 기념비적이며 단호하게 수직적인 발전시설물 같은 미래파의 건축 비전들은, 19세기 역사주의를 벗어나 이탈리아 합리주의 건축으로 향하게 하였다. 그리고 그의 작품들은 전후의 근대건축운동 특히 러시아 아방가르드와 연계되며 실현가능하게 되었다.

안토니오 산텔리아, 발전소
1914년의 건축 비전, 콘수엘로 아세티 컬렉션, 밀라노

기술과 전기의 새로운 잠재력은 미래파와 미래파의 혁신적인 사상가였던 산텔리아의 주제였다. 이들은 전류의 집중된 에너지와 역동성을 스케치를 통해 기술 정신이 스며든 건축에, 도시의 기존 형태나 개념들을 급진적으로 깨부수는 새로운 도시 비전으로 치환하였다. 이러한 정신은 산텔리아의 드로잉으로 정확하게 전달되었는데, 연기의 선이 아래로 내려앉기보다는 위로 힘차게 흩어 오르고, 굴뚝은 앙각으로 우뚝 서있으며, 전기선들이 힘있게 그림 밖으로 뻗쳐나가고 있다. 근대건축의 새로운 미학이 산업구조물 형태를 취하고 있다.

제1차 세계대전 후의 건축
ARCHITECTURE AFTER THE WAR

구세계를 파괴한 세계대전

The war destroys the old world

제1차 세계대전 종전 후 얼마 지나지 않아, 유럽과 미국에서 정치나 문화 개혁운동이 힘을 얻게 되었다. 아르누보와 곧 이은 표현주의, 미래주의, 큐비즘 같은 예술의 새로운 방향들은 전통 예술들을 부숴버리고 빛의 속도로 진보하여, 지속적인 기술 혁신이 특징이던 세계를 예술적으로 표현하려고 새로운 개념과 형태를 찾고 있었다. 그러나 전통세계 질서의 기초가 마침내 부서진 것은 제1차 세계대전 이후부터였다. 여러 세기 넘게 이어진 유럽의 헤게모니가 다시 불안정해졌다. 다민족으로 구성되었던 오스트리아−헝가리 제국이 유럽지도 위에서 사라진 것이나, 제정 러시아나 독일이 혁명으로 없어지고, 미국이 처음으로 세계무대에 등장하였으며, 한때 전 세계를 제패하였던 영국제국이 서서히 무너지기 시작하였다.

제1차 세계대전은 그 자체로 결정적인 경험의 시기였다. 예를 들어 탱크와 비행기 같은 근대무기들이 고도의 기술적 완성도를 높여 처음으로 채택되었다. 군인들은 적을 더 이상 직접 대면하지 않고, 가스 마스크 뒤나 참호 속에 숨은 익명의 '적군'과 대치하게 되었다. 이미 기존의 사회적·경제적 문제들이 증가하였고, 전후 시기의 경제적 불확실성은 배고픈 빈곤과 실업, 무주택의 해결 요구를 전면에 내세우고 있었다.

사회적 요구를 다루는 프로그램들

Programmes for dealing with social need

대부분의 사람들에게 닥쳐 일반화되어버린 궁핍은 예술가나 작가에게는 도전적이었으며, 이는 정치가도 마찬가지였다. 모스크바에서 암스테르담에 이르기까지, 사회나 예술이 직면한 세계의 국면이나 주어진 입지를 바꿀 목적으로, 이 당시 여러 예술적·정치적 프로그램들이 마련되었다. 증가하는 예술의 정치참여는 게오르게 그로스George Grosz의 풍자화에서 볼 수 있듯이, 사회비평이라는 주제로 표현되었으며, 또는 앙리 바르뷔스Henri Barbusse는 그의 소설 『포화Le feu』에서 비인간성에 대해 격렬히 외치기도 하였다.

건축에서도 마찬가지로 철저하게 건물의 새로운 기능을 개발하고 유리, 콘크리트, 철과 같은 새로운 건물재료를 사용하려는 시도가 있었다. 그러나 새로운 그리고 더욱 합리적이고 경제적인 건물공법이 시대정신을 곧바로 표현하지는 못하였고, 대신에 한물간 장식들로 뒤덮인 역사주의 양식의 건물들을 거부하였다. 무주택문제를 매우 시급하게 언급하였던 주거개발housing development을 다룰 때 특히 건축은 사회적 인자의 일부가 되었다.

1900−20년의 기간은 근대 예술과 건축의 방향에 매우 획기적인 시기였다. 그러나 1920년에서 1930년까지는 제1차 세계대전의 뒤이은 재앙 때문에, 뜻하지 않은 격동과 도취의 시기가 터져

1921 독가스 사용을 금지하는 워싱턴협정이 국제법 조항으로 발효됨. 당뇨병 치료제 인슐린 발명. 아르투로 토스카니니가 밀라노 스칼라좌의 음악감독으로 취임. 아인슈타인이 광자의 발견과 이론물리학상의 업적으로 노벨 물리학상 받음. 찰리 채플린의 영화 〈키드The Kid〉가 미국에서 초연. 여성들이 단발머리를 하기 시작함.

1922 이탈리아에서 파시스트가 쿠데타를 일으켜, 왕은 무솔리니를 수상으로 임명함. 제임스 조이스가 소설 『율리시스Ulysses』 탈고.

1923 케말 아타튀르크가 터키 대통령에 취임. 히틀러가 뮌헨에서 쿠데타를 일으킴.

1924 레닌 사망. 독일의 전쟁보상금을 확정하는 도스Dawes안 제출. 거슈인의 〈랩소디 인 블루Rapsody in Blue〉 초연.

1925 화학전과 세균전을 금지하는 제네바협정 체결. '재즈의 왕'이었던 루이 암스트롱Louis Armstrong이 〈핫 파이브 세븐Combo Hot Five〉을 취입.

1926 영연방 결성. 프리츠 랑Fritz Lang의 〈메트로폴리스〉와 세르게이 에이젠슈테인의 〈전함 포템킨〉이 초연됨. 런던에서 최초로 텔레비전 송출. 월트 디즈니의 〈미키 마우스〉 만화가 처음으로 영화화됨.

1927 미국 매사추세츠 주의 살인사건 재판 후 국제적인 항의가 일었지만, 사코와 반체티는 처형됨. 찰스 린드버그가 직행으로 비행하여 대서양을 건넘. 스벤 헤딘이 중앙아시아 탐험 시작. 마르틴 하이데거가 『존재와 시간Being and Time』을 발간하고 세속적인 철학인 실존주의existentialism를 시작함. 프루스트가 일곱 번째이자 『잃어버린 시간을 찾아서』의 마지막 작품인 『되찾은 시간』을 출간. 미국 출생 프랑스 무용수이자 가수였던 조세핀 베이커가 파리를 사로잡음.

1928 국제분쟁을 해결하는 수단으로서의 전쟁을 금지한 브리앙−켈로그 조약 체결. 장개석이 중국을 통일. 영국 세균학자인 알렉산더 플레밍이 페니실린을 발견.

1929 월스트리트의 주가 대폭락으로 세계경제가 위기에 빠짐.

게오르게 그로스, 사회의 지주The Pillars of Society, 1926

국제 양식
1920−1930

The International Style
1920-1930
Modernity establishes itself
근대성이 확립되다

테오 판 두스뷔르흐, 코르넬리우스 판 에스테렌, 아파트 블록 습작, 1923

19세기 예술은 각 물체나 현상이 개별적인 정체성이 있는 어느 정도로는 하나의 세계였다. 그러나 세계가 다양한 형태일지라도 그 밑바탕에는 공통된 추상적인 기하질서가 있다. 직각 그리드가 공간을 지배한다. 모든 형태는 작은 직각으로 재현될 수 있으며, 모든 색은 빨강, 파랑, 노랑의 기본색을 조합하여 나타낼 수 있다. 이는 1917년부터 시작된 데 스테일 운동을 엮은 세계의 준철학적 분석이었다. 데 스테일은 네덜란드 화가, 건축가, 공예가들로 구성되었다. 이들이 만들어 낸 예술작품들은 결국 단색 표면들의 조합이 기초가 된다. 데 스테일 그룹의 대변자였던 화가이며 이론가인 테오 판 두스뷔르흐는 표면에서 공간으로 발전하였다. 아파트 블록 스케치를 보면, 블록을 닫힌 벽면의 조합체로 단순화시키고, 벽면들을 직각으로 교차시켜 동질한 건물을 피하고 끝없는 공간의 일부가 되도록 하였다. 모든 것이 열려 있다. 더 이상 방이 아니며 내부와 외부는 오로지 경계만 구획되어 있다. 중력의 힘도 상관없고 상층과 하층이 명확하게 구분되지도 않는다. 벽의 재료들은 부자연스럽게 모호하다. 그 당시까지 건축을 지배하였던 물체적인 것을 넘어서는 추상 공간의 승리였다.

나왔다. 이제 적어도 새롭고 적절한 건축이, 사회적 목적이 뒷받침되어 도시까지 확장되게 되었다.

데 스테일 DE STIJL

네덜란드의 기하학과 추상

Geometry and abstraction in the Netherlands

일찍이 암스테르담파Amsterdam school의 표현주의 건축(24-25쪽 참조)에서 볼 수 있듯이, 네덜란드 건축가들은 건축분야에서 앞서 있었고 제1차 세계대전의 갈등에 휘말리지 않았기 때문에, 따라서 다른 아방가르드 경향들도 나머지 유럽 국가들과 비교해볼 때 특히 이른 시기에 발전될 수 있었다.

몇몇 건축가들은 표현주의 건축의 복잡한 장식과 벽돌 사용은 매우 개인주의적이며 따라서 보수주의의 징표라고 생각하였다. 1910년과 1911년 발행된 바스무트Wasmuth 판 작품집에 나타난 프랭크 로이드 라이트의 건물들과, 다른 종류의 건축 비전을 갖고 있던 프랑스 입체파에 영

향을 받아, 그로피우스의 파구스 공장에서 예시된 바와 같이 상호 관입하는 평면들로 단순한 큐브들이 구성되었다.

네덜란드 화가 피트 몬드리안Piet Mondrian의 작품은 이들 건축가의 발전에 특히 의미 있었다. 몬드리안의 초기작품은 대부분 관습적인 신인상파 회화였지만, 적어도 1907년부터는 그가 묘사하는 오브제는 더욱 추상화되었고 점차 형태가 큐빅으로 구성되기 시작하였다. 이러한 전개의 끝 무렵인 1914년경에는 그 유명한 비구상의 회화를 완성하였으며, 그 회화의 화면이 검은 선의 격자들로 조화롭게 구성되어 있었다. 그리고 이 그리드들은 백색으로 남겨지거나 채색된 여러 사각형들로 구성되었다. 몬드리안이 쓴 색채들은 적, 청, 황의 원색들이 어떤 모양을 이루거나 음영 없이 평편하게 칠해진 것이 대부분이었다. 몬드리안의 예술적 개념은 구상세계를 표현하려는 욕구를 포기하고 대신에 명확한 기하체계로서 그 기본구조를 설명하려는 것이었다.

몬드리안이 추상 회화에서 개발하였던 개념들을, 한때 가구제작자였던 건축가 테오 판 두스뷔르흐Theo van Doesbrug와 헤리트 토마스 리트펠

헤리트 토마스 리트펠트, 슈뢰더 주택
위트레흐트, 1924

가구제작자인 헤리트 토마스 리트펠트는 '적과 청의 의자Red and Blue Chair'를 디자인했으며, 데 스테일 그룹으로서 자신의 아이디어를 건축물로 옮기는 드문 기회를 얻었다. 1917년에 팔걸이의자를 나무 판재와 각재로 해체 구성한 원칙에 따라, 리트펠트와 실내장식 전문가였던 여성 건축가 슈뢰더Truus Schröder는 주택의 큐브 형태를 해체하였다. 평면 벽들을 각기 독립된 사각형들의 조합으로 배치하고, 벽이 모인 지점에서 돌출되게 하였다. 평편한 지붕과 발코니 난간들은 공중에 떠있는 듯하다. 주택 모서리의 대형 유리판재 때문에 더욱 강한 인상을 받게 된다. 그러나 실제로 혁신적인 것은 자유로이 변형 가능한 평면에 따라 구획되는 방들의 재배치이다. 2층에 있는 모든 벽들은 접혀지거나 밀쳐질 수 있어서, 마치 아이들의 장난감 블록처럼 거주자들이 구획을 바꿀 수 있었으며, 또한 전혀 구획되지 않은 개방된 공간을 얻을 수도 있었다.

트Gerrit Thomas Rietveld가, 삼차원 형태로 발전시켰다. 이들은 1917년 건축가 야코뷔스 요하네스 피테르 아우트Jacobus Johannes Pieter Oud와 얀 빌스Jan Wils를 포함한 다른 예술가들과 함께, 데 스테일De Stijl이라는 그룹을 형성하였으며, 이들은 같은 이름의 잡지를 발행하며 1932년까지 지속하였다.

'데 스테일De Stijl'은 단순히 '더 스타일The Style'을 의미한다. 이는 데 스테일 그룹이 자신들의 단체를 스스로 어떻게 보고 있는지는 표현하고 있다. 즉 고전주의나 바로크와의 역사적 양식에 대비하여, 데 스테일 예술가들은 추상적이며, 장식 없고 구성적인 자신들의 형태언어를, '스타일' 그 자체로 보았다.

잡지 《데 스테일》 제2호에 발표한 1918년의 선언에서, 그룹의 정신적 지도자였던 테오 판 두스뷔르흐는 복잡한 이론적 목표를 광범위하게 개관하였다. 19세기 예술을 지배하였던 개인주의의 우월성을 보편성과의 평형을 위해 포기하였다. 데 스테일이 새 세계를 실현하는 조건을, 그들은 '시대의 자각consciousness of the times'이라고 불렀으며, 전통의 모든 족쇄를 제거하는 것이었다.

판 두스뷔르흐와 데 스테일이 예술가들에게 나타내고자 한 비전은, 역사주의나 표현주의마저도 키워왔던 모든 전통적이며 수식적인 장식을 포기하는 것이었다. 대신에 건물은 몬드리안의 회화처럼 철저하게 단순화되어야만 했다.

직각의 원칙에서 출발하여 큐빅 볼륨들을 상호 관입하여, 복합적이고 준조각적인 공간경험을 만들어 냈다. 건물의 색채계획은 정말로 조각과 마찬가지로 취급하여, 매우 밝은 그러나 원색만으로 한정하고 있다. 이러한 예술 개념은 판 두스뷔르흐가 최초로 이끌어 낸 것이지만, 그 결과 데 스테일의 신조형주의 예술neo-plastic art이 되었다.

데 스테일 그룹은 존재를 나타내기 위해 끊임없이 구성을 변화시켰으며, 그 영향은 결코 네덜란드에만 한정되지 않았다. 특히 판 두스뷔르흐는, 제1차 세계대전 후에 발터 그로피우스가 세운 바우하우스에 직접 영향을 미쳤다. 그로피우스는 1921년 판 두스뷔르흐를 바우하우스에 초빙하였다.

데 스테일의 개념이 처음으로 구체화되어 유명해진 것이 헤리트 토마스 리트펠트가 설계한 '적청의자the red and blue chair'였다. 리트펠트는 1917년에 다시 한 번 몬드리안 회화에서 영감을 얻어 검은 각목 부재를 사용하여 구조물을 만들었는데, 여기서 각 부재들은 서로 엄격하게 직각으로 만나고 있다.

그리고 목재 내력 구조물에, 좌석 판이나 등받이를 만들기 위해 밝은 색으로 칠해진 목재 나무판이 끼워지고, 각각 다른 높이로 각목을 설치해 각 판들이 경사지게 하였다.

이 시기에 판 두스뷔르흐의 건축형태 스케치는 실현되지는 못하였지만, 데 스테일의 미학적

바우하우스 THE BAUHAUS

오늘날까지도 바우하우스는 예술의 급진적인 근대화와 동의어가 되고 있다. 바우하우스 예술로 새롭게 형태를 고치거나 디자인하지 않은 것을 우리 생활 각 부분에서 찾아볼 수 없다. 순수예술이나 건축으로 한정하지 않더라도, 바우하우스의 원칙들은 무용이나 영화, 사진 그리고 디자인까지 확대되었다. 장난감(羌단배)까지도 바우하우스 공방에서 디자인되었다. 이러한 광범위한 설명들을 보더라도, 바우하우스는 그 선조인 영국의 예술공예운동이나 독일공작연맹과 닮아 있다. 오늘날까지도 마르셀 브로이어의 강관 의자나 바우하우스 테이블 램프처럼, 바우하우스의 많은 생산품들은 그 철저한 근대성 때문에 디자인의 고전 중에서도 큰 이목을 끌고 있다.

1919년 4월 발터 그로피우스가 앙리 반 데 벨데가 세웠던 바이마르 예술학교의 교장을 맡아, 이전의 예술공예학교를 '국립 바이마르 바우하우스staatlicher Bauhaus Weimar' 형태로 통합하였다. 그로피우스의 목표는 예술과 공예의 새로운 통합이었으며, 이 목표 자체는 제1차 세계대전 이전 독일에서 바우하우스가 얻은 사회정치적 의미를 나타낸다. 그로피우스는 모든 창조적인 역량을 통합된 '바우하우스house of building'에 모으려고 했으며, 여기서 '바우

바우하우스 디자인의 고전: 마리안느 브란트의 내부에 여과기가 딸린 티포트 (1924)

Bau(building)'란 단순히 건축만을 의미하지 않고, 다른 모든 것을 포함하고 있었다. 그로피우스는 다가오는 전쟁의 재난과 새로운 사회를 세우기 위한 구질서의 붕괴라는 자기 시대에 완전히 동조하여, 예술을 새로운 인류를 정립하는 데 쓰고자 하였다.

이러한 숭고하고 사회적으로 이상적인 목표를 이루기 위해, 바우하우스의 모든 교수master들은 학생들과 함께 미리 정해진 교과과정을 따랐다. 예비과정은 학생들이 다양한 재료들, 즉 나무, 금속, 텍스타일, 유리, 물감, 진흙 등을 다루도록 되어 있다. 이 예비과정을 바이마르 초기에는 요하네스 이텐이 담당하였다. 바우하우스가 초기에 강하게 표현주의 경향으로 기운 것과, 중세 길드를 모델로 형태가 조직된 것은, 주로 이텐 때문이었다.

1921년 중반에 네덜란드 데 스테일 운동의 창시자이자 지도적인 사상가였던 테오 판 두스뷔르흐가 바이마르에 왔다. 그의 영향 아래, 바우하우스는 예술의 기술적, 구성주의적 개념으로 급진적으로 변화하였으며, 이는 두 번째 단계의 발전 조건을 조성하였다. 마르셀 브로이어는 데 스테일 예술가 헤리트 토마스 리트펠트가 만든 적과 청의 의자에 자극받아 철제 강관 의자를 만들어 냈다.

그러나 바우하우스 교수들 중에서도 예술교육의 새로운 경향 대부분은 헝가리 사람인 라슬로 모홀리 나지László Moholy-Nagy와 확실히 관련되었다. 모

홀리 나지는 이텐에 이어 예비과정을 담당하였다. 보일러공의 작업복을 입고, 현대의 모든 예술 생산품은 당시대에 적합한 기술적인 견해로부터 나와야 한다는 신념을 의심치 않았다. 바우하우스의 예술 스펙트럼은 매우 다양했기 때문에, 모홀리 나지의 영향에도 불구하고, 오스카 슐레머, 바실리 칸딘스키, 파울 클레 같은 다양한 예술적 개성을 가진 화가들의 활동을 볼 수 있었다.

바우하우스가 독일, 실제로는 유럽 전위예술 세계를 선도하는 문화세력이 되어갈 때 정치적인 압력 또한 증가하고 있었다. 이 혁신적인 예술학교는 자체로 정치적인 성향을 띠고 있었으며, 다시 한 번 힘을 결집하고 있던 보수 세력에게는 눈엣가시가 되고 있었다. 1925년 바이마르 바우하우스는 문을 닫았으며, 데사우에서 새로 시작하게 되었다.

발터 그로피우스가 설계한 바우하우스 건물은 마침내, 주장하는 개념과 외관의 건축적 형태가 서로 들어맞는 예술학교가 되게 하였다. 건축은 건물 각 부분들의 다양한 기능들을 명확히 표현하고 있다. 그래서 공방 부분은 가려지지 않도록 유리 벽면으로 되어 적절한 양의 빛을 받게 하고 있다. 반면에 학생 거주 부분의 파사드는 각 방마다 발코니가 따로따로 있는 것이 특징이다. 말할 것도 없이 그로피우스의 새 건물은 평지붕이었으며, 1920년대에는 근대건축과 동의어였다.

1928년 발터 그로피우스가 바우하우스 교장직을 사임하였다. 후계자는 스위스인 하네스 마이어였다. 마이어는 그로피우스와 마찬가지로 건축가였다. 마이어 아래에서 바우하우스의 사회주의 경향은 그로피우스 때보다 더욱 심해졌다. 심미적 성향의 구조주의가 엄격히 자체로 과학적임을 표방하는 예술생산 스타일로 대체되었다. 이는 예술품 생산의 표준화를 증진시켰으며, 개별적인 수공작업을 대신해 생산과정의 집중화를 조장하였다. 바우하우스의 급진적인 정치화는 우파의 압력을 일으켰으며, 이에 데사우 시장은 마이어를 다시 해고하기에 이르렀다.

그러자 1930년에 그간 정평이 나있는 건축가였던 루트비히 미스 반 데어 로에에게 마이어의 후계자로서의 책무를 맡겼으며, 바우하우스를 고요한 수면에서 움직이도록 하였다. 정치적 동요는 전혀 미스 스타일이 아니었으며, 예술 훈련에만 집중하려는 조처도, 나치의 선동 때문에 바우하우스의 폐교를 막지는 못하였다. 바우하우스를 베를린에다 재건하려던 미스의 뒤이은 시도도 역시 실패하였다.

바우하우스의 표현주의적 근본을 보여주는 리오넬 파이닝거의 목판화: 1919년 바우하우스 선언문 성당 Bauhuas manifesto Cathedral의 타이틀 페이지

교육 내용과 일치하는 건축물: 발터 그로피우스가 1926 데사우 새 대지에 건립한 바우하우스 교사

블라디미르 타틀린, 제3 인터내셔널 기념물 스케치, 1919

볼셰비키 혁명의 승리와 기술발전에 대한 신념은 러시아 아방가르드의 꿈에 날개를 달아주었다. 구성주의자 블라디미르 타틀린은 가장 대담한 디자인 중의 하나를 보여주었다. 스케치로 표현한 세계 공산당 연합(코민테른)인 제3 인터내셔널의 사무실과 회의장 건물은 미학적 효과면에서 역동적이었을 뿐만 아니라, 실제로도 움직이는 것이었다. 높이 300미터(980피트)의 나선형 철제 구조물은 3개의 투명한 볼륨, 즉 회의장인 육면체, 사무국인 피라미드, 선전부인 원기둥을 감싸고 있다.

엘 리시츠키, 모스크바 니키츠키야 게이트의 '구름 위의 지주Cloud Props' 스케치
1923-26

1920년대 소련에서 행해진 도시계획 논쟁은, 강화된 1차 국민경제발전 5개년 계획의 요구에 따라 뉴타운 디자인의 필요성을 제시하였다. 리시츠키의 모스크바 '수평적 마천루' 계획안은, 계획 단계를 벗어나진 못했지만, 기술 진보의 신념과 매혹을 표현하였으며, 자신이 주장한 프로운 구성을 건축으로 변환하려는 시도였다.

개념을 당시 건축분야에서 처음으로 실제로 표현할 기회가 다시 한 번 리트펠트에게 주어졌다.

19세기 전통주택은 거주자의 마음에 있는 위엄과 기념비성이라는 개념을 만족시켜야만 했다. 그러나 리트펠트가 슈뢰더 주택Schröder house에서 표현하고자 관심을 두었던 측면은 그와는 정말 달랐다. 그것이 얼마나 새롭고 색다른가는, 일상적인 경사지붕이나 박공지붕 대신에 평지붕을 사용한 맨 마지막 집을 나머지 기존 연립주택들과 비교해 봄으로써 알 수 있다.(32쪽 그림 참조)

슈뢰더 주택의 근본적인 혁신 중에는, 서로 교차하고 공중으로 뻗어 나온 평편한 백색 플라스터와 벽면의 놀랄 만한 파사드를 제외하고라도, 넓게 개방한 유리창을 들 수 있다. 또한 주택 내부공간도 완전히 혁명적인 디자인으로 꽉 차 있다. 2층은 방을 구획하는 벽들을 제거할 수 있어 완전히 개방된 공간을 만들 수 있었으며, 이는 고정된 벽이 만들어 내는 방의 불변하는 질서와는 완전히 다른 것이었다.

슈뢰더 주택은 기존 주택 건축에 근본적으로 도전한 것이었다. 가변성 있는 칸 나누기나 두드러지지 않은 평지붕, 그리고 산업적으로 절제된 파사드 등은 완전히 새로운 표준이 되었으며, 이 당시부터 지금까지 근대건축의 이정표로 여겨지고 있다.

구성주의 CONSTRUCTIVISM

소비에트 혁명과 아방가르드 예술

Revolution and avant-garde in the Soviet Union

독일의 바우하우스와 네덜란드의 데 스테일 운동이 진보적인 활동의 중심이 되었을 때, 1917년 이래로 일어난 혁명적인 정치 변화를 예술적이며 건축적으로 표현한 이들이 바로 젊은 소련Soviet Union의 아방가르드였다.

19세기에 러시아 예술은 서유럽의 발전에 겨우 기대고 있었다. 중세 시대의 민속과 전통 러시아 형식에서 이끌어낸 테마와 형태로 되돌아감으로써, 세기말이 되어서야 이런 의존에서 점차 자유로울 수 있었다. 그러나 제1차 세계대전 초에 이르러서는 러시아 예술이 서유럽의 아방가르드 예술 발전과 연계되었을 뿐만 아니라, 이 아방가르드 예술을 이끌기도 하였다.

1918년 카시미르 말레비치Kasimir Malevich는

'백색 바탕 위의 백색 사각형White square on a white ground'이라는 회화에서, 그림을 가능한 한 절대 영도까지 줄여, 근대 예술의 아이콘을 창조하였다. 말레비치는 감정이 절대 역할을 하는 '순수 추상pure abstraction'을 주장하였다. 따라서 그는 자신의 작업을 지고至高 또는 절대絶對라는 뜻의 라틴어 supremus에서 따와 절대주의Suprematism라고 이름 붙였다. 이 회화 양식은 큐비즘이 기본 기하 구조로 줄인 것보다 예술을 더욱 축약하였으며, 데 스테일 그룹과 바우하우스에 영향을 미쳤다. 말레비치의 작품에 표현된 추상을 자신만의 것으로 만든 사람이 러시아의 엘 리시츠키El Lissitzky였다. 블라디미르 타틀린Vladimir Tatlin과 함께 엘 리시츠키는 이 예술조류를 이끄는 대표자가 되었고, 데 스테일과 마찬가지로 회화와 건축의 통합을 주장하였다.

1920년 리시츠키는 그 유명한 '프로운Proun'을 제안하였다. 프로운은 프로 우노비스Pro UNOWIS의 줄임말이며, 예술의 새로운 형태를 창조하는 프로젝트라는 의미의 러시아 말이다. 프로운은 2차원이나 3차원에서 모두 실현될 수 있는 다양한 기하 요소들로 이루어진 추상적인 구성이었으며, 말레비치의 절대주의 회화에 영향 받았음을 확실히 보여주고 있다. 엘 리시츠키는 프로운이 새로운 예술 형태를 지속적으로 찾는 데 기여할 것으로 보았다. 그러므로 프로운에 대한 그의 정의는 의도적으로 모호하였으며, 오히려 그 때문에 변화무쌍한 예술 창작 조건에 늘 적용될 수 있었다.

그의 개념은 결코 2차원의 회화에 한정되지 않았다. 즉 이를 인테리어 디자인과 건축형태 스케치에도 적용하였다. 리시츠키의 견해는 회화에서 시작되었고, 또한 처음에는 회화로만 표현되었던 것이긴 하지만, 건축을 기능상 필요 최소 단위까지 줄일 수 있으며 이는 시공도 좌우하는 것이었다. 그는 이런 견해를 동료인 말레비치와도 공유하였다.

제1차 세계대전 전의 이탈리아 미래파(29쪽 참조)와 마찬가지로, 이 러시아 예술운동의 구성원들의 특징은 기술적 진보와 매력에 대한 신념이었다. 이 새롭고 전위적인 예술 개념은 1917년 공산혁명 이래로 젊은 소련이, 과거에 예속되어 있던 철 지난 모든 것을 파괴하는 이데올로기를 자체로 가지게 되었음을 보여주고 있다. 따라서 소비에트 정부는 스탈린이 집권하기 전

까지 여러 해 동안, 선전 목적으로 이 구성주의 Constructivism를 이용하였다.

이 당시 가장 중요한 건축 프로젝트는 '구름 위의 지주Cloud Props'였으며, 이는 1922년 암스테르담의 데 스테일 그룹의 한 사람으로 참가했던 엘 리시츠키가 네덜란드 건축가 마르트 스탐Mart Stam과 함께 계획한 것이다. 이 계획안은 거대한 오피스 복합건물이었으며 실제로 지어지지는 않았지만 기술지향적인 건물이었고, 지주 몇 개 위에 매스를 수평적으로 얹어 놓아 거의 공간 속에 중량감 없이 떠 있는 듯하였다.

또 다른 구성주의 작품으로 유명한 것은 블라디미르 타틀린의 제3 인터내셔널 기념물The 3rd International Monument이었다. 역시 계획 단계 이상은 진행되지 못하였지만, 소련 혁명 직후 여전한 정치적인 혼란 시점과 경제적으로 곤란했던 상황을 감안해보면 이해될 수 있다. 리시츠키와 유사하게 타틀린은 건축뿐만 아니라 조각 형태에도 관심을 가져, 그의 이 모스크바 기념물The Moscow Monument 계획안은 건축과 조각의 종합체이기도 하였다.

건물은 거의 45도 각도로 기울어져 서있는 금속 거더 구조로 구성되어 있다. 에펠탑보다도 높고 폭 300m 기단부에서 위로 점차 가늘어지는 나선 형태로, 하늘로 뚫고 올라가도록 의도되어 있어, 마치 인간의 오래된 꿈인 바벨탑을 꿈꾸는 듯하였다. 원통, 피라미드, 그리고 별도의 반구가 붙은 작은 원통, 이렇게 3개의 투명한 볼륨이 이 구조물 안에 매달려 있었다. 타틀린은 이 사무공간들을 여러 국가기관들이 사용할 수 있도록 계획하였다.

이 기념물의 어마어마한 크기는 각 사무공간들이 저마다의 축을 따라 일 년, 한 달, 하루라는 각각의 주기로 회전한다는 사실을 알 때 명백히 이해될 수 있다. 따라서 계획된 이 기념물은 완전히 독특한 방법으로 역동적일 뿐만 아니라 구성적으로 결합되어 있다. 구조물 내 다양한 사무공간에 들어 선 소비에트 기관들의 업무와 투명한 조각 형태 때문에, 제3 인터내셔널 기념물은 기대 이상으로 혁명적인 구성주의 건물이 되었으며, 러시아혁명과 그 결과 소련 자체 내에 확립된 새로운 질서를 핵심적으로 표현하게 되었다. 반면에 타틀린이 기념물 계획안과 함께 제시하였던 모형은 낡은 시가 상자와 깡통 등으로 만들어졌으며, 이 거대한 건물의 실현은 리시츠키

의 '구름 위의 지주' 고층건물안과 마찬가지로, 당시 기술이나 재정 능력 밖이라는 것이 즉각 판명되었다.

리시츠키와 타틀린의 작품처럼 혁명적인 것으로, 베스닌Vesnin 형제의 레닌그라드(현재 상트페테스부르크) 프라우다Pravda 신문사 사옥 계획안이 있었다. 그들은 6m×6m의 사각형 대지 위에 기본형태인 큐빅 블록으로 고층건물을 지으려 하였다. 그 계획안에는 신문의 제호이기도 하였던 'Pravda'가 큰 글자로 표시된 간판이 포함되어 있었다. 그리고 유리 누드 엘리베이터가 미래주의적 경향을 보이면서 역시 계획안에 첨가되어 있었다.

소련 구성주의의 이상주의적이며 혁명적인 작품들이 광범위하고 열성적으로 비록 프로그램만으로만 구체화되었고, 당시 러시아 지성인들로부터 강력하고 격렬하게 비난받았지만, 그중 몇몇 계획안들이 실현되었다는 점을 주목해야 한다.

실현된 작품들 중의 하나가 모스크바의 루사코프Rusakov 노동자 클럽이었다. 이 건물은 콘크리트조이며 콘스탄틴 멜니코프Konstantin Melnikov가 설계하였다. 건물의 주요부는 1,400명을 수용하는 집회 홀이었다. 줄지은 수직 창 사이로 날카롭게 삐져나온 파사드의 관람석을 구성하는 다면체 블록은, 건물을 다이내믹하게 또한 드라마틱하게 느끼도록 해준다.

그러나 구성주의도 일반 근대 예술과 마찬가지로, 상대적으로 잠시 동안만 꽃 피울 수 있었

콘스탄틴 스테파노비치 멜니코프, 루사코프 노동자회관
모스크바, 1928

러시아 아방가르드들의 꿈 대부분은 설계판을 벗어나지 못했다. 그중 드물게 완공된 건물 중의 하나가 루사코프 노동자회관이다. 프롤레타리아의 문화교육센터였던 이 건물에 콘스탄틴 멜니코프는 적절하게 준산업적인 외관을 부여했다. 멜니코프가 설계한 1925년 파리 장식박람회의 소비에트관처럼, 철근콘크리트 건물은 불규칙하게 상호 교차하는 모양의 기하형태 볼륨과 날카로운 대각선이 특징이다. 1,400명을 수용하는 관중석이 모스크바 빌딩의 파사드에서 쑥 튀어나온 입체 속에 숨겨져 있다.

쥬세페 테라니, 카사 델 파시오
코모, 1932-36
이탈리아는 독일보다 발전이 덜 되었기 때문에, 파시스트들은 자신들이 근대화된 당임을 보이기가 쉬웠으며, 따라서 합리주의Rationalism를 국가의 공식건축으로 공인하였다. 가장 완전한 예가 쥬세페 테라니가 코모에 세운 카사 델 파시오이다. 고전 비례 이론에 맞추어, 테라니는 파시스트 지방 당사를 사각형으로 설계하였다. 건물 높이 16.8m(54ft)는 평면 각 변의 정확히 반 길이였다. 출입구 정면의 기둥과 보의 구조 그리드 노출은 콜로세움 파사드의 현대적 해석이었으며, 이 공공건물에 상징적인 투명성을 주고 있다. 눈부신 흰 대리석과 텅 빈 공간의 반복은 빛과 그림자의 극적인 연출을 자아내고 있다. 이 카사 델 파시오는 이탈리아의 현대건축과 고전건축 모두를 나타내고 있으며, 다른 많은 유럽 국가들과는 달리 서로를 적대시하지 않았다.

다. 1931년 초 개최된 모스크바 '소비에트 궁전 Place of the Soviets' 설계경기에서, 후에 스탈린 체제의 국가적 건축형태로 여겨졌던 것과 부합되는 신고전주의 계획안들이 선호되면서, 르 코르뷔지에와 발터 그로피우스를 포함한 근대주의 건축가들의 설계안들이 거부되었기 때문이다.

합리주의 대 신고전주의
RATIONALISM VERSUS NEOCLASSICISM

쥬세페 테라니와 이탈리아 합리주의

Giuseppe Terragni and Italian Rationalism

많은 유럽 국가들과 마찬가지로, 제1차 세계대전 후 이탈리아 왕국의 정치적 상황도 안정과는 거리가 멀었다. 사회는 정치적 견해에 따라 극도로 양극화되었다. 강력한 공산당과 또한 급속히 세력을 얻고 있는 파시스트당이 있었다. 1922년 로마로 진군한 베니토 무솔리니Benito Mussolini는 유럽 최초로 파시스트 정권을 수립하였다. 결코 제도판 이상을 떠나지 못했던 제1차 대전 전의 미래파 프로젝트를 제외하고는 이탈리아에는 이름을 꼽을 만할 정도의 근대건축 전통이 없었다. 독일에서는 1918년에서 1933년 사이에 신건축운동the Neues Bauen movement으로 개혁되고 사회주의자들의 목적 아래 널리 퍼지게 된 반면에, 이탈리아의 새로운 건축들은 결코 과거 전통건축들을 버리지 못하였다. 그 이유는 이탈리아 모더니즘이 오직 파시스트 체제 아래에서만 성립될

수 있었기 때문이었는지도 모른다. 이는 1933년 나치가 권력을 장악하고 바이마르 공화국의 근대주의 건축과 건축가들을 광범위하게 멸시하였던 독일 상황과는 다르게, 파시스트 체제하에서 이탈리아 근대 건축은 정치체제의 혁신적인 특성의 일부였으며, 심지어는 파시스트 체제를 떠받치는 어떤 구실을 하였다는 상황을 통해 이해할 수 있다.

일반적으로 1920년에서 1940년 사이의 파시스트 체제하의 이탈리아에서는 서로 경쟁하는 두 가지 건축경향이 있었으며, 이 두 가지 경향은 서로 다른 방식으로 고대 로마의 유산에 기초를 두고 있었다. 이 두 경향은 그 주요 주창자에 따라 구체화될 수 있었다. 즉 한쪽은 신고전주의자neoclassicist였던 마르첼로 피아첸티니Marcello Piacentini였고, 다른 쪽은 쥬세페 테라니Giuseppe Terragni였다. 후자인 테라니는 다른 여섯 건축가들과 함께 밀라노에 모여, 자신들을 '그루포 세테 Gruppo 7'라고 이름 짓고, 근대주의 건축을 급격하게 주장하였다. 이런 와중에서 테라니는 이제까지 고대 유적으로 존재해왔던 이탈리아 전통 유산을 유지하는 것과, 새로운 건축을 만들어 내는 사이에 아무런 모순을 찾아볼 수 없었다. 1926년과 1927년 사이에 그루포 세테가 발간한 《이탈리아 합리주의 선언the Manifesto of Italian Rationalism》에서, 그들은 이성logic과 비율proportion의 법칙에 엄격히 근거하는 건축을 주장하였다. (여기서 proportion의 다른 이름인 ratio 때문에, 이 운동이 Rationalism이라고 불리게 되었다.) 미래파의 기계 미학과 르 코르뷔지에의 혁신적인 건물에서 영향받아 합리주의는 주로 북부 이탈리아에서 자성하였는데, 북부 이탈리아는 증가일로에 있던 중요 자동차 산업의 기지였으며, 상업과 산업 번영의 핵심이었던 밀라노와 토리노가 그 중심이었다.

합리주의의 형태적·미학적 특성이 가장 명확히 표현된 것이, 1928년 이탈리아 코모Como에 지어진 임대 아파트 블록인 노보코뭄Novocomum 건물과, 코모지역 파시스트 지부 당사인 유명한 카사 델 파시오Casa del Fascio로, 노보코뭄과 마찬가지로 쥬세페 테라니가 설계하였다.

이 건물들은 근대성modernity의 미학적 요구와, 로마제국 시대 이래로 이탈리아 반도 건축을 지배하였던 고전 이론 사이의 균형을 유지하며 일체화되어 있다. 카사 델 파시오 출입 면에

적용된 테라니의 기둥columns 그리드는 고전건축 포티코portico의 개정안이었다. 각 변 길이 33미터의 평면에 비해 입면은 16.5미터로 정확히 평면 치수의 2분의 1인데, 이는 로마시대까지 거슬러 오르는 건축이론에 영향을 주었던 비트루비우스Vitruvius가 이미 엄격히 적용하였던 비례proportion 개념과 관련 있다. 동시에 카사 델 파시오는 상징적으로 개방되어 보이는 파사드를 써서 투명성transparency이란 주제를 취하고 있는데, 이는 파시스트 당의 대중 이미지로서 매우 중요한 측면이었다.

비록 테라니의 이탈리아 합리주의가 1980년대까지 지속되긴 하였지만(94쪽 이후 참조), 1935년 이후로는 점차 영향력을 잃어갔다. 피아첸티니의 고전주의적 기념비성the classicist monumentalism에 의해 점차 옆으로 밀려났기 때문이다. 만일 테라니의 작품이 고전과 근대의 균형 잡힌 종합을 이루어, 그의 빌딩에 훌륭한 디테일과 미학적 감각이 표현되었더라면, 피아첸티니의 엄격한 고전주의 감각도 나타나지 않았을 것이며, 따라서 이탈리아의 공식 국가 건축으로 선호되었을 것이다.

독일의 새로운 건축물
NEW BUILDING IN GERMANY

베를린과 프랑크푸르트의 공동주거 개발
Housing developments in Berlin and Frankfurt

1918년 이후 바이마르 공화국Weimar Republic이 직면한 가장 압박받는 문제 중의 하나가 주택난의 해결책을 찾는 것이었으며, 이 주택난은 사회 문제의 중요한 원인 중의 하나였다. 제1차 세계대전 이전에도 새로운 공동주거를 건설하는 방식으로 변화하려는 초기 움직임이, 특히 독일의 최대 도시였던 베를린에서 있었다. 그 목표는 어둡고 과밀한 주거와 습기 찬 마당에서, 더욱 좋은 생활조건과 개선된 생활양식을 제공하는 노동자 계층 공동주거를 모험적으로 대체하는 것이었다. 위생설비가 적절히 갖추어지지 못하였고 여러 계층의 거주자들이 공동으로 사용하였던 거대하고 어두운 공동주택 대신에, 채광과 환기가 잘 되는 작은 주거단위들이 건설될 예정이었다.

1924년에 이르러서야, 전쟁에 승리한 연합국에 대한 배상 때문에 심각히 타격을 받은 독일의 경제 상황이 겨우 회복되었다. 이러한 경제 토대의 강화로 베를린의 시정 건축가였던 마틴 바그너Martin Wagner가 주도하였던 계획에 실행 여건이 주어졌다. 그 계획은 유럽에서 유일한 서민 공동주거 계획popular housing program, 즉 베를린에 수만 채의 새 주택을 공급하는 계획이었으나, 1930년의 세계 경제공황 때문에 중단되었다.

한스 샤로운Hans Scharoun, 발터 그로피우스, 루트비히 미스 반 데어 로에, 그리고 브루노 타우트 등이 이 베를린 공동주거 계획의 가장 중요한 건축가들이었다. 이들은 공개되어 협동적으로 건설되는 아파트 동에 내재하는 사회적 목적과, 근대적인 만큼이나 기능적인 형태언어를 결합하였다. 평편한 지붕roof과 흰색 또는 매우 밝은 색채의 파사드가 건물의 특징을 이룬다. 이는 (둥근 원형 창처럼) 선박에서 인용한 것으로, 한스 샤로운이 특히 자주 사용하였으며 르 코르뷔지에가 이끈 바를 따른 것이었다. 값싼 비용으로 편리한 건물을 제공하며 저렴한 임대비를 보장하기 위해, 건축가들은 가능한 한 건물들을 표준화하였으며 가장 경제적인 자재를 써야만 했다.

1920년대의 주거 프로젝트는, 20세기 초 영국이나 독일에서의 전원도시the Garden City 운동처럼(40-41쪽 참조), 단독주택을 대량으로 만들어 내는 것이 아니었다. 대신 소규모이지만 완결된 주구를 만들고, 매우 다양한 아파트 동들을 틀에 박히지 않은 방법으로 배치하였다. 이 공동주거 프로젝트에 깔려 있는 사회의식은, 공동 세탁실이나 지붕 테라스처럼 공용설비를 포함한 것에

한스 샤로운, 지멘스슈타트 지구, 공동 주거동
베를린. 1931

제1차 세계대전이 야기한 급격한 변동으로, 다른 지역과 마찬가지로 독일에서도 주택난을 풀려는 부단한 노력들이 일어났다. 지멘스슈타트 지구에 건립된 한스 샤로운의 공동 주거동은, 국영 주거 개발계획의 일환으로 건설되었으며, 노동자 대중을 위해 빛과 공기가 가득한 거주공간을 약속한 모더니즘 건축의 가장 우수한 사례이다. 샤로운은 자신이 공들여 만든 공동주택에 거주한 보기 드문 근대건축가 중의 한 사람이었다.

마가레테 쉬테-리호츠키, 프랑크푸르트 키친, 1928

마가레테 쉬테-리호츠키는 이후 수십 년에 걸쳐 생산된 모든 시스템키친의 프로토 타입을 디자인하였다. 모든 요소들이 주방의 작업과정에 따라 배치되고, 가능한 한 작은 공간까지에도 맞출 수 있었다. 가사작업을 경감하려 한 조치가 부엌을 가족 거주 영역에서 순수한 기능적 공간으로 바꾸어 놓았다. – 그러나 주부들에게 여가를 주거나 밖으로 나가 일할 수 있게 하려는 것이 목적이었다.

잘 나타나 있다. 주거동들이 배치된 녹지 환경처럼, 이는 건강한 주거생활과 거주자 간의 건전한 사회관계를 도모하려는 의도였다.

베를린과 달리, 독일의 또 다른 거대도시 프랑크푸르트에서는 시정 건축가 에른스트 메이 Ernst May의 감독 아래, 체계적인 주거개발계획으로 일반적인 주택난에 맞서고 있었다. 공장에서 조립된 부재들을 사용하여 건물을 지음으로써 프로젝트의 건설비용이 – 따라서 임대비가 – 낮춰지게 되었다. 아파트는 상대적으로 작았지만, 공간을 절약시킨 여성건축가가 디자인한 '프랑크푸르트 주방' 덕을 보았다. 마가레테 쉬테-리호츠키 Margarete Schütte-Lihotzky는 매우 합리적인 작업공간을 만들어내, 성가신 부엌 조리대를 퇴물로 만들었다. 쉬테-리호츠키의 창작품은 모든 근대 조립식 주방설비의 선두주자였으며, 처음으로 대량생산되고 기성 제품화되었으며, 1930년까지 프랑크푸르트 주거 계획의 10,000여 세대

아파트에 설치되었다. 6.5㎡의 공간 안에 건축가는 싱크대에서 조리대에 이르기까지 주방 일에 필요한 모든 것을 설치하였다.

에른스트 메이와 마가레테 쉬테-리호츠키 같은 건축가들은 혁명 속의 소련에서 미래사회의 모델을 발견하였다고 믿고, 세계 경제공황이 실제적으로 독일의 건설을 중단시켰을 때 소련에서 건축적인 아이디어를 짧은 시간에 실현하려고 시도하였다. 그러나 소련의 불충분한 인프라스트럭처는 이 주거계획을 실패로 돌아가게 만들었으며, 독일에서 성공을 거두었던 주거 프로그램들을 정말로 불가능하게 하였다.

근대적인 프로그램: 슈투트가르트의 바이젠호프 주거단지

The modern as program: Weissenhof estate in Stuttgart

돋보기를 들어 책 한 쪽을 주시하듯이, 슈투트가르트의 바이젠호프 주거단지에서 1927년 독일공작연맹이 개최한 건축전시회는 당시 건축 중 어떤 것이 최신인가를 조명하는 것이었다. 국가사회주의National Socialism(나치)가 금지하기 전, 다시 한 번 독일공작연맹은 르 코르뷔지에와 야코뷔스 요하네스 피테르 아우트 같은 외국 근대주의 건축가들과 샤로운, 그로피우스, 베렌스, 미스 반 데어 로에 같은 독일 건축가들을 초빙하여, 새로운 건물 양식과 그들의 건축원리를 체계적으로 일반인에게 설명하기 위하여 포럼을 열었다. 기능성이나 큐브가 적층 구성된 건물만큼이나, 평편한 지붕, 흰색 파사드, 유리, 금속들이 전시회의 풍경 대부분을 차지하는 장면들이었다. 오늘날까지도 슈투트가르트 주거단지는 광범위하게 재건축되었음에도 불구하고, 이 새로운 주거건물들에 내재된 아이디어들이 여전히 우리에게 영감을 주고 있다.

그러나 베를린이나 프랑크푸르트의 주거개발계획과는 달리, 새로운 건축으로 새로운 생활양식을 주려 했던 대상은 노동자 계층이 아니었다. 대조적으로 슈투트가르트 바이젠호프 단지는 루트비히 미스 반 데어 로에의 감독 아래 시작되었으며, 부유하며 대학교육을 받은 태생적으로 부르주아인 국민이 목표였으며, 이는 아파트의 1층에 포함되어 있는 하인실의 존재로도 명백히 알 수 있었다.

당시 아직도 친근하지 않았던 근대 건축을 집중적으로 표현하는 것은 격렬한 열정만큼이

나 혐오감을 불러일으켰다. 흰색 큐브 형태는 아프리카 건물에 비유되었으며, 건물이 낙타와 야자수, 터번 쓴 사람들로 둘러싸여 있는 모습으로 그려진 풍자 엽서도 등장하였다. 이러한 비평들 속에는 지역적 전통을 무시한 최신 유행의 건축이라고 보는 근거 없는 깊은 불신이 가로놓여 있었다. 건축가 파울 슈미트너Paul Schmitthenner와 슈투트가르트파the Stuttgart school는 유산보호운동the heritage protection movement을 독일에서 활발하게 전개하였는데, 이들은 주변 풍경이나 전통 건물들을 고려하지 않는 이 주거계획들을 맹비난하였다.

참가한 여러 건축가들의 다양한 견해와 건물의 디테일로 나타나는 정말로 서로 다른 스타일에도 불구하고, 전체 건물의 형태는 매우 놀랍게도 유사하게 한 부류로 모아진다. 비록 각기 다른 나라에서 온 건축가들이 매우 다양한 건축적 유산을 가져왔으며 또한 이들은 모두가 매우 다양한 연령층이었지만, 이들이 채택한 형태와 재료들은 그렇고 그렇게 비슷하였다.

제1차 세계대전 종전 후 몇 년 지나지 않아 완전히 새로운 건축이 전개되었으며, 슈투트가르트 바이젠호프 주거단지는 지역적 특성을 지닌 특정 양식이 아니라 세계적으로 전개되는 건축양식을 최초로 확실히 보여주는 증거였다.

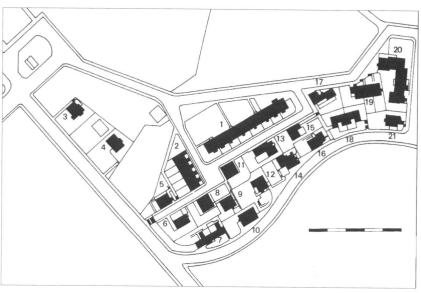

CIAM과 국제 양식 CIAM and International Style

국제적인 건축가 모임의 실체로서, 그리고 결과물인 바이젠호프 프로젝트의 자극에 대한 반응으로서, 1928년 르 코르뷔지에와 지그프리트 기디온Sigfried Giedion은 매년 근대주의 건축가들의 포럼을 개최하려고, CIAM(Congrès Internationaux d'Architecture Moderne, 근대건축 국제회의)을 결성하였다. 이 회의는 1956년까지 계속되어 통산 10회가 개최되었으며, 매 회마다 다른 사회적 건축 주제를 다루었다. 예를 들어 에른스트 메이의 주재 아래 '최소 주거 단위the minimal living unit'란 테마로 논쟁하였고, 그로피우스는 '합리적인 건설 방법'에 대해 주장하였다. 또한 '신도시the new city'라는 주제로 토론하기도 하였다.

바이젠호프 주거단지에서 모델로 제시된 새로운 건물 스타일이 재빠르게 세계를 제패하였고, 1932년 뉴욕 근대미술관the Museum of Modern Art in New York에서 '최근 근대주의 건축recent Modernist architecture 전시회'를 열면서, 건축비평

가 헨리-러셀 히치콕Henry-Russel Hitchcock이 '국제 양식International Style'이라고 명명한 것은 그리 놀랄 만한 일이 아니었다. 이 국제 양식은, 제2차 세계대전 전까지 거의 전 세계를 정복하였다. 시멘트와 철재, 유리로 된 큐브 단위들이 도시의 시각적 경관을 통일시켰으며, 1960년대까지 모든 건축 발전을 거의 지배하였다.

바이젠호프 지구, 루트비히 미스 반 데어 로에가 설계한 공동 주거동과 배치도
슈투트가르트, 1927

미스 반 데어 로에는 큐브 형태요소를 기반으로 배치할 계획이었으며, 주택지 내에서 가장 두드러져 보이는 아파트 주거동도 설계하였다. 철골조 구조물은 내부평면을 다양하게 바꿀 수 있는 장점이 있다. 바이젠호프 주택전시회는 바이마르 공화국 신건축운동의 마지막 돌파구였으며, 다양한 건축가들의 서로 다른 21개 주거모형들이 전시되었다.

건물 뒤 번호는 설계한 건축가 이름이다.
1 루트비히 미스 반 데어 로에, 2 야코뷔스 요하네스 피테르 아우트, 3 빅토르 부르주아, 4/5 아돌프 구스타프 슈네크, 6/7 르 코르뷔지에, 8/9 발터 그로피우스, 10 루트비히 힐버자이머, 11 브루노 타우트, 12 한스 푈치히, 13/14 리하르트 되커, 15/16 막스 타우트, 17 아돌프 라딩, 18 요제프 프랑크, 19 마르트 스탐, 20 페터 베렌스, 21 한스 샤로운

거대 스케일로 변혁하다

20세기 도시계획 1850-1930

Revolution on a grand scale
TOWN PLANNING IN THE 20TH CENTURY
1850-1930

수세기 동안 도시는 매우 잘 기능해서 거의 변화가 없었으며, 쉽게 인지되고 질서가 그대로 드러나는 관계들이 조화를 이룬 구조였다. 그런데 19세기 산업혁명과 함께 도시들은 이제 밤낮 없는 몰록의 신전도시가 되어갔다. 농지로부터의 탈출은 도시의 폭증을 가져왔다. 이 때문에 야기된 문제들은 기술이나 건축만으로 풀 수 없었다. 따라서 새로운 분야인 도시계획이 생겨났으며, 처음으로 도시를 전체로서 살펴보기 시작하였다. 도시계획가들은 사람들이 모든 도시문제를 일으켰던 장소인 농촌에서 첫 번째 모델을 발견하였다. 즉 농촌에 옛것의 안티테제로서 신도시new town를 디자인하였다.

19세기 말의 도시 위기

19세기 중에 도시와 농촌의 균형은 그때까지만 해도 꽤 조화를 이루어왔으나, 19세기 말경에는 극적인 변화를 겪게 되었다. 도시는 갑자기 산업혁명의 무대가 되어 버렸다. 그 새로운 경제구조는 어마어마한 인구 성장을 야기하였다. 농촌은 인구가 감소하였고 반면에 도시는 인구가 폭발하였다. 영국이 그 변화의 선두에 서는데, 1800년까지 전체 인구가 9백만에 조금 미쳤지만 당시 인구의 80퍼센트가 농촌에 거주하였다. 그러나 약 100년 후에 인구는 3,600만이 되었고, 이 중 72퍼센트가 대도시에 모여 있었다. 같은 시기 동안 독일에서도 거주민이 2,450만에서 6,500만으로 치솟았다. 1871년 독일이 국가로 성립된 당시만 하더라도 거주민의 3분의 2가 주요 인구중심지의 바깥에 살았었다. 그러나 반세기도 지나지 않아 이 비율은 37퍼센트로 떨어졌다.

이러한 전례 없는 성장은 중세부터 17세기 사이 그 어느 시기에 형성된 도시구조 속에서, 말로 표현할 수 없는 문제들을 끌어냈다. 기술적으로 도시 하부구조가 변화의 속도를 좇을 수가 없었고, 좁은 도로는 대량으로 증가일로에 있는 교통의 압력을 수용할 수 없었다. 철도와 같은 새로운 교통체계는 거대한 규모를 차지하였기 때문에 도시 외곽에 위치할 뿐이었다. 통제되지 않는 경제력은, 공장들이 거주지로 파고 들어가게 하는 등 여러 용도가 뒤얽힌 정글

을 도시에 만들어 냈다. 항시 유입되는 사람들로 넘쳐났기 때문에, 최소한의 생활욕구도 더 이상 보장될 수 없었다. 영국 도시 브리스톨의 경우, 가구의 46퍼센트가 도시의 단칸방에 거주하였다. 빛과 공기가 통하지 않는 뒤뜰에 면한 집에서 살아야 했던 주민들은 질병에 걸렸다. 전염병들이 세입자들 사이에 퍼져나갔고, 유아 사망률이 드높았다. 이를 고칠 수 있는 어떠한 오픈 스페이스나 공원, 광장도 없었다. 이러한 주거문제는 곧 정치문제가 되었다. 경제적 자유는 부자와 빈자 사이의 도시생활 격차를 더욱더 벌어지게 하였으며, 사람들은 기존 도시 구조에 대해 의심하게 되었고, 궁극적으로는 정치질서까지도 문제 삼게 되었다. 이러한 맥락의 압력 속에서 1900년경에 새로운 분야인 도시계획이 성립되었다.

도시계획 Town planning

도시계획은 오랜 전통을 되돌아 보아야 하는 새로운 학문분야이다. 이 용어는 19세기 말이나 20세기 초까지도 사용되지 않았다. 그러나 머나먼 고대의 첫 번째 도시 형성만큼이나 오래전부터, 전략과 기후요소를 감안해 주거와 경제중심으로서 가장 유익한 구

성과 구조를 생각하기 시작하였다. 많은 도시들이 '자연적으로' 생겨난 반면에, 처음으로 계획된 도시들(밀레Milet, 프리에네Priene)들이, 체스판 같은 기하 도식schema으로 존재를 드러내기 시작했다. 어떤 기능들, 예를 들어 시장(그리스어로 아고라agora)은 고대 그리스 도시에서 특별한 위치에 할당되었다. 또한 표준화된 주거들이 통일된 계획에 따라 동시에 건설되었다.

이상도시ideal city에 대한 제안들이, 수세기에 걸쳐 건축이론 속에서 기하학적 평면 형태로 나타나고 또 나타나곤 하였다. 이런 이상도시 계획이 사회를 지배하는 논리로서 도시 형태를 갖추며 실제로 건설된 때는 바로크 시대였다(프로이덴슈타트Freudenstadt 1599, 만하임 1607).

19세기 유럽에서는 농촌 탈출과 인구의 전반적인 증가 때문에 도시 집중화가 더욱 심화되었고, 사회적으로나 공공적으로 건강의 기초에 필수였던 도시구조에 대해 심각하게 다시 생각해보게 되었다. 이러한 방향의 첫걸음으로서, 더욱 온건한 방법으로 기존 도시 조직의 확장이나 개선을 추진하였다.

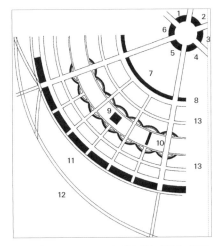

영국 전원도시 Garden city**의 이상적인 계획안, 1902**
1 병원, 2 도서관, 3 극장, 4 음악당, 5 시청, 6 박물관, 7 중앙공원, 8 크리스털 팰러스, 9 학교, 10 교회당, 11 시민 텃밭, 12 대형 농장, 13 주거지역

그 첫 번째 움직임이 1811년 뉴욕을 위해 제시된 '위원회 계획안Commissioners' Plan'이었다. 이는 그때까지만 해도 맨해튼의 최남단 지점에만 집중해있던 상업지역을 6배 면적으로 넓히며, 섬 전체에 규칙적인 그리드를 까는 것이었다. 동쪽에서 서쪽으로 좁은 155개의 도로streets를 내고 모든 도로의 길이는 정확히 5킬로미터(3마일)이었으며, 남에서 북으로는 12개의 넓은 대로avenues를 정확히 20킬로미터(12마일) 길이로 만들었다. 평등주의 사회의 이상에 걸맞게, 2,082개의 블록들은 어느 것이나 200×800미터(650×2,600피트) 크기로 같았으며, 다시 필지는 모두 7.5×30미터(25×100피트) 크기로 나누어졌다. 1853년에 이르러 공공공간으로 센트럴파크를 남겨둘 것을 결정하였고, 1916년에서야 건물의 높이를 규제하는 조닝 법규가 제정되었으며, 1961년에 이르러서는 토지이용에 관한 어떠한 법규도 포기하였다. 그러나

오늘날의 바르셀로나 도시 내부: 아래쪽은 바다, 왼쪽은 구도시의 무질서한 가로망, 오른쪽과 위쪽은 세르다의 1859년 도시 확장으로 생겨난 블록 그리드이다. 이 때 이후로 도시는 외곽으로 엄청나게 뻗어나갔다.

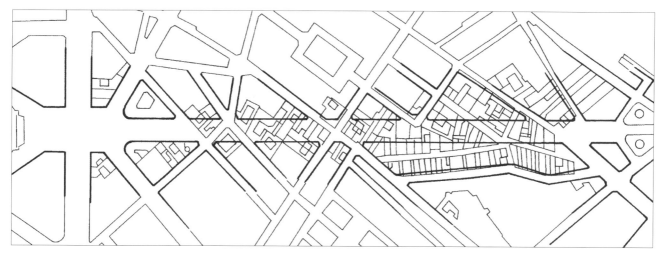

파리 오페라좌 애비뉴, 1862년 조르주 외젠 오스만 파리 지사의 완벽한 도시 설계안에 따라 도시를 잘라내었다.

오늘날까지도 교통계획은 따로 없었다. '위원회 계획안'은 지역을 지정하여, 성장 동력이 자유롭게 개발하고, 감당할 수 없을 경우 어떤 조치를 취할 수 없도록 하였다.

사회의 요구에 최초로 대응한 시도는 일데폰소 세르다Ildefonso Cerdá가 만든 바르셀로나 확장계획이었다. 공공공간을 확보하기 위해, 도시를 50미터(165피트) 폭의 불바드 그리드로 나누고, 133×133미터(440×440피트) 블록의 코너들을 쪼개어 그 교차부분에 공공광장의 성격을 주었다. 단지 두 면에만 건축하도록 한 그의 아이디어는 이를 강제할 어떠한 기제도 없었기 때문에 실패로 끝났다. 사유지 소유주들은 자신들의 토지를 가능한 한 집약적으로 계속 사용하였다. 녹지로 가득한 중정이 있는 건물 대신에 번잡한 블록 매스들이 올라갔으며 이는 오늘날까지도 도시의 주요 특성이 되고 있다.

파리 지사였던 조르주 외젠 오스만George Eugène Haussmann은 파리 개조의 책임을 맡아 자신의 계획안에 더욱 힘을 실을 수 있었다. 그는 새로운 불바드망을 건설할 것을 제안하였다. 새로운 불바드는 도시에 '기꺼운' 측면을 주며, 교통문제를 해결하고, 빈곤지역의 침투 원인을 제거할 수 있다(군대의 이동성을 증가시켜 사회적 소요를 그 싹부터 제거할 수 있다)고 하였다. 그러나 변화의 압력은 기존 도시나 국가의 통제를 넘어섰다. 폭동(1870년 파리코뮌)은 왕정을 폐지시켰다. 비록 정부 통제하의 철거와 재건축이 적어도 한 가지 방법으로 확립되기는 하였지만, 이 단계만으로는 어떠한 것도 도시문제를 해결할 수 없었다. 사회의 논쟁거리였던 급진적인 사상도 당시의 질서였다. 사회주의자들의 생각이 반드시 혁명으로 귀결되지 않더라도 국가의 모습이나 그 기능을 바꾸게 하였다. 사회주의로 경도된 국가들은 모든 분야에서 시민들의 생활을 책임지게 되었다. 도시를 건설하는 사람들도 점차 도시 기술자들로 변해갔으며 마침내 새로운 사회의 건설자가 되었다.

새로운 사회 A new society

20세기 초에 제시되었던 모든 이상도시들은 과거 도시와 작별을 고하고 대신에 도시와 농촌 사이의 긴장을 해소하려고 하였다. 1898년 영국인 에버니저 하워드 경Sir Ebenezer Howard은 전원도시the garden city 개념을 발전시켰다. 그는 거주자들이 농장과 목축을 하며 자조할 수 있는, 기존도시와는 독립된 일정한 크기의 뉴타운 건설을 제안하였다. 최대 32,000명의 거주지는 중앙공원에서 방사상으로 배치되어 있다. 전원도시는 전체 400ha의 면적이며 그 반은 생산지로 쓰도록 하였다. 최초의 전원도시인 레치워드Letchworth를 배리 파커Barry Parker와 레이먼드 언원Raymond Unwin이 1903년 런던 근교에 조성하였다. 그러나 전원 공동체라는 시대에 뒤떨어진 이상은 근대적인 경제시스템에 적응할 수 없었다. 자급자족하는 공동체로서의 전원도시는 실패하였지만, 새로운 거주 모델을 수출하는 시장에서는 놀라운 성공을 거두었다. 독일에서는 전원도시라는 이름으로 수많은 개인주거 집합체들이 건설되었고, 영국에서는 이 개념이 1960년대 '뉴타운new towns' 운동을 일으켰지만, 이는 실제로 주거의 단순한 집합체에 불과하였다.

더욱 성공적이었던 것은 미국의 프랭크 로이드 라이트의 반도시적 반전(16쪽 참조)이었다. 라이트는 개인적이며 전원적인 면을 반영해 유기적 합일체로 생활할 수 있는 이상도시를 제안하고 이를 '유소니아Usonia'라고 이름 붙였다. 라이트는 '브로드에이커 시티Broadacre City(1935)'라는 계획안에서 이 개념을 대규모로 가장 공들여 제안하였다. 여기에서 도시공간은 자연경관이었다. 브로드에이커 시티에서 가장 중요한 건물 블록이 유소니언 주택이었으며, 조경과 긴밀하게 짜여져 거주민이 그 속에서 살며 일할 수 있게 하였다. 모든 가구들은 정원을 가꾸도록 되어 있어, 모든 주택들이 넓은 획지 위에 계획되어 있다. 한 주호당 1/2헥타르를 배정한 라이트의 요구는 미국적 시각으로는 결코 비현실적이 아니었다. 당시 미국 전체 인구는 텍사스 주에 모두 수용할 수 있을 정도였다. 일상의 모든 공공건물은 개방된 전원지역에 세우도록 하였다. 학교와 도서관, 행정건물과 의회건물을 포함하는 복합체가 근린사회의 사회적 중심이 되도록 하였다. 산업체들은 분리된 산업단지에 입지시켰다. 그리고 교통 결절점에는 주거와 사무소가 복합된 고층건물을 계획하였다. 라이트는 시장을 도시 중심에 두어 모든 거주민이 자신의 생산품을 팔 수 있도록 하였다.

이러한 새로운 건물 스타일은 오늘날 몰mall의 선조가 되었다. 기능적인 건물들은 서로 일정거리 떨어져 배치되었고, 위계 있는 가로 체계로 연결되어 있었다. 라이트는 가능하다면 모든 시민이 차를 소유하는 것을 의도하였으며, 만일 자가용차가 없다면 브로드에이커 시티는 작동될 수 없었다. 오늘날 라이트의 비전은 전 세계적 현상인 도시 근교개발에서 실현되고 있다고 할 수 있다. 다만 라이트의 개인주의적 이상은 그의 집중화 계획(66–67쪽)과는 조화되지 못하였다.

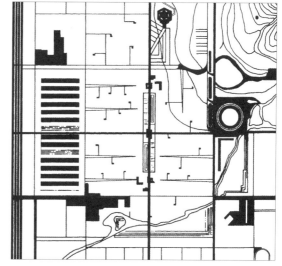

북적이는 근로계층 지역을 대신하여, 개개인에게 자유로운 단독주택을 부여한다. 기존 대도시를 대체할 목적이었던 계획안은 기존도시에 반대하는 것이 아니라 함께 병존하려는 것이었다. 브로드에이커 시티(위 그림은 '브로드에이커' 프로젝트의 일부, 프랭크 로이드 라이트, 1935)는 곳곳에서 근교지역 계획의 모델이 되었다.

미국 건축
1920-1940

American Architecture
1920-1940
The way to the skies
하늘로 향하기

카스 길버트, 울워스 빌딩
뉴욕, 1913

프랭크 울워스는 유통 체인의 창립자로, 카스 길버트에게 자신의 힘을 보여줄 으리으리한 상징물을 의뢰하였다. 건축가는 전통미학과 새로운 초고층 빌딩의 요구를 매끈하게 결합시키는 도전에 직면하였다. 그 결과 준공 이후 17년 동안 세계에서 가장 높은 건축물이 되었다. 길버트는 고딕 양식을 채택하여, 이미 중세시대 프랑스 성당들을 장식하였던, 아치와 작은 첨탑, 플라잉 버트레스 등을 적용하였다. 즉 역사적 단어들로써 기술 혁신을 위장하였다.

토지투기와 건축 엔지니어링
LAND SPECULATION AND ARCHITECTURAL ENGINEERING

마천루를 지향하는 미국 열정의 근원
The roots of the American passion for skyscrapers

오늘날까지도 마천루skysrapers에 대한 미국 도시들의 매혹은 결코 줄어들지 않는다. 마천루는 도시의 스카이라인을 지배하고, 경제적 힘과 사회 번영의 당당한 상징이 되고 있다.

19세기 말에 이르러, 수백 야드 높이의 마천루를 짓는 기본 전제 조건을 조성하는데, 또한 새로운 유형의 건물이 건축가나 엔지니어에 던진 기술과 구조역학의 복합적인 문제들을 푸는 데에는, 단지 몇 년밖에 걸리지 않았다. 내화 fireproofing는 특별히 관심을 끌었는데, 이는 이 같은 고층 건물로 접근하는 주요 관건이었기 때문이다.

아무리 미학적 열정이 대단하다 하더라도, 건축 엔지니어링의 걸작인 마천루 건설은 결코 열정 자체만으로는 이루어질 수 없다. 경제적 원인이 거의 불가피하게 이런 초고층빌딩을 이끌어냈다. 왜냐하면 치열한 미국 경제활동 중심부의 치솟는 토지 가격이, 필히 토지 구획의 1평방피트마저도 개발하도록 유도하였기 때문이다. 고층빌딩의 시공 문제가 해결되자, 가격 상승이 일어났다. 즉, 초고층빌딩으로 대지를 조금이라도 더욱 효과적으로 쓸 수 있다면, 부동산 시장에서 고층건물로 벌어들일 수 있는 총액이 더욱 거대해졌기 때문이다.

시카고 대화재 The Chicago fire

뉴욕이 경제활동의 고동치는 심장으로서 이 새로운 건축 흐름의 첫 중심지였다면, 곧이어 시카고가 경쟁상대로 등장하였다. 1871년 10월 8일에서 10일에 걸쳐 발생하여 모든 것을 삼켜버린 시카고 대화재는, 도시의 대부분을 지면으로 파괴해 내렸다. 비록 화재 결과는 끔찍하였지만, 새로운 도시, 즉 층 위에 층을 더하는 마천루가 가장 특징이 되는 도시를 건설하는 계기가 되었다. 시카고에는 특별한 초기 마천루들인, 헨리 홉슨 리처드슨Henry Hobson Richardson이 설계한 둥근 아치rounded-arch의 마셜 필드 백화점Marshall Field Warehouse(1885-87)과, 최초의 철골조 건물이었던 윌리엄 르 바론 제니William Le Baron Jenny 설계의

홈인슈어런스 빌딩Home Insurance Bldg(1883-85) 등이 나타났다. 당시 미국 마천루 문화를 이끈 리더 중의 한 사람은 루이스 설리번Louis Sullivan이었으며, 새로운 시카고의 가장 중요한 건축가들의 호칭이었던 시카고파the Cicago School를 대표하는 최고 건축가였다.

비록 설리번이 그가 설계한 건물들에 장식을 덧붙이긴 하였지만, 20세기로 전환되는 시기에, 엄격히 그리드로 분절된 파사드처럼 근대건축의 핵심을 고층건축에 이미 표현하기 시작하였다. 이 같은 방식으로 버팔로Buffalo의 개런티 빌딩Garanty Bldg(1894-95)의 파사드는 하늘로 치솟는 듯하였으며, 사각형 창문들 사이의 조적조 수직 띠들로 수직성을 높이는 효과를 보여주었다. 이와는 대조적으로, 설리번은 시카고의 카슨 피어리 스코트 백화점Carson, Pirie & Scott Store(1899-1904)에서 수평과 수직요소들의 힘찬 균형을 보이고 있다. 대로에 면한 백화점의 두 면은 수평 레이어의 그리드라는 인상을 만들어 내고 있지만, 곡면을 이룬 코너부분은 명확히 수직성을 표현하고 있었다.

소비주의를 나타내는 신 고딕 성전
Neo-Gothic cathedrals of consumerism

미국의 작은 마을에 일상적으로 거주하던 많은 사람들에게는, 한 건물 안에서 근무도 하고 느닷없이 쇼핑도 한다는 것은 듣도 보도 못한 혁신이었지만, 매우 놀랍게도 이 새로운 건물 장르를 위한 새로운 특정 건축언어는 아직 제시되지 못하고 있었다.

미국의 유력 건축가들 대부분은 건축 개혁에 대한 서유럽의 투쟁에 관심을 두지 않았으며, 이를 단지 지적인 시도라고 치부하였다. 따라서 1900년에서 1925년 사이의 미국 건축 발전은, 몇몇 예를 제외하고는 독자적인 길을 걸었다. 유럽의 근대주의 작업modernist work과 관련 맺는 대신에, 미국 건축가들은 역사주의 모형들의 진열장에 관심을 쏟았으며, 기술적으로 매우 혁신적인 고층빌딩들을 역사주의적인 파사드historicist façade로 감쌌으며, 이는 오늘날 보기에도 당시로서는 매우 부적절한 것이었다. 비록 시카고에서 루이스 설리번이 이미 새로운 마천루 건축의 돌파구를 찾기 시작하였지만, 같은 시대의 미국 건축가들은 아무런 고려 없이 아르누보Art Nouveau나 고전주의Classicism, 로마네스크Romanesque 특

히 고딕Gothic을 버무려냈다. 그 결과, 많은 미국 고층건물들은 역사적 선조였던 유럽의 고딕 성당들과 그리 다르지 않아, '중세시대의 마천루skyscrapers of the Middle Ages'였으며, 창문 주위에는 똑같은 트레이서리tracery 장식 레퍼토리나, 동일한 크로켓crocket(당초무늬 장식), 멀론merlons이 있었다.

여러 해 지속된 이 절충주의eclectic 마천루 건축의 정점은, 1913년 카스 길버트Cass Gilbert가 미국 소매 체인the American retail chain을 위해 지은 울워스 빌딩Woolworth Bldg이었다. 이 건물은 높이 260미터로 17년간 세계 최고층 건물이었다. 울워스 빌딩의 타워는 도시의 스카이라인을 지배했을 뿐만 아니라, 투자하고 현재 소유하고 있는 건축주의 거대한 부와 경제적인 힘을 매우 강력하게 표현하고 있다. 미국의 소비 중심 사회에서, 마천루는 기술적 진보와 사회적 진보의 상징일 뿐만 아니라, 지어진 해 이후부터 마천루는 중요한 지위의 상징이나 선전물로서 구실을 다하였으며, 크라이슬러 빌딩Chrysler bldg.처럼, 때때로 선전하고자 하는 생산물의 일부 모양을 띠고 있다고 해도 좋을 정도였다.

시카고 트리뷴 사옥 설계경기

The Chicago Tribune competition

1922년 시카고 트리뷴 신문사는 같은 도시에 신문사 신사옥 현상설계를 공모하였다. 요구조건은 결코 근대적이지 않았다. 즉 공모 조건은 세계에서 가장 아름다운 건물, 그리고 당연히 가장 높은 마천루를 요구하였다.

놀랍게도 유럽의 건축가들도 이 설계경기에 참가하였다. 그들은 유럽의 이미 구축된 또는 중세적인 도시구조 때문에 고층건축을 세우는 데 방해를 받고 있었으며, 제1차 세계대전 후에는 '타워Tower'를 지으려는 염원으로 가득 차 있었다. 신건축운동Neues Bauen을 추구하던 많은 대표 건축들은, 미국의 이 현상설계에서 유럽의 모더니즘 건축언어를 마천루에 적용할 기회라고 보았다. 핀란드의 엘리엘 사리넨Eliel Saarinen과 발터 그로피우스 주관 그룹, 아돌프 마이어, 아돌프 로스, 브루노 타우트와 막스 타우트, 휴고 헤링 등이 설계경기에 출품한 가장 유명한 유럽 건축가들이었다. 공모전 이후 여러 건축 출판물에서 여러 번 논의되고 또한 많은 건축가들의 사례로 쓰일 정도로 공모전이 매우 획기적으로 공

엘리엘 사리넨, 시카고 트리뷴 현상설계안

설계 드로잉, 1922

시카고 트리뷴 신문사 사옥 설계경기에서 사리넨이 제출한 안은 2등을 차지하였다. 그러나 당선자인 레이먼드 후드조차도 자신의 디자인보다 사리넨의 계획안이 더 낫다고 생각하였다. 치솟아 오르는 사리넨의 디자인 콘셉트는 기념비적이면서도 또한 역동적이어서 이후 고층건축의 발달에 강한 영향을 미쳤다.

레이먼드 후드, 맥그로우 힐 빌딩

뉴욕, 1928-29

후드는 이 고층건물에서 수평 띠창과 반짝거리는 창 아래 틀의 효과에 집중하였는데, 이는 유럽 모더니즘의 영향을 곧바로 번안한 것이었다. 그러나 건물의 대칭과 지구라트 모양의 매스는 전적으로 미국 고층건축의 전통이었다.

헌하였음에도 불구하고, 미국인은 완전히 복고적인 디자인인, 레이먼드 후드Raymond Hood와 존 미드 하우웰John Mead Howell의 고딕이 강조된 Gothic-inspired 안을 채택하였으며, 치솟은 트레이서리는 유럽건축의 발전을 비웃는 듯하였다.

그럼에도 불구하고 유럽건축의 대표자였던 엘리엘 사리넨은 2등을 차지하였다. 사리넨의 스케치는 아무런 장식 없이도 이전에 설리번이 쓴 수법인 조적조 띠로써 모서리 부분을 강조하면서 파사드를 분절하며 특징적인 수직성을 얻고 있다. 또한 마천루의 볼륨을 교묘하게 층지게 하여 이 효과를 더욱 강조하고 있다. 위로 올라갈수록 간격은 길어지지만 가늘어지는 계단형 몸체를 사용하여 사리넨은 피라미드 효과를 만들어 냈다. 건물은 위로 갈수록 점차 좁아지며, 마치 건물에서 솟아나 전체 건물을 지배하고 있는 듯한 타워가 정점을 이루고 있다.

고딕 양식에서 모던까지: 레이먼드 후드의 마천루들 From the Gothic to the Modern: skyscrapers of Raymond Hood

신문사 사옥 현상설계 이후 이어진 수년 동안, 레이먼드 후드는 미국 마천루의 무관의 제왕으로 옹립되었다. 매우 힘 있는 검은색과 황금색의 21층 레디에이터 빌딩Radiator Building(1924)에서 후드는 다시 한 번 고딕의 환상을 마음껏 펼쳤다. 그러나 다소 화가의 상상력과 같은 방식으로 얻어진 듯한 애매한 고딕 형태언어로 다시 한 번 탑 같은 구조물을 건물 정상부에 얹고 있는데, 이는 시카고 트리뷴 사옥에 적용한 디자인보다는 확실히 더 추상적이었다.

자유자재인 후드의 건축언어를 철골조로 시공한 맥그로우 힐McGraw Hill 빌딩(1928-29)에서 살펴 볼 수 있다. 갑자기 모든 '고딕 취향 Gothicism'이 사라지고 그 자리에 근대 유럽건축의 보고에서 가져온 것들이 들어왔다. 풍부한 장식을 없앤 파사드, 더욱 얌전해진 형태언어, 수평 띠창과 마찬가지로 근대주의 건축가들의 개념을 전적으로 만족시키는 층이 진 수직 볼륨 등은, 1920년대 대도시 아방가르드 건축의 트레이드마크가 되었다. 바로 이 점이 헨리-러셀 히치콕과 필립 존슨이 개최한 1932년 '국제 양식International Style' 전시회에, 후드가 설계한 맥그로우 힐 빌딩이 미국 마천루 중 유일하게 선정되는 영예를 얻게 된 이유일 것이다.

녹색의 맥그로우 힐 빌딩은 명확히 규정된 그리드로 분절되어 있고, 단형으로 적층되어 있다. 풍부하고 디테일한 장식에 대한 후드의 초기 열정은, 건물 정상부에 올린 기념비적인 모습을 보이는 탑에서나 겨우 찾아볼 수 있다.

후드가 얼마 되지 않아(1930) 설계한 뉴욕의 데일리뉴스Daily News 사옥에서, 그는 다시 한 번 자신의 디자인 원리를 바꾸었다. 맥그로우 힐 빌딩의 단형 대신에, 건물은 엄격히 수직성을 고수하고 있다. 오직 단이 진 볼륨은, 이미 사리넨이 시카고 트리뷴 고층빌딩 디자인에서 제시한 것이지만 빛나는 마천루 파사드에 다소 생명을 주고 있다.

유럽이 미국을 만나다
EUROPE MEETS USA

쉰들러와 노이트라의 주택들

Residential buildings by Schindler and Neutra

1920년대 말에 이르러서야 R. 후드는 유럽의 근대 건축 발전에 반응하여, 자신의 신고딕 형태언어를 포기하였다. 그때 젊은 오스트리아 이민자였던 루돌프 쉰들러Rudolph Schindler와 리차드 노이트라Richard Neutra는 이미 미국에서 모더니즘의 발판을 마련하고 있었다. 프랭크 로이드 라이트의 전원주택에서 영향받았고, 실제로 쉰들러는 라이트의 사무소에서 얼마간 일하였으며, 흥미롭게도 이들은 미국의 마천루라는 영역에는 뛰어들지 않고 대신에 개인주택으로 출발하였다. 개인주택에서 이들은, 여러 면에서 볼 때 르 코르뷔지에나 미스 반 데어 로에의 당시대 건물보다 앞서 간, 새로운 건축개념들을 개발해냈다.

루돌프 쉰들러는 그의 스승인 오토 바그너의 추상적인 입체파 형태언어와 비엔나 제체션 Vienna Secession의 건물에서 강하게 영향받았다. 1921년 쉰들러는 자신의 주택을 캘리포니아에 지었는데, 결혼한 두 친구를 위한 방도 포함되어 있었다. 공용 거실communal living처럼 쉰들러는 두 쌍의 부부를 위해 공공공간은 물론 개인공간private area도 만들어 냈다. 위트레흐트 슈뢰더 주택(32쪽 참조)의 리트펠트처럼, 쉰들러는 19세기의 명성 높은 집들의 전통이었던 방들의 배열 질서sequence를 완전히 포기하였다. 대신에 주택 내부공간과 외부공간의 상호침투interpenetration를 목표로 하였다. 커다란 슬라이딩 도어를 정원 쪽으로 개방하여 거주공간과 주변의 자연공간 사이의 상호관계를 만들어 냈다. 벽난로가 건물 밖으로 설치된 내부 중정은 전통적인 거실의 기능을 대신하고 있다. 방갈로 같은 건물 모습은 그 자재의 사용만큼이나 생소하였다. 벽은 얇은 조립식 콘크리트 슬래브로 세워졌고, 천장과 창문틀은 쉰들러가 역시 디자인한 단순한 내부 가구들과 연계하여 어두운 목재로 되어 있어, 건물에 자연스럽고 땅과 친근한 감각을 부여하고 있다. 여분의 차분함과 숨겨진 매력 속에서, 슬라이딩 도어와 수평 창문 빗장, 그리고 내외부공간의 혼합 등에서, 주택은 일본 주거문화의 영향을 언뜻 비치고 있다. 쉰들러는 건물에 새로운 자재와 형태를 적용하며 늘 실험적이었으며, 이는 유명한 로벨 비치하우스Lovell Beach House에서도 살펴 볼 수 있다. 이 주택은 의사이며 건축주였던 필립 로벨Phillip Lovell의 바닷가 별장으로 지어졌다.

색다른 주택 외관은 거의 산업건축의 형태언어를 떠올리게 하는데, 단순히 건축가 자신의 기발한 생각의 결과였다. 쉰들러는 현대적인 별장 주택을, 8자 모양으로 형태를 뜬 5개의 지주 위에 세웠으며, 이 지주들은 여러 기능을 하였다. 주택 상층부는 대부분 유리로 마감되어, 인접 건물들 너머로 거의 방해받지 않고 바다 조망을 확보하고 있으며, 바닥층 지지체 위에 매달려 있는 상층부 때문에 아이들이 그 속에서 놀면서도 보호받을 수 있는 지붕 덮인 공간이 주택 전면부에 생겨났다. 이런 구조의 절대 장점은 지진발생 시의 안전성이다. 캘리포니아는 지진으로 볼 때 세계에서 가장 위험한 지역 중의 하나이며, 실제로 로벨 주택은 지어진 지 몇 해 지나지 않아 발생한 지진에 주변 건물들이 파괴되는 와중에도 끄떡없이 서 있었다.

같은 건축주를 위해, 한때 쉰들러의 사무소에서 일했던 리차드 노이트라가 로벨 헬스 하우스Lovell Health House를 설계하였다. 비벌리 힐스Beverly Hills의 경사면에 입지한 이 건물의 출입구는 최상층에 나있다. 거실 부분에는 판유리가 아낌없이 쓰였으며, 흰색으로 칠한 콘크리트 수평 띠들과 수직 철재 골조로 구성된 프레임 속에 둘러싸인 공간처럼 보인다. 이 철재 골조는 불과 40시간 만에 설치되었다. 주변의 자연세계와 주택의 밀접한 관계는, 주택 전면으로 압도적인 파노라마가 펼쳐지고 있는 것이나, 창틱과 테라스

의 지붕이 되고 있는 콘크리트 벽이 외부로 뻗어나가고 있다든가, 또한 확장되는 건물선이 되어 추상적인 공간 경계를 만들어 내고 있는 것으로도 알 수 있다.

노이트라의 파사드는 쉰들러와 같은 방식으로 다차원 추상 조각 같은 특징이 있으며, 개인 거주공간에까지 침투하면서 디자인이 실내 공간으로도 계속되고 있다.

두 오스트리아 출신 건축가들은 스승의 작품을 단순히 재생산하지 않고 자신들의 건축언어로 더욱 발전시켰으며, 동시에 당시 유럽의 발전에 미국 건축을 드러내보이고 있다.

루돌프 쉰들러, 로벨 비치하우스
미국 캘리포니아 뉴포트 비치, 1926 (위 사진)
리차드 노이트라, 로벨 헬스하우스
미국 로스앤젤레스 비벌리힐스, 1929 (아래 사진)
방들과 경관이 서로 유입되고 있다. 스승인 프랭크 로이드 라이트의 교훈을 받아 루돌프 쉰들러와 리차드 노이트라는 꿈을 실제로 바꾸었다. 기존의 벽을 대신하여 근대 구조법을 적용하였다. 의사인 필립 노벨의 주택에서는, 8자 형태의 5개 지지체가, 거의 전체가 유리로 된 상부를 지지하고 있다. 개방되고 상호 연결된 공간 어느 점에서든 꿈같은 태평양의 전경이 펼쳐진다.
같은 효과를 완전히 다른 구법으로 로스앤젤레스 언덕에서 리차드 노이트라는 얻고 있다. 로벨 헬스 하우스에서 각 층 바닥은 철제 케이블로 지지되는 경량 철골조에 매달려 있다.

아르데코 ART DECO

새로운 취향의 출현 Advent of a new taste

1925년 프랑스 파리에서 '근대 산업·장식예술 국제전시회Exposition internationale des arts décoratifs et industriels modernes'가 열렸다. 이는 현재 진행 중인, 그리고 장식예술과 디자인, 건축 분야의 다양한 당시대의 발전들을 망라하는 국제전시회였다. 새로운 경향들이 집중된 이 전시회는 예술적 전망에 변화를 주게 되었다. 1920년대와 1930년대 초에 이 전시회가 당시 예술에 끼친 가장 큰 영향은, 새로운 스타일을 '아르데코Art Deco'라고 이름 붙인 것만 보아도 쉽게 헤아릴 수 있다.

의상과 보석에서 주방기기, 자동차 그리고 심지어는 건축과 회화에 이르기까지, 반원 형태와 둥근 모서리 같은 아르데코의 기하학적 도형은 어디에서나 찾아 볼 수 있었다. 큐비즘적인 터치와 표현주의Expressionism적인 파악, 신건축운동Neues Bauen의 실용성 조금, 그리고 기계미학의 기술성 약간 등, 이러한 것들이 아르데코가 당시대의 풍조를 사로잡은 성공적인 처방들이었다. 스타일은 늘 우아한 것만은 아니었다. 때때로 상당히 촌스러움도 있었는데, 이는 철이나 은, 그리고 특히 황동 같은 중금속을 선호하였기 때문이었다.

유럽과 마찬가지로 미국에서도 아르데코는 우아한 매력과 또한 퇴폐성decadence 때문에 빠르게 '광란의 1920년대Roaring Twenties'의 상징이 되었다. 광고산업이 1920년대의 미국 경제 붐을 따라 싹텄는데, 광고는 늘씬하고 번쩍거리는 아르데코 풍의 크롬으로 채워졌다. 광고는 특히 도시의 번성하던 사회계층을 일깨웠으며, 이들은 계속해서 새로운 생산품을 요구하였고, 수요를 자극하고 생산과 판매를 조장하였다.

그러나 이 번쩍거리는 세상 바로 옆에는 빈곤층의 미국도 존재하였다. 빠르게 지속된 대도시 성장의 부산물인 슬럼에서, 가난이 가장 눈에 띄었다. 슬럼에는 수백만의 이민자와 흑인들이 더 나은 삶을 위해 살아갔으며, 이들은 너무나 자주 좌절하였다.

미국은 당시 금주법Prohibition 시대였으며, 그 유명한 알 카포네Al Capone와 마피아의 시대였고 또한 할리우드 영화산업의 성장기였다. 영화산업은 유럽영화에 도전하여, 과거 무성영화를 점차 대체하는 유성영화의 스타들을 길러냈다. 대중들은 영화 배우 해럴드 로이드Harold Lloyd를 사랑하였으며, 그는 희극이나 때론 비극영화에서, 아찔한 높이의 마천루 정면에서 끔찍하지만 재치 있게 매달려 있다가, 자동차로 이어진 좁은 리본 같은 도로를 자신의 곤경은 아랑곳하지 않고, 마치 장난감처럼 그 길을 따라 달려 나가곤 하였다.

이러한 붐으로 자동차가 대량으로 요구되었으며, 이는 초창기 헨리 포드(그의 건축가는 알버트 칸이었다)의 이름과 동의어였으며, 곧이어 월터 크라이슬러Walter P. Crysler 자동차 회사가 그 길을 걸었다. 크라이슬러 빌딩은 자동차 왕의 외관상 무한한 힘을 시각적으로 표현하고 있었다. 원래 다른 건축주를 위해, 윌리엄 밴 앨런William van Alen이 설계한 이 77층 마천루는 뉴욕 하늘로 1,000피트(319미터)까지 치솟았다. 비록 잠깐이나마 세계에서 가장 높은 건물일 수 있었지만, 그보다는 아르데코의 아이콘이 되었으며 이후 수천 번 복제되었다.

뉴욕시에 세계에서 가장 높은 건물을 세우려는 경쟁에 뛰어들기 위해, 건축가가 어느 정도까지 불합리하고 구조적으로 복잡한 길이를 마련해야 할 것인가는, 크라이슬러 빌딩의 정상부에 대한 이야기가 잘 설명해주고 있다. 세상에서 가장 높은 건물의 설계자라는 탐나는 타이틀을 경쟁자가 얻지 못하도록, 밴 앨런은 건물 내부에서 솟아나 마치 건물을 덮으려 하는 7층 높이의 탑을 마련하였다. 경쟁자에게 가하는 놀라운 승리의 일격으로서, 밴 앨런은 불과 몇 시간 만에 완전한 탑을 마천루 꼭대기에 고정시켰다.

그 첨탑 때문에 크라이슬러 빌딩의 꼭대기는, 명실공히 건물의 화려하며 극적인 왕관이 되었다. 반원형 조각들은 마치 망원경처럼 위로 갈수록 서로 크기가 작아져 하늘을 찌르는 한 점으로 수렴돼 올랐으며, 오늘날까지도 구름 속으로 계속 오르는 듯 보인다. 반원형 속의 삼각형 창문들은 이 극적인 구조물에 역동적이며 톱니 같은 특색을 주고 있고, 이 때문에 바로 거의 그러한 모습 그대로 프리츠 랑Fritz Lang의 환상적이며 고전적인 영화〈메트로폴리스Metropolis〉의 배경이 될 수 있었다. 이 탑의 꼭대기는 정상부가 정교하게 채색되어 있고 반사되고 반짝이는 철재로 덮여 있으며, 야간에 조명되었을 때 더욱 놀라운 광경을 보여주고 있다.

그러나 크라이슬러 빌딩이 단지 세계에서 가

장 높은 구조물 구실만 하는 것은 아니었다. 이 빌딩은 자동차 회사를 위한 거대한 선전물 구실도 하였다. 크라이슬러 자동차 고유의 휠캡이 파사드에 쓰였으며, 고딕의 가고일gargoyles(이무깃돌)에서 모방한 거대한 라디에이터 마스코트가 건물 각 모서리에 쓰였다. 그러나 크라이슬러 빌딩이 독특한 매력을 주는 것은, 유행의 변모에 계속 반항을 발산시키는 바로 이 약간 데카당트한 우아함 때문일 것이다. 바로 이러한 매력 때문에 지어진 지 몇 년 지나지 않아 엠파이어스테이트 빌딩에게 세계 최고층 건물의 지위를 빼앗겼음에도 불구하고, 뉴욕의 수많은 마천루들 중에서 가장 선도적인 구실을 하였다.

한편 엠파이어스테이트 빌딩이 어마어마한 뉴욕의 스카이라인을 여러 해 동안 지배하였으며, 비록 동남아시아의 마천루에 최고층빌딩의 지위를 빼앗기기 전까지 오랫동안 최고층 빌딩의 지위를 누렸고, 이보다는 뉴욕 관광의 핵심 스타로서 그 지위를 누렸으며, 할리우드가 계발해 내고 선전하는 데 상당한 몫을 한, 신화를 유지하였다. 당시 세계에서 가장 높은 빌딩의 꼭대기에서 그러한 포즈를 취하지 않았다면 과연 〈킹콩King Kong〉이란 영화가 있었을까? 또한 여전히 많은 영화에서 이 건물은 값을 헤아릴 수 없는 역할을 하고 있다. 예를 들어 〈러브 어페어An Affair To Remember〉나 〈시애틀의 잠 못 이루는 밤Sleepless in Seattle〉에서의 운명적인 만남들이, 뉴욕시를 발 아래로 펼치는 이 엠파이어스테이트 빌딩의 전망대에서 일어났다는 사실이다.

이러한 괜찮은 효과와 고상한 재료를 사용하였기 때문에 엠파이어스테이트 빌딩은 아르데코 미국판의 결정적인 장면의 일부가 되었다. 1920년대 말 증가일로의 미국 경제문제에 직면하여 이러한 거대한 야심을 보이는 건물을 짓는다는 것은 매우 무모한 행동이었다. 실제로 오랫동안 건물의 임차인을 구할 수 없어서, 곧 일반인들에게는 'Empty State Building'으로 빗대어 알려지게 되었다.

크라이슬러 빌딩과 엠파이어스테이트 빌딩은 기본적으로 20세기 '아메리칸 드림American Dream'의 기념비를 보여주는 것으로, 맥그로우힐 빌딩이나 데일리뉴스 빌딩에서 레이먼드 후드가 유럽 아방가르드가 채택한 형태언어를 받아들여 보여준 것과는 달랐다. 마천루 중 뉴욕의 PSFS(Philadelphia Saving Fund Society) 빌딩(1926-31)

에서, 조지 하우George Howe와 윌리엄 레스카즈William Lescaze는 유럽 모더니즘과 전통적인 미국 마천루의 요구조건들을 종합하려고 하였다. 건물을 에두른 수평 띠창들에 건물을 지지하는 수직요소가 리듬을 주고 있으며, 이는 전체로 흥미 있는 균형을 만들어 내고 있다. 기능성이 PSFS 빌딩의 주요 목표였으며, 이는 건물 파사드 구조에서도 잘 나타나 있다. 하우와 레스카즈는 건물 전체에 고상한 재료들을 쓰고 있지만 기계설비 층은 예외로 하였는데, 바로 이것이 파사드 구성을 명확히 구분하고 있다.

윌리엄 밴 앨런, 크라이슬러 빌딩
뉴욕, 1930

번쩍거리는 바늘이 뉴욕 하늘을 찌르고 있다. 금속으로 덮여 망원경식으로 좁아지는 첨탑은, 크라이슬러 빌딩이 마치 스스로 자라나는 듯하다. 지어질 당시에는 세계에서 가장 높은 건물이었으며, 오늘날까지도 마천루나 의뢰한 건축주를 가장 잘 알려주는 상징물로서 남아 있다. 자동차 조립 생산품에서 따온 휠캡과 라디에이터 마스코트가 1,000피트(319미터) 높이 건물의 아르데코 파사드를 거대하게 장식하고 있다.

슈리브 · 램 · 하먼, 엠파이어스테이트 빌딩
뉴욕, 1931

엠파이어스테이트 빌딩은 모든 기록을 깨뜨리고,
1250피트(381미터) 높이로, 모든 마천루 중에서
최고가 되었다. 이후 거의 40년 동안이나 세계에
서 가장 높은 빌딩으로 남아 있었다. 건물 완공
직후 세계경제 위기는 최고 높이 기록을 깨려는
경쟁을 종식시켰다. 실용적이기보다는 상징적이
었던 건물 높이 올리기 경쟁이 움츠러들었다. 엠
파이어스테이트 빌딩은 확실히 건축적으로 대단
한 것보다는 마천루라는 개념 자체와 동일시되
는데, 이는 의심할 바 없이 미디어 이미지 때문이
었다. 수백만 영화 관람객들은 지붕 꼭대기에서
추락하여 죽는 – 전능한 것의 추락 상징이었던
– 〈킹콩〉을 보았기 때문이다.

분화구 위에서 춤추기 Dance on the volcano

미국을 제외하고, 제1차 세계대전 후 어렵게 얻
은 1920년대의 번영이 얼마나 깨지기 쉬운 것이
었는가는 세계경제공항에 의해 파괴적으로 나
타났다. 세계적으로 1920년대는 경제적으로나
사회적으로 '분화구 위에서 춤추기dance on the
volcano'였으며, 생명줄이나 안전그물 없이 심연
위를 외줄로 건너는 것이었다.

이 위험천만한 상황이 엠파이어스테이트 빌
딩 건설을 다큐멘터리로 기록한 루이스 W. 하인
Louis W. Hine의 사진에 바로 포착되어 있다. 철재
거더와 케이블, 철재 부재, 크레인 등에 둘러 싸
여 건설 노동자들이 거의 도시 위를 떠다니는 듯
하며, 수백 척 아래로 발 내딛는 듯하였다. 사람
과 기술이 바야흐로 대담한 협정에 돌입하고 있
었다. 즉 한 번만 잘못 움직이거나 잘못 발을 디
뎌서 한 순간의 균형이 깨진다면, 그들은 그대로
심연으로 추락하고 마는 것이었다. 이런 상황은
정확히 1929년 10월 29일에 일어났으며, 뉴욕의
재정 중심이었던 월 스트리트의 주식 시장이 바
닥으로 떨어졌고, 불과 몇 시간 사이에 백만장자
들이 거지가 되었다.

'월 스트리트 대붕괴Wall Street Crash' 여파는
온 세계 각지에서 느껴졌으며, 잇따르는 경제위
기와 실업, 인플레이션을 불러일으켰고, 이에 대

항해 다시 한 번 극복하려면 막대한 노력이 요구
되었다. 노동자들 그리고 마찬가지로 중산층들
의 경제적 입지가 위협받았으며, 정치적 급진화
를 이끌었고, 이에 대해 대다수의 나라들이 적절
한 대응책을 찾을 수 없었다. 전후의 짤막한 붐
은 이제 깊은 불황으로 치달았으며, '분화구 위에
서 춤추기'는 가없는 추락으로 끝이 났다.

그런데 엠파이어스테이트 빌딩이나 특히 록
펠러 센터Rockefeller Center 같은 거대한 빌딩 프
로젝트들이 경제적으로나 정치적으로 긴장된 상
황 속에서도 지어지고 있었는데, 이는 월스트리
트 붕괴가 일어난 날로 알려진, 소위 '검은 금요
일Black Friday' 이전에 계획되고 착수되었다는 주
된 이유 때문이었으며, 완성되기 위해서는 개념
을 근본적으로 바꿔야만 하였다. 록펠러 센터의
경우, 모든 경제적인 문제에도 불구하고, 그 배
후에는 거대하고 튼튼한 자본을 가진 존 D. 록펠
러John D. Rockefeller가 있었다는 사실이다.

록펠러 센터는 1920년대 후반부터 계획되
기 시작하였다. 수많은 건축가들이 프로젝트 초
기에 고용되었으며, 그들 중에는 크게 성공했던
레이먼드 후드도 있었다. 후드는 거대한 건설현
장 중 실제 중심이 되었던, 얇은 평판 같은 70층
RCA 빌딩의 책임을 맡고 있었다. 이 건물은 양
측면이 단이 진 형태로, 높이가 낮은 수많은 주

변 건물들 속에서 우아하게 하늘로 솟아 있다. 이 건물들은 많은 기능을 담고 있다. 록펠러 센터는 근대 미디어 센터의 선조였으며, '도시 속의 도시'로서 6,200명 관람객을 수용할 수 있는 라디오 시티 뮤직 홀the Radio City Music Hall과 3,500명 관객을 위한 극장을 갖추고 있었다.

록펠러 센터를 짓는 데 걸린 실제 공사기간은, 당시 경제적으로 어려운 시기에 이러한 야심찬 프로젝트가 직면하였던 심각한 문제를 확실하게 보여주고 있었다. 록펠러 센터는 1940년에야 마침내 완공되었다.

뉴딜 정책 The New Deal

미국은 1933년부터 프랭클린 D. 루스벨트 대통령의 영도 아래, 주식시장 붕괴가 가져온 경제위기에 맞서, 모든 국가 재산자원으로 극복을 시도하였다. 이는 경제와 지역공동체, 사회에 결정적인 결과를 가져왔다. 그 돌파구는 루스벨트가 제시한 뉴딜 정책the New Deal이었다. 이 경제 프로그램의 주요 골자는 농업분야는 물론 산업계의 실업에 맞서도록 계획된 경제적인 방책이었으며, 동시에 무주택과 도시의 슬럼들을 겨냥한 것이었다.

거대한 일자리 창출 프로그램으로 운하와 수로, 도로, 극장, 정원이나 공원, 학교, 법원 청사, 시청사, 병원 건물들을 건설하였다. 충분한 노동자와 자원, 지원자금이 있고 시간적 제약이 없었으므로, 가장 간단한 기술과 가장 기초적인 작업방식이 쓰였다.

기술적으로 중요한 프로젝트들, 예를 들어 전체 32개의 수리용 댐 건설은, 테네시 계곡 공사Tennessee Valley Authority의 건축가들과 기술자 앞에 놓여 있었지만, 이들이 당장 일을 만들어내지는 못하였다. 미래지향적이고 야심찬 형태 언어로 실현되었을 때, 미국 경제의 힘찬 새로운 출발을 표현하였으며, 경제위기의 충격 이후에 국가적 자신감으로 점차 보상받게 되었다.

한편 위엄을 갖추어야 할 건물에는, 고전주의의 전통 형태들이 선호되어, 이 황당하던 시기에 친근한 이미지로 위안을 주었다. 예를 들어 건축가 길버트 스탠리 언더우드Gilbert Stanley Underwood가 1937년 샌프란시스코에 미국 조폐국 The United States Mint 건물을 건설하였는데, 의심할 바 없이 달러의 안정성을 다시 한 번 바로 보장하고 있다.

루스벨트 대통령이 뉴딜로 펼친 경제촉진 정책은 또한 제2차 세계대전 후에 미국이 최고 산업국가의 지위에 성공적으로 오르는 기초를 마련하는 효과도 있었다.

라인하트 & 호프마이스터, 코벳, 해리슨 & 맥머레이, 후드 & 푸이유, 록펠러 센터
뉴욕, 1931-40

미국 백만장자 존 D. 록펠러는 세계경제공항 시기에 유일하게 과감히 이 같은 거대 프로젝트를 주문하였다. 즉 록펠러 센터는 마천루를 포함한 15개 건물의 복합체였으며, 이후 1973년에 7개 건물이 추가되었다. 이 도시 속의 도시는 일반 대중에게 예술 활동과 서비스를 광범위하게 제공하는 비즈니스 센터로서 건설되었다. 전체가 석회암 외장재로 덮인 이 복합체는, 나머지 도시에 대해 그 자체로 자족적인 개체로 우뚝 서서 혼란스런 뉴욕 교통을 완화하고 도시생활의 질을 높이는 고층 건축물군을 지으려 했던, 레이먼드 후드의 개념을 여지없이 증언하고 있다.

건축과 권력 1930-1945

Architecture and Power
1930-1945
Modernism under Siege
포위당한 모더니즘

힘의 지배 THE RULE OF FORCE

독재자 치하의 유럽

The Europe of the dictators

두 세계대전 사이에 많은 나라에서 독재정권이 수립되었다는 사실은 20세기의 독특한 현상 중의 하나이다. 인간을 경멸하며 또한 수없이 많은 인간을 파멸시키려는 극렬한 의지를 지니고 있었지만, 이들 독재정권들은 그들의 정치적 스펙트럼이 좌측에 있는가 또는 우측에 서있는가라는 단 한 가지 점에서만 서로 달랐다.

어떻게 이런 정치적 양극화가 불과 수년 사이에 그 많은 나라들을 점유할 수 있었는가에 대한 많은 이유들이 있다. 그러나 사실 전쟁 기간의 절박한 경제 상황과 1929년 이후의 경제 위기, 그리고 이에 수반된 주택난과 높은 실업 등에 오로지 그 책임을 돌리기에는 부적절하다. 그럼에도 불구하고 위 원인들은 이러한 극단주의가 무성하게 자라게 된 기초가 되었다. 그 뿌리는 이미 19세기 국가주의nationalism에 두고 있었다. 제1차 세계대전 이전에 군주제였던 대부분의 나라들은 당장 민주적인 전통이 없었으며 독재체제 수립을 선호하였다. 도덕적인 기반이 흔들리던 세계에서 수많은 시민들은 정치적 자유를 너무나 버거운 짐으로 여겼다. 종종 권력에 대한 시민들의 경솔한 믿음 때문에 좌익이나 우익의 급진주의로 변하는 흐름을 초기에 강력히 또는

충분히 막지 못했다. 따라서 독재체제로 탐욕스럽게 진행되기 시작하였다.

1917년 러시아 10월 혁명에 수반된 새로운 인간이라는 야심찬 꿈은 사라져버렸다. 대신에 그 자리를 스탈린Joseb Stalin 치하의 공산주의 공포정치reign of terror가 차지하였으며, 1953년 스탈린이 죽을 때까지 모든 반대자와 저항자들이 체계적으로 제거되었다. 적어도 1922년까지는 유럽에서 최초로 파시스트 정권이 무솔리니Moussolini 지도 아래 권력을 쥐게 되었다. 스페인에서는 엄청나게 피비린내 나는 시민전쟁 이후에 파시스트인 프랑코 장군이 공화주의자로부터 마침내 권력을 쥐어 잡게 되었다. 프랑코 장군은 내란 중 독일의 군사원조를 받았으며, 이들은 게르니카Guernica 마을 파괴에 책임이 있었다. 마을이 파괴된 주민들의 고통을 1937년 파블로 피카소는 유명한 작품 〈게르니카Guernica〉로 표현하였다.

독일에서는 아돌프 히틀러Adolf Hitler의 지도 아래 국가사회주의National Socialist 독재정권이 성립되었다(1933년). 유태인과 정치적 반체제 인사, 지성인들 그리고 다른 소수파들의 박해가 즉시 시작되었다. 바이마르 시대의 많은 지도적 건축가들이 추방되었다. 독일의 1930년대는 폭정과 인권 부정의 기나긴 여정이었으며 나치가 권력을 잡으며 시작되었고, 책을 불태우며 유태인에게 폭력을 휘두르며 가게 유리창을 깨부수는 밤

1930 국가사회주의자와 공산주의자가 독일 국회의원 선거에서 의석 확보. 막스 호르크하이머와 테어도어 W. 아도르노가 대표였던 프랑크푸르트 학파가 '사회 비판이론critical theory of society'을 전개. 마를레네 디트리히가 주연한 영화 〈슬픔의 천사The blue Angel〉가 상영됨. 탐정소설 『셜록 홈즈』의 저자인 코난 도일 경이 사망.

1931 스페인에서 좌파 정당 연합이 선거에서 승리. 알폰스 13세가 퇴위하고, 스페인은 공화정이 됨. 클라크 게이블이 할리우드에서 영화배우로 데뷔.

1932 세계경제위기가 고조됨. 전 세계적으로 3천만 명이 실업상태. 토마스 비첨이 런던 필하모닉 오케스트라를 설립. 네 살에 스타가 된 셜리 템플은 세계에서 가장 어린 영화배우가 됨. 뉴욕 근대미술관에서 국제주의 건축전시회가 개최됨.

1933 독일에서 국가사회주의당이 권

독일 여성 스포츠인, 투창 선수의 초상 사진, 1934

력을 잡았으며, 아돌프 히틀러가 총리로 지명됨. 프랭클렘 D. 루스벨트가 미국 대통령이 되었고, 국가경제부흥계획인 뉴딜정책 시작. 페데리코 가르시아 로르카의 연극 〈피의 혼례Blood Wedding〉가 스페인에서 초연.

1934 영국 작곡가 에드워드 엘가 사망. 폴란드 태생 프랑스 화학자이며 물리학자인 마리 퀴리 사망. 그녀는 1903년에 노벨물리상을, 1911년에 노벨화학상을 수상하였음.

1935 노벨평화상이 카를 폰 오시에츠키에게 수여됨. 엘리아스 카네티의 소설 『화형Auto da Fè』 출판. 조지 거슈인의 오페라 〈포기와 베스Porgy and Bess〉가 초연됨.

1936 스페인 내전 발발(프랑코 장군의 승리로 1939년 종전). 마가렛 미첼의 소설 『바람과 함께 사라지다Gone with the wind』 출간.

1937 피카소가 〈게르니카Guernica〉 완성. 나치가 소위 '퇴폐예술' 전시회를 개최하여 근대예술을 비판.

1938 재즈음악가 베니 굿맨이 주도한 '스윙swing'이 그 정점에 이름. 미국

에서 주당 40시간 노동제도 도입.

1939 독일군이 9월 1일 폴란드를 침공하여 제2차 세계대전이 시작됨.

1940 영국 코벤트리 시에 대한 독일의 대규모 공습 발발. 레온 트로츠키가 멕시코에서 암살당함. 채플린의 영화 〈독재자The Dictator〉 출시.

1941 일본이 미국 태평양 해군기지인 진주만을 공격하면서 참전. 콘라드 주제Konrad Zuse가 프로그램으로 운영되는 전자기계적인 디지털 컴퓨터를 최초로 만듦.

1942 유럽 내 유태인을 근절시킬 기술적이고 행정적인 계획을 수립하려고 베를린에서 반제Wannsee 회의가 열림. 아스트리드 린드그렌의 동화 『삐삐 롱스타킹』이 출간됨.

1945 독일 항복. 미국이 히로시마와 나가사키에 원자폭탄 투하.

발터 & 요한네스 크뤼거, 탄넨베르크 국립 기념물, 1926

동 프로이센에 건립한 독일 국립 기념물은 중세 요새를 고의적으로 연상시키는 건축이었다. 각 탑과 보도들은 수많은 개별적인 추념장소들을 제공하고 있다. 전사자들을 추모하는 기능을 제쳐두고라도, 탄넨베르크는 기념물로서 새로운 개념을 구현하였다. 탑에는 소년 소녀들을 위한 유스호스텔이 있었으며, 그 뒤로는 운동장이 있었다. 1935년 히틀러의 명령으로 이 기념물은 힌덴부르크 대통령의 장지를 조성하기 위해 변형되었다. 중심에 있던 대형 십자가는 집회가 있을 때 열병식장이 되도록 포장된 중정으로 대체되었다. 유스호스텔과 운동장은 철거되었다. 주변에 조경을 조성하여 이 복합체에 기념비성을 더하였다. 1945년 이후 기념물은 그 자리에서 철거되었다.

이 지속되었다. 유럽의 모든 유태인들을 죽이기 위한 소위 반제 회의Wannsee-Konferenz(1942)의 결정에 따라 제2차 세계대전이 발발되었다. 이 기나긴 10년의 끝(1945년)에는 수백만 명의 죽음과 파괴의 노도가 중앙 유럽과 동유럽을 휩쓸었다.

기념 건축물 Memorial architecture

1920년대와 1930년대는 근대사회modern society를 추구하는 새로운 출발의 시기였을 뿐만 아니라, 사람들이 제1차 세계대전의 충격 때문에 여전히 고통을 겪고 있던 시대이기도 하였다.

전쟁에서 친지나 친구를 잃은 양쪽 모두의 사람들은 슬픔 속에서 일해야만 했다. 따라서 국가 차원의 표현으로, 과거 모든 참전국들은 기념하고 추념할 필요를 느끼고 있었다.

다시 한 번 영웅적인 기념물의 시대가 도래하였으며, 이 국가적인 성소는 이미 19세기 건축에서 매우 중요하게 자리매김했던 것이었다. 최초의 '근대modern' 전쟁 희생자의 추념을, 19세기 건축개념과 현재의 건축형태로써 표현한다는 것은 매우 야릇한 결합이었다.

그 결과 1918년 이후 서유럽의 거의 모든 마을에는 전쟁기념물들이 우후죽순처럼 세워졌다. 전쟁터에 세워진 전몰자 기념물에는 특별히 중요성이 더해졌다. 이것은 수년 이내에 전쟁터를 순회하는 일반 관광산업의 시작점이 되기도 하였다.

가장 크고 가장 인상적인 기념물 중의 하나가, 에드윈 루티언스Edwin Lutyens가 프랑스 아미앵 근처 티에발Thiepval에 세운 것으로, 솜Somme 전투에서 행방불명되거나 사체가 확인되지 않은 약 74,000명의 영국 군인에게 헌정된 것이었다. 루티언스의 기념물은 피라미드처럼 단이 져 오르는 개선 아치triumphal arch로 구성되어 있으며, 석회암의 밝은 부분과 벽돌의 어두운 부분 사이의 색채 대비가 특징이다. 건축 역사적으로 중요한 모티브를, 즉 개선 아치(승리)와 피라미드(죽음)를 연계시킴으로써, 루티언스는 흥미로운 관심과 보편적인 이해 모두를 종합해내고 있다. 과도하게 감정이입시킨 기념물의 형태 양식은, 의심할 바 없이 '승리는 죽음을 정당화하였다'라는 의미를 남기고 있다.

루티언스의 기념비적 형태언어는 1923년에서 1932년 사이에 베르덩Verdun 근처 두오몽Douaumont에 건설된 납골당과 흥미롭게 비교된다. 베르덩은 제1차 세계대전 격전지 중의 하나였으며, 건축가 레옹 아제마Léon Azéma와 막스 에드레이Max Edrei, F. 하디F. Hardy가 이곳에 납골당을 설계하였다. 이 기념관은 베르덩에서 전사한 프랑스 군인 10,000명의 유골을 안치하고 있다. 그리고 건물은 옆으로 길며 양 끝은 둥글게 되어 있다. 중앙에는 교회 첨탑과 같은 구조물이 서있다. 그리고 마치 등대처럼 밤에는 전쟁터를 비추고 있다.

독일에서는 (실제로 모든 것을 잃었던) 서부전선이 아니라, (러시아와의 전쟁에서 승리하였던) 동부전선에 국립 전쟁 기념물이 세워졌다. 탄넨베르크Tannenberg 국립기념관은 발터 크뤼거Walter Krüger

에드윈 루티언스, 기념비

티에발(아미앵 근처), 1928-32

기념비는 적어도 41미터(135피트) 높이이며, 티에발의 전사자 묘지 위에 세워졌으며, 솜 전투에서 전사하여 이곳에 묻힌 73,357명의 영국군에게 헌정되었다. 전사자 명단이 기념비의 기둥에 새겨져 있다. 루티언스는 경험 있는 전쟁기념비 건축가로서 위엄 있는 건축형태들, 즉 개선문과 피라미드의 조합을 채택하였다. 시공된 자연석과 벽돌의 색채 대비는 건물 구성 전체에 적용되어 있다.

와 요하네스 크뤼거Johannes Krüger가 설계하였으며 1927년에 헌정되었다. 요새 같은 8각형 건물은 잘 어울려 보이지 않는 푸른빛을 띤 여덟 개의 적색 벽돌조 탑들이 특징이며, 산뜻하고 매우 근대적으로 보이는 유리로 덮인 복도들로 연결되고 둘러싸여 있다. 탄넨베르크는 여러 목적으로 사용되는 장소이지만, 전사자들의 제단은 늘 그 중앙에 있다. 거대하고 기념비적인 청동 십자가 아래에는 1914년 8월 탄넨베르크 전투에서 사망한 20명의 무명용사의 무덤이 있다.

전사자를 기리는 이 세 가지 기념물이 비록 형태적인 언어는 저마다 다를지라도, 그 목적은 서로 상당히 근접해 있다. 이들 모두 국가적 중요성을 지니는 장소로서, 전쟁과 그 전사자의 기념에 바쳐졌지만, 그 무엇보다도 전쟁에서의 죽음을 찬미하며 근대 민족 국가의 형성 신화에 헌정되었다.

전통의 추구 Forward to tradition

1930년대가 시작될 무렵에 근대건축은 급속히 분열되었다. 도시에는 표현주의에서 신객관주의New Objectivity에 이르는 신건축운동의 모든 스펙트럼을 포함하는 전형적인 프로젝트들 – 공공주택 계획, 개인 주택, 학교, 시청사 그리고 공장들 –이 많이 도입되었지만, 전쟁 기념물처럼 여전히 전통 형태에 결정적으로 매달리는 건축주들과 건축가들이 늘 존재하였다.

1930년대 초 미국에서는 모더니즘이 점차 마천루 건축에 영향을 주기 시작하였지만, 유럽에서는 모더니즘에 대한 정치적인 공격이 증가하고 있었다. 스탈린 치하의 소련에서는 구성주의가 그 영향력을 잃어버렸다. 독일에서는 1920년대 말에 슈투트가르트 바이젠호프 주거단지 같은 프로젝트들이 평판 자자하게 제시되고 시행되었지만, 이제는 더욱 비평적인 목소리가 환호하는 합창을 가로막고 있었다. 극히 소수의 근대 건축가들만이 공산주의 이념을 지지하였다는 사실조차 고려하지 않고, 신건축운동을 '소련에서 수입된 볼셰비키 건축Bolshevik architecture'이라고 혹평하였다. 당시의 사회 양극화에 따른 정치적 논쟁에 이어, 전문비평도 뒤따랐다. 신건축운동의 평지붕이 쉽게 주저앉으며 방수가 되지 않는다는 이유로 아주 부당하게 전통적인 모임지붕이나 박공지붕과 비교되었으며, 또한 모더니즘 건축가들이 즐겨 썼던 백색 수성도료는 쉽게

벗겨지며 철제 창문틀은 쉽게 녹스는 반면에, 전통 목재들은 그렇지 않다고 하였다. 모더니즘 건축들이 기술적 결함이 다소 있었던 것은 사실이었지만, 실제로 근대건축을 끌어 내린 것은 세계 경제공황이었다. 또 다른 성향도 구체화되었다. 즉 여러 정치적 사건들과 광범위한 경제적 압박 모두에 영향받아, 독일과 그리고 차츰 다른 곳의 많은 건축가들이 1930년 즈음하여, 각 실들의 배치를 다르게 하고 새로운 치수를 써서, 더욱 엄격히 그리고 기념비적인 형태언어를 추구하였다. 친숙한 백색 스터코 마감이나 제치장 시멘트 몰탈 마감 대신에, 갑자기 파사드를 화강석이나 석회석 같은 자연석재freestone로 입히곤 하였다. 건물들은 근대 구조와 모습을 감춘 건물이 되었으며, 석재 파사드는 건물을 전통적인 가치, 즉 안전성이나 안정성과 연계되었다.

거대화의 시작 The start of Gigantism

초기 모더니즘과 과거 독일로의 회귀 욕구 사이의 정점에 아주 명확히 섰던 프로젝트 중의 하나가, 1932년 나치가 권력을 장악한 전날 밤에 공고된, 베를린 라이히스방크Reichsbank 증축 설계 경기였다. 여기에는 전통주의 건축가들뿐만 아니라 근대건축의 주요 대표 주자였던 루트비히 미스 반 데어 로에와 하인리히 테세노프 그리고 한스 푈치히 등도 역시 참가하였다. 그러나 이들의 제출안에서조차 기념성에 치우침을 찾아낼 수 있다. 최종적으로 이 건물은 히틀러의 바람대로, 해당 은행 소속 건축가였던 하인리히 볼프Heinrich Wolff가 설계하였으며, 공식적으로 최초의 나치 건물로 볼 수 있다. 사실 이 건물은 개념이나 기능의 질적 측면에서 안팎으로 대담함이 특징이며, 적당히 기념성이 있는 오피스 건물이었다. 장식이 비교적 절제되어 나치 문장 이외에는 어떤 과도한 '장식'도 없었다.

이와는 참으로 다른 건물이 신 총통관저Reichskanzlei(Chancellery)의 경우이다. 이 유명한 새 건물은 구 베를린 행정지역의 중심에 빌헬름스트라세Wilhelmstrasse와 면해 있었다. 50m가 넘는 길이의 거대 홀은 주 출입구로 이어지는데, 주 출입구는 터스칸식 거대 기둥pillar 네 개가 있는 포티코portico로 장식되어 있다.

상상을 초월하는 건물 크기나 기둥의 스케일이 인상적이었을 뿐만 아니라, 방문객들은 출입구 양 측면에 아르노 브레커Arno Breker의 두 청동

상에 강하게 인상받게 된다. 이 두 청동상은 남성 나상들로, 한 사람은 햇불을 다른 사람은 칼을 들고 있으며, 각각 '당'과 '군대'를 상징하고 있다. 이 조각상은 총통관저 건축과 연계되어 국가사회주의National Socialism의 자아상을 보여주고 있다. 즉 히틀러가 제2차 세계대전을 일으킨 순간을 포함하여 이후 동안, 독일에서 나치당과 여러 산하 기관들, 그리고 군대가 나치정권의 가장 중요한 지주임을 나타내고 있다. 건물 내부도 히틀러의 취향대로 단순한 기념비적 양식이 계속되었다. 여러 그림들이나 모자이크들, 그리고 목재나 석재로 된 값진 가구들, 거대한 장식물들, 이 모든 것들이 조합되어, 방문객들에게 국가 사회주의 체제와 지도자 아돌프 히틀러 권세의 무한한 야망을 명확하게 보여주고 있었다.

그러나 새 총통관저는, 무엇보다도 히틀러의 '천년제국thousand-year Reich'을 구체화한 것이었지만, 실제로는 수명이 그리 길지 못했다. 제2차 세계대전의 폭격 이후에 남겨진 것마저도 소비에트 정복군들이 떼어가 버렸다. 1945년 히틀러가 자살하였던 총독관저 지하 벙커의 값비싼 대리석들은 정복군들이 자신들의 기념물을 세우는 데 사용하였다.

그러나 알베르트 슈페어Albert Speer의 기념 건축물과 국가사회주의자들의 반동적인 정치는 화면의 한쪽 면만을 보여줄 뿐이었다. 그 반대 측면에는 완전히 건축 영역에서 완전히 근대적인 면모가 있었으며, 루프트바페Luftwaffe (독일공군) 청사를 그 예로 살펴 볼 수 있다. 이는 과거 에리히 멘델존 사무소에 근무하였던 에른스트 자게빌Ernst Sagebiel이 주로 설계하였다. 자게빌의 베를린 템펠호프Berlin Tempelhof 중앙공항 청사는 거대감feeling of grandeur을 근대 구조물과 결합한 것으로, 유럽에서 가장 위대한 건물 중의 하나로 남아 있다.

같은 원칙을 German KdF('Kraft durch Freude'─즐거움 속의 힘) 자동차 ─ 폴크스바겐Volkswagen 자동차 공장사옥(1938)에서도 살펴 볼 수 있다. 1945년 이후 이 자동차는 '폴크스바겐 딱정벌레차VW Beetle'로서 전 세계적으로 성공을 거두었다. 이 공장건물의 남쪽 정면은 1마일에 못 미치는 1.3km 길이로서 도시의 장벽을 연상시키며 기념비적인 인상을 줄 뿐만 아니라, 일정한 건물선에서 튀어 나온 계단실이 이루는 특징 있는 탑들 때문에 놀랄 만한 근대적 외관을 보여주고 있다.

이와는 대조되는 것으로, 현재 볼프스부르크

**자크 카를뤼, 루이 부알로, 레옹 아제마,
팔레 드 샤요**

국제박람회 전시 파빌리온, 파리, 1937

195미터(600피트) 길이로 약간 곡선으로 이루어진 팔레 드 샤요의 두 개의 익랑은, 현재는 여러 박물관들이 입주해 있지만, 정상에 탑이 있는 대칭을 이룬 두 개의 빌딩으로 마감되어 있고, 그 사이와 앞에 포장된 광장이 있다.
1936년 전시회의 전경으로서 지어진 팔레는 약간 들어 올려진 위치 때문에 상 드 마르로부터 길게 이어진 시선축의 시각적 결론이 되고 있다. 기둥을 나열하여 기념비적으로 연결하였고 모자이크로 화려하게 장식한 이 복합체는 1930년대 국제적인 신고전주의의 전례가 되었으며 이는 아르데코의 영향이기도 하였다.

Wolfsburg로 불리는 KdF 공장촌의 주거건축물이 있다. 이 건물들은 슈페어의 후배인 페터 콜러 Peter Koller가, 20세기 전환기 이래 널리 퍼졌던, 경사지붕과 목제 베란다와 목제 창틀이 있는, 소위 '전통보존양식heritage protection style'으로 설계하였다. 볼프스부르크는 국가사회주의 건축의 매우 다양한 목적을 잘 보여주는 예이다. 또한 국가사회주의 체제의 건축가로서 1945년 이후에도 서독에서 계속 성공하고 있음을 보여주고 있다. 실제로 페터 콜러는 제2차 세계대전 후에도 도시계획을 다시 한 번 맡게 되었다.

숭배와 유혹 Cult and seduction

나치 숭배에 바쳐진 기념물과 장소들만큼이나 확실하게 정권 체제를 나타낸 것은 어디에도 없다. 일반 대중을 유혹하는 데 거의 종교적인 숭배에까지 이르게 하는 배경으로서 인상 깊은 건축의 효과가 특히 다음 장소들에서 확실하게 나타났다. 알베르트 슈페어의 뉘른베르크 대회장이나 파울 루트비히 트로스트Paul Ludwig Troost의 뮌헨 쾨니히스플라츠Königsplatz 아돌프 히틀러 광장이 바로 그런 장소들이며, 이들 장소의 목적은 대규모 민중집회에 적당한 공간을 제공하는 것이었다.

석재로 마감되고 화강석으로 보강된 건물들은 총통Führer을 향한 축 방향으로 배치되었고 나치의 제식행사를 위해 만들어졌으며, 늘 군대식으로 엄격히 제식이 행해졌다. 예를 들면 슈페어의 '빛의 전당cathedral of light'처럼, 항상 극적인 효과들이 뒤따랐는데, 이는 집회장 위로 방공 서치라이트들이 만들어낸 '건물'이었다.

국가사회주의의 건축적 야망은, 의심할 바 없이 베를린을 '게르마니아Germania'의 새 수도로 바꾸려하면서 그 절정에 이르렀다. 그러나 히틀러와 슈페어가 세운 이 거창한 계획은 막 실현에

착수하려는 순간 독일의 몰락과 함께 제1단계 이상 실행되지는 못했다. 슈페어는 나치의 제식행사를 위해 설계하였던 노선을 따라 기념적인 남북축을 매우 기념비적으로 계획하였으며, '대회당great hall'이 이 축의 시각적인 초점이 되게 하였다. 기술적으로 이 새로운 대회당의 큐폴라는 로마의 성 베드로 성당보다도 크며, 고전적인 모습으로 계획되었다. 돔의 지름은 250미터이며, 대회당 안에 10만 명을 수용할 공간이 있었다. 대회당 이전의 옛 독일의사당German Reichstag은 1933년 화재로 파괴되었으며, 지나간 시대의 하찮은 유물로 치부되고 있었다.

게르마니아 계획의 일부 중에는, 강제이송되어 집단 처형장에 수용되는 베를린 유태인 시민들의 재산 몰수 등도 포함되어 있었다. 그러나 슈페어와 그 직원들은 세심한 계획에 따라 베를린의 역사적인 구조의 극히 적은 부분만이 파괴되도록 손대었다. 도시의 나머지 부분은 전쟁으로부터는 보호되었지만, 전쟁은 베를린을 거의 완전히 파괴해버렸다.

저마다의 세상들 Between worlds

1937년 파리 국제박람회는 두 세계대전 사이에 여러 정치 체제와 저마다의 건축이 만났던 마지막 기회였다. 전시회 건물들은 호세 루이스 세르트Josep Lluís Sert가 설계한, 명확한 그리드 구조의 스페인관처럼 1920년대의 근대주의 전통에 굳게 그 기반을 두고 있었다. 그러나 1930년대의 국제적인 특징을 갖는 단순화된 고전주의가 더 우세하였다.

기념비적인 형태언어와 거대한 기둥이 있는 팔레 드 샤요Palais de Chaillot와 근처의 팔레 드 토쿄palais de Tokyo가 1937년 세느 강 오른쪽 강변에 세워져, 전시회의 주요 배경을 이루고 있었다. 각 체제의 절대적인 힘을 주장하는 독일과 소비에트

전시관 건축은 매우 상충되는 것이었다. 매우 세심히 고려한 연출배경mis-en-scéne 때문에, 이 두 전시관들은 서로 마주보게 배치되어 있으며, 파리 전시회의 극적인 하이라이트가 되고 있었다.

소련관은 포디움 위에 단이 진 건물로 구성되어 간결한 유선형으로 보이는데, 건축가 보리스 이오판Boris Iofan이 설계하였다. 그러나 건물 정상부에는 베라 무키나Vera Moukhina의 조각을 올려 극적인 클라이맥스가 되고 있다. 도전적인 큰 걸음으로 앞으로 힘차게 나아가는 두 상징적인 영웅상 - 산업노동자와 집단농장의 여인 - 이 소비에트의 휘장인 망치와 낫을 휘두르고 있다.

양식상 포스터와 같은 이러한 형상은, 일반적으로 알기 쉬운 이상적인 메시지로 사회주의 사실주의Socialist Realism라는 두드러진 예술 스타일의 교육적인 개념과 완전히 일치하고 있었다. 이는 러시아 구성주의 예술의 이성적인 요구를 완전히 무시하는 것이다. 러시아 구성주의는 10월 혁명 바로 이후부터 선전수단으로써 오용되는 것만 허용되었다.

상대적으로 역동적인 이오판의 구조물 반대편에는 건축비평가 파울 베스트하임Paul Westheim이 '기둥 있는 종이상자a cardboard box with pillars'라고 비꼬았던, 알베르트 슈페어가 설계한 명백히 정적인 탑이 서있다. 소비에트 전시관과 마찬가지로 조각 장식물이 중요한 이념을 표현하는 구실을 하고 있으며, 이 경우 국가의 상징인 총통의 독수리가 발톱으로 나치의 표장swastika을 움켜잡고 있다.

슈페어와 그의 건축의 영향이 지대하였지만, 그 건축들은 국가사회주의 건축과 동일시 될 수는 없었다. 파리 전시회의 극도로 공식적인 파빌리온도, 그 엄격한 작업 영역에도 불구하고, 결코 독일 제3제국 건축으로 일반화될 수는 없었다. 1933년에서 1945년에 맡겨진 건물 과제에는, 매우 고귀한 건물에서 아래로 공장에 이르기까지 위계가 존재하였으며, 비록 한정되긴 하였지만 양식의 선택 폭이 실제로 허용되었다.

이탈리아의 고전주의 Classicism in Italy

이탈리아의 상황은 더욱 달랐다. 파시스트 체제 아래에서도 일찌감치 전위적인 모더니즘 건축 Avant-garde Modernist architecture이 발전될 수 있었다. 그러나 이곳까지도 1930년대에는 널리 퍼진 고전주의의 배경 속으로 점차 들어가게 되었다.

그러한 고전주의의 좋은 예가 로마 시대의 건축 모델을 기초로 하여 1932년부터 시작된 로마대학교의 건물들이었다. 이 건물들은 1922년 이래로 건축 고문으로서 무솔리니의 측근이었던 마르첼로 피아첸티니Marcello Piacentini가 설계하였다.

대리석으로 마감된 대학본부 건물(1935)은, 건물의 전체 높이만큼 치솟은 기둥이 있는 매우 기념비적인 포티코pillared portico로 유명하다. 전체로 보아 이 건물은 기본 기하형태까지 환원시킨 고전주의 유형의 특징을 보이고 있다. 이 축약된 고전주의는 일찍이 세기 전환기에 하인리히 테세노프가 드레스덴 근처 헬레라우의 페스티벌 홀(24쪽 참조)에 채용하였으며, 곧이어 프랑스 팔레 드 샤요Palais de Chaillot에 적용되었다.

그러나 피아첸티니의 대학본부 건물은, 알프스 북쪽 무솔리니의 동맹국에서 발전되었던 건축 비전에 대한 이탈리아식 접근이라고도 볼 수 있다.

보리스 이오판, 소비에트 파빌리온과 베라 모우키나, 조각 군상
파리 만국박람회, 1937
베라 모우키나의 두 개의 기념비적인 브론즈 형상들(산업현장과 집단농장 노동자들)은 일취월장하는 사회주의 미래를 향해 거의 가뿐하게 날아가는 듯하다. 망치와 낫을 의기양양하게 높이 쳐든 이 힘차고 역동적인 군상은 스탈린의 공포 통치를 위해 창조되었다.

도시건축의 전망
VISIONS OF A CIVIC ARCHITECTURE

갈라진 세계 A shattered world

제1차 세계대전의 참화는 온 세계의 정치적, 경제적, 사회적 사고를 급격히 변화시켰다. 그러나 제2차 세계대전이 끝난 시점의 상황은 더욱 극적이었다. 1945년의 세계는 고요하던 1939년의 세계와는 사뭇 달랐다.

독일의 히틀러 나치 공포정권은 전 세계의 수백만 명을 죽음에 이르게 했으며, 유태인 학살이라는 끔찍한 범죄로 그 절정에 이르렀다. 이전에 어떠한 전쟁도 이렇게 많은 시민들의 생명을 빼앗거나, 도시와 시골을 이같이 급속하게 파괴시키지는 않았다. 따라서 사람들의 삶의 기반도 완전히 파괴되었다. 20세기에는 삶의 기술적 측면이 발달함에 따라 전쟁의 기술도 이에 맞춰 발전되었고, 미국이 히로시마와 며칠 뒤 나가사키에 최초로 원자폭탄을 투하함으로써 그 우울한 클라이맥스를 보게 되었다.

그러나 1945년 전쟁의 종식은 세계에 평화를 가져다주지는 않았다. 유럽과 일본, 특히 소련의 도시와 시골에는 많은 파편들과 잿더미가 아직도 쌓여 있었으며, 엄청난 수의 사람들이 대이동을 시작하였고, 이들은 원해서 이주하거나 또는 철거당하기도 하였다. 세계 지도는 이러한 재배치 때문에 다시 그려져야 했다. 프랑스, 영국 그리고 미국은 소련과 함께 히틀러의 독일에 대항

해 싸웠으나 이 연합국들은 종전 후 곧 해체되었다. 세계는 동서 진영으로 나뉘어졌으며, 그 사이의 경계가 독일로 이어져 독일이 둘로 나뉘게 되었다.

서방the Western, 즉 자본주의 체제의 서쪽 진영은 민주국가들로 형성되었으며, 세계 제일의 막강한 경제력으로 미국이 그 선두에 섰다. 동쪽 the Eastern 진영은 공산주의가 지배 이념이었으며, 1953년 사망 때까지 스탈린이 독재정치를 하였던 소련USSR이 이끌었다. 소련과 마찬가지로 다른 사회주의 국가들도 공식적으로는 '인민 민주주의people's democracies' 체제였지만, 사람들에게 일상적인 민주주의의 기본권 – 자유롭게 그리고 평등하게 자신의 주권을 비밀리에 행사할 수 있는 권리 – 이 주어지지는 않았다.

1989년 공산주의체제가 붕괴되기 전까지 동서진영은 서로 양립할 수 없는 반대편에 서 있었다. 이것이 냉전Cold War이었고, 때때로 베를린 장벽 폐쇄라든가 쿠바 위기처럼 그 위협이 공개된 갈등으로 나타났다. 그것이 바로 제3차 세계대전의 공포였다.

건축역사는 대부분 서방세계의 관점에서 형성되었는데, 이는 동구권의 건축들이 여러 단계에 걸쳐 느리게 발전되었다는 사실과, 일반적으로 볼 때 옛 동구권 국가들은 1990년대 초 개방되기 시작할 무렵에서야 연구되기 시작하였다는 사실 때문이다. 1953년 스탈린 사망 전까지 '웨딩 케이크wedding cake' 스타일이 동구권 전역으로

1945 트루먼과 처칠, 스탈린 사이에 포츠담회의가 개최되어 전후 유럽의 운명을 결정함. 국제연합(UN) 설립. 일본의 항복으로 제2차 세계대전 종식.

1946 앙트완 드 생텍쥐페리의 소설 『어린 왕자Le Petit Prince』가 사후 출판됨. 미국 국제원조구호기구(CARE)가 전쟁피해로 고통받는 나라에 원조물품을 보내기 시작함. 『아가씨와 건달들Guys and Dolls』의 작가인 알프레드 D. 러니언 사망.

1947 테어도어 W. 아도르노의 사회비평철학인 『계몽의 변증법Dialectics of Enlightenment』이 출간됨. 마리아 칼라스가 오페라 가수로서의 화려한 경력 시작. 노르웨이 민속학자 토르 헤위에르달Thor Heyerdahl은, 선사시대 사회의 관련성을 증명하기 위해 이주경로를 따라 뗏목으로 페루에서 폴리네시아까지 항해함. '뉴룩New Look'이 유행하여 옷감을 화려하게 사용하여 장딴

지 길이까지 덮는 풍성한 플레어스커트가 인기를 끎.

1948 소비에트 러시아가 베를린을 봉쇄(1949년 해제)하여 서구 열강이 물품을 서베를린에 화물기로 공수. 벤구리온Ben-Gurion이 영국 신탁통치지역인 팔레스타인을 포함하는 일대에 새로운 이스라엘 국가를 선포. 조지 발란신George Balanchine이 뉴욕 시립 발레단을 설립. UN 총회에서 인권헌장 공표. 간디 암살됨. 소비에트 영화감독인 세르게이 예이젠시테인이 50세 나이로 사망.

1949 동독과 서독이 분할된 블록들을 경계로 각기 독립국가가 됨. 마오쩌둥 지휘하의 공산주의 인민군이 전체 중국을 점령하고, 중국인민공화국을 선포. 미래의 전체주의 사회를 그렸던 조지 오웰의 소설 『1984』 출판.

1950 공산주의 체제인 북한과 자본주의 체제인 남한 사이의 무력충돌이 발생하였으며, 1953년에 초강대국들이 전쟁을 종식시킴.

1952 미국 패션인 진이 유럽에 급속히 퍼져나감.

1953 소련이 탱크를 투입하여 동독의 노동자 봉기 진압. 엘리자베스 II세의 대관식이. 근대 뉴스보도 기술 덕분에, 전 세계적인 관심을 끌게 됨. 스탈린 사망.

1956 스탈린 체제에 반대하여 일어났던 헝가리 봉기를 소련 군대가 유혈 진압.

1957 최초의 인공위성(스푸트니크)이

지구 주위를 회전.

1958 남아프리카공화국 수상이었던 헨드릭 페르부르트가 아파르트헤이트 aprtheid(인종분리)를 국가정책으로 수립.

1959 피델 카스트로가 쿠바혁명에서 승리함. 페데리코 펠리니의 사회비판 영화인 〈달콤한 인생La Dolce Vita〉이 제작됨.

베를린 봉쇄: 서구는 물품을 비행기로 공수하였다.

모더니즘 건축의 세계화 1945-1960
The Globalization of Modern Architecture 1945-1960
The future begins
미래가 시작되다

퍼져나갔으며, 1950년대 말에 이르러서야 사회주의 체제가 그 이념으로 내세웠던 '새로운' 사회라는 야심찬 목표에 알맞은 건축유형들을 실현하려고 시도되었다. 그러나 이러한 시도가 때로 기능적이며 미래파적인 건축을 만들어 냈지만, 불행히도 그리 오래 지속되지 못하였다. 1980년대까지 동구권의 경제문제가 꽤 심각하였기 때문에 대부분 공장 생산된 부재들로 표준화된 건축을 하는 것만이 가능하였고, 따라서 대부분 무미건조한 건축 스타일로 만들어졌다.

동독의 건축과 그 수도였던 동베를린은 동서 이념 갈등에 특히 중요한 곳이었고, 자유세계의 전시장이었던 서베를린과 마주한 동베를린은 매우 수준 높은 모습을 보여야 했기 때문에, 스탈린 앨리Stalin-Allee(현재는 카를 마르크스 앨리Karl-Marx-Allee)에 공동주택이나, 이후에 텔레비전 타워 같은 여러 고급 프로젝트들이 세워졌다.

새로운 시작과 연속성
The new beginning and continuity

제2차 세계대전과 함께 1920년대 근대 예술과 건축의 원동력이었던 사회적 비전 대부분이 사라져버렸다. 그 자리를 오로지 평화로운 공동체라는 새로운 이념이 재빠르게 대신하였지만, 냉전으로 대립되는 현실과 대면할 때 그 가능성이 너무나 희박하다는 사실을 자주 알 수 있었다.

제2차 세계대전의 끔찍한 경험에도 불구하고, 예술이나 정치계에 '새 출발clean slate'이라는

것은 존재치 않음이 1945년 이후에 곧 명백해졌다. 제3제국의 몰락과 함께 한 양식은 그 진정성을 완전히 잃어버렸다. 즉 알베르트 슈페어와 파울 루트비히 트로스트가 나치의 고위 건물들을 위해 채택하였던 고전주의였다. 다른 한편 불필요한 아무런 정치적 의미를 지니지 않았던, 근대주의 국제 양식International Style(30쪽 이하 참조)이 1945년 이후에 특히 미국에서 되살아났다. 독일에서 이주한 독일 건축가 발터 그로피우스나 미스 반 데어 로에는 자신들의 과거 작품들을 되돌아보고 이를 1945년 이후에 더욱 발전시킬 수 있었다.

이에 더하여 이들은 대학에서 강의하면서 젊은 건축학도 전 세대의 롤 모델이 되었다. 제2차 세계대전으로 야기된 수많은 문화적·정치적 균열에도 불구하고, 국제 양식과 관련된 건축 형태 언어는 전쟁 이전 시대로부터 연속성이라는 중요한 요소를 유지하게 되었다.

파괴되었던 나라들이 다시 재건되어야 하였고, 철근콘크리트reinforced concrete와 유리 파사드glassy façade가 새로운 시대의 특징이 되었다. 남미에서 남동 아시아에 이르기까지 건축은 동일한 스타일을 띠게 되었고, 모든 도시에 많게 또는 적게나마 새로운 건축의 낙인이 찍혔으며, 때로는 지역의 건축형태를 밀어내어 전체 도시경관에서 지역건축을 사라지게 하는 원인이 되곤 하였다.

발터 그로피우스, 대학원센터

하버드대학교, 미국 매사추세츠 주 케임브리지, 1950

1935년 건축가이며 데사우 바우하우스(33쪽 참조)의 전 교장이었던 발터 그로피우스가 영국을 거쳐 미국으로 이주하였으며, 1950년에는 다시 한 번 교육 목적의 건물을 설계하였다. 이번에는 하버드대학교였으며, 그 자신도 그곳에서 학생들을 가르쳤다.

비록 볼륨과 지지체들의 배열이 바우하우스 건물과 확실히 연관 관계에 있었지만, 반항의 정신은 사라졌다. 영웅적인 이념이 전 세계로 가져온 공포에 직면하여, 스타일상의 침묵으로 적절히 대응하는 듯하였다. 모더니즘의 대담함이 '국제 양식International Style'의 무미한 상호 호환성interchangeability에 길을 내어주었다.

필립 존슨, 글라스 하우스
미국 코네티컷 주 뉴캐넌, 1949
이보다 더 투명한 것을 상상하기는 어렵다. 거주 공간과 전원공간이 서로 뒤섞여 있다. 모든 외벽은 유리로 덮여 있다. 전체를 지지하는 철제 구조는 더욱 미니멀할 수밖에 없다. 단지 욕실부분만 폐쇄된 원통 안에 있다. 만일 뉴캐넌의 필립 존슨처럼 상당히 개방된 채 살아야 한다면, 전원을 둘러보며 당신만의 사적인 영역까지 엿보려는 시선에서 당신 자신을 보호할 수 있어야 한다. 유리로 된 집은 일반 주거 건물과는 상반되는 곳이었다.

찰스 임스, 임스하우스
미국 캘리포니아 산타 모니카, 1949
처음 보면 조립식 공장 건물처럼 보이지만, 실제로는 주택이다.
이 주택은 영화감독이면서 가구 디자이너이자 전시기획자였던 찰스 임스가 자신을 위해 설계한 것으로, 공장 생산된 조립부재들로 만들었음이 명백하며, 이 때문에 산업건축이나 하이테크 high-tech 건축의 전형이 되었다.

미국의 바우하우스 전통
THE BAUHAUS TRADITION IN THE UNITED STATES

옛 거장들의 새 건물들 Old master- new buildings

미국으로 이주한 바우하우스의 두 지도자는 그로피우스와 미스였다. 발터 그로피우스가 1935년에 그리고 1938년까지 마지막으로 남아있던 루트비히 미스 반 데어 로에가 뒤따랐다. 이들은 구조적 단순성simplicity of construction과 엄격한 합리성strict rationality이라는 전통을 가져왔다. 이는 1920년대 이래로 바우하우스 건축의 특징이었으며 대전 후의 미국 사회에 반향을 울렸다.

1930년대 말에 이미 발터 그로피우스는 미국 내 대학건물 설계경기에 여러 번 참가하였으며 여러 건물들을 완성하였다. 하버드 대학원센터Harvard Graduate Center를 지을 때 강의도 함께 개설하여 과거 작품들까지도 언급할 수 있었으며, 하버드 곳곳에 흔하였던 중정 체계courtyard system에 맞추어 건물을 배치할 것을 주장하기도 하였다.

하버드 대학원센터는 근대건축에 대한 그로피우스의 견해에 따라 여러 측면이 고려되었고 또한 그에 따라 완성되었다. 창조적인 공동작업teamwork을 통해서 아이디어를 물질화할 수 있다고 본 그로피우스는, 그의 TAC(The Architects Collaborative) 스튜디오와 협력하여 하버드 건물들을 실현해나갔다. 대학원센터 역시 형태적으로나 인적으로 독일 바우하우스 전통과 관련되었다. 하버드에서 실현했던 기둥으로 지지되는 평지붕의 우아한 건물과 긴 띠창들은 완전히 1920년대 형태언어의 전통을 따르고 있다. 그리고 이 복합건물의 미술 장식을 위해 헤르베르트 바이어Herbert Bayer, 요제프 알베르스Josef Albers, 한스 아르프Hans Arp 같은 바우하우스 시절 친근한 옛 동료들도 데려왔다.

루트비히 미스 반 데어 로에는 그로피우스보다도 자신의 고전적이며 근대적인classical-modern 형태언어를 어떻게 미국의 요구에 적용시킬 지 잘 알고 있었다. 이 형태언어는 이미 1920년대 후반에 투겐다트Tugendhat주택이나 또는 유명한 바르셀로나 국제박람회 독일 파빌리온에서 사용한 것이었다. 그의 전설적인 격언인 "less is more"는 모든 세대의 건축가들에게 훌륭한 경구만이 아니라 신조가 되었다.

거장들을 뒤따른 – 필립 존슨과 찰스 임스
Johnson and Eames - in the footsteps of the master

철과 유리는 미스 반 데어 로에가 가장 선호하던 재료였으며, 미스는 주거건물이나 상업건물에서 어느 누구보다도 철과 유리의 사용에 대해 잘 알고 있었다. 미스가 미국에 풀어 놓은 철과 유리의 마니아로, 필립 존슨Philip Johnson을 포함하여 많은 모방자들을 볼 수 있다. 존슨은 한때 미스의 사무실에서도 근무하였으나 후에 그곳에서 만들어 내는 평범한 형태언어를 포기하고, 20세기 미국 건축계에서 가장 뛰어난 인물 중의 하나가 되었다. 1930년대 초에 헨리 러셀 히치콕Henry-Russel Hitchcock과 함께 펴낸 저서 『국제건축양식International Style』은 그를 즉각 유명인사로 만들었다. 미국 뉴캐넌New Canaan에 있는 P. 존슨의 '글라스 하우스Glass House'는 미스의 엄정한 순수주의strict purism를 모방한 것이었다.

글라스 하우스는 미스의 개념에 따라 지어졌고 철재 프레임에는 더도 덜도 아닌 판유리만이 끼워져 있다. 매우 화사한 이 주택이 비록 우아하고 미학적일지라도, 과연 얼마나 실용적일까 또는 그런 건물에서 어떻게 살 수 있을까 하는 의문을 피해갈 수는 없다. 완전히 유리로 된 주택에서 어떻게 살아갈지 당신도 상상해보라.

똑같은 아니 더욱 반론적인 질문을, 20년 전에 미스 반 데어 로에가 브륀Brünn에 투겐다트 주택을 설계하였을 때 그 개방적인 평면에 대해 많은 건축비평가들이 퍼부었다. 글라스 하우스를 보면 프로그램에 따라 아주 명확하게 지어졌기 때문에, 이 주택은 살기 위한 건축이라기보다

미스 반 데어 로에 MIES VAN DER ROHE

1910년경에 가장 성공한 건축경향은 신고전주의였으며, 움직이며 흐르는 아르누보 형태와는 완전히 양극을 이루는 단호한 기념성이었다. 루트비히 미스 반 데어 로에는 1886년 독일 아헨에서 태어났으며, 그 당시 이미 저명한 신고전주의자 중의 한 사람이었던 페터 베렌스(23쪽 참조) 스튜디오에서 일찍이 일하였으며, 따라서 고전주의 스타일에 곧바로 대면할 수 있었다. 사실 미스는 베렌스가 맡은 생 페테스부르크 독일 대사관(1911–12) 프로젝트를 직접 진행하는 직책에 있었다. 그 결과 미스 자신의 첫 번째 프로젝트는 19세기 신고전주의 건축과의 깊은 관계를 보여준다. 미스의 건축형태에 대한 영감의 원동력은 카를 프리드리히 쉰켈이었다. 다른 것보다도 쉰켈은 유명한 베를린의 고대사 박물관Altes Museum뿐만 아니라, 레지덴츠(왕궁) 근처의 프러시아 왕족을 위한 여러 빌라들의 설계책임자였다. 이로부터 미스는 뛰어난 비례 감각, 명확한 형태, 주변 전원과의 친밀한 관계 등을 취하였으며, 이러한 특성들을 그의 초기 빌라, 예를 들면 포츠담의 우르비히Urbig 주택(1914–17)에서 집대성하였다. 그러나 미스의 이상적인 프로젝트인, 콘크리트조 전원주택안(1923)과 또한 벽돌조 전원주택안(1924)에는 위대한 선조였던 쉰켈에 대한 관심뿐만 아니라, 테오 판 두스뷔르흐의 추상예술에 대한 그 당시 진행된 토론도 평면도에 반영하고 있다. 그러므로 미스 반 데어 로에의 고전주의는 고전주의 경향을 현대 건축언어로 번역한 것이며, 그 정점에 이른 것이 "less is more(적을수록 좋다)"라는 유명한 건축신조였다.

루트비히 미스 반 데어 로에와 그가 1929년 디자인한 '바르셀로나' 의자

그러나 이 말이 건축의 청교도주의architectural puritanism를 이르는 것이라고 생각한다면 미스를 잘못 이해하는 것이다. 그 반대로 대리석이나 반짝이는 고급 철재 같은 값비싼 재료들을 미스는 자주 사용하였으며, 그 예로 1929년 바르셀로나 만국박람회의 그 유명한 독일 파빌리온을 들 수 있다. 파빌리온의

검은 철재와 유리가 만들어내는 고전주의적 우아함: 신국립미술관, 베를린 쿨투르포룸, 1965–1968

개방된 평면과 예기치 않는 만남들, 예를 들면 게오르크 콜베의 조각과 세심하게 고려된 내부공간의 묘사들은, 미스 반 데어 로에의 놀랄 만한 정확한 치수 감각과 비례 감각을 보여주며, 방문자들에게 독특한 공간감을 주고 있다.

단순한 형태의 추구와 값비싼 재료 선호라는 미스의 모순은 바르셀로나 파빌리온에서도 그 예를 볼 수 있지만, 건축가 한스 푈치히의 깊이 있으면서 재치 있는 말인 "우리는 단순하게 짓지만, 상당한 경비가 지출된다."를 떠오르게 한다.

이러한 모순은 당시 미스 반 데어 로에가 1930년 브륀에 계획한 투겐다트 주택에서도 나타난다. 바르셀로나 파빌리온에서 발전시킨 개방된 평면이라는 원칙을 주거건축에 적용하였다. 화려하고 사적인 가정생활을 보장하는 기존의 주택설계를 급진적으로 타파한 이 주택에서 실제로 거주가 가능할까라는 의문을 불러일으켰다.

미스는 발터 그로피우스와 하네스 마이어에 이어 바우하우스(33쪽 참조) 교장을 맡았으며, 당시 국가 사회주의당에게 강하게 압력을 받고 있었다. 미스는 바우하우스를 구하려고 데사우에서 베를린으로 이전하였으나 실패하였다. 제3제국 아래서 1933년 이래로 건축가로서 미스가 착수한 거의 모든 프로젝트들이 뿌리내리지 못하고 실패로 돌아갔다. 1938년 미스는 미국의 유명한 아머공과대학(현재 IIT)의 초청에 부응하여 시카고로 갔다. 시카고에서 미스는 1940년대에 일리노이 공과대학교(IIT)를 위해 단순 직사각형 건물들을 만들어 냈으며, 벽돌과 유리로 마감된 미스의 이 철골조 건물들은 다른 건축가들의 모델이 되었다. 이제 미스는 자신이 오랫동안 마음에 품어왔던 고층 건축 건설로 넘어갔다. 미스는 이미 베를린 프리드리히 스트라세에 고층건축(1921)을, 그리고 유리 마천루(1922)와 강화콘크리트조의 고층건축(1923)을 스케치하였지만, 이를 제도판에 계획안으로만 남겨 두지는 않았다. 미스는 시카고 레이크쇼어 드라이브에 트윈 타워(1948–51)를 설계하고 뉴욕에 그 전설적인 시그램빌딩(1954–58)을 세워 자신의 유리마천루 건설 꿈을 실현하였다. 이 고층건축물들은 이후 유사한 디자인의 마천루 건축의 전형으로서 계승되었다.

그러나 전적으로 유리와 철이 그 중요한 특징이

유리마천루의 빛나는 아이콘인 시그램빌딩, 1954년에서 1958년 사이에 루트비히 미스 반 데어 로에와 필립 존슨이 실현하였다.

었던 고전적이며 우아한 미스의 건축은, 뒤늦게나마 독일로도 귀향하게 되었다. 베를린 쿨투르포룸의 신국립미술관Neue Nationalgalerie은 미스가 노년에 설계한 것으로, 이웃한 한스 샤로운의 필하모니 건물 같은 표현주의 건축과 정반대로 합리주의의 극단을 이루고 있다.

두 건물의 대치는, 역사주의의 쇠퇴로부터 1960년대 말에 이르기까지 한껏 영향력을 미친 유럽 아방가르드 건축의 건축가 세대에게 극적인 대단원을 만들었다.

베를린 미술관 건물은 크게 두 부분으로 구성되어 있다. 즉 파사드가 완전히 유리로 덮인 신전 같은 철재 홀과 하부의 커다란 지층부분으로, 고전주의적 모더니즘classic modernism 작품으로 표현되어 있다. '신전'과 '박물관'을 만드는 과업을 수행하면서, 미스는 마지막으로 위대한 고전주의자로서 그리고 쉰켈의 추종자로서의 자신을 드러내고 있다. 미술관은 결국 전면에 이오니아식 열주가 있는 고대사 박물관Altes Museum이었으며, 실제로 신국립미술관과 그리 멀리 떨어져 있지 않기도 하지만, 두 작업이 처음 성공적으로 결합되는 것이기도 하였다.

월러스 해리슨, 맥스 애브러모비츠, UN빌딩
뉴욕, 1950

"우리는 세계건축world architecture을 계획하였다."라고 유엔본부 건물의 초기 디자인에 크게 기여한 건축위원회의 일원이었던 르 코르뷔지에가 말하였다. "그리고 이러한 작업은 따로 이름붙일 수 없다. 이는 그 자체가 본보기다." 따라서 세계에서 가장 중요하고 가장 국제적인 대도시 중에서도 가장 공공적인 대지인 뉴욕 이스트 리버 지역이, 세계 건축 프로젝트에 선택되었다. 르 코르뷔지에는 UN빌딩의 몇 가지 외형을 스케치하였다. 하부에는 수평적인 회의센터와 위로 향하는 총회장이 있고, 그 위로 가늘고 긴 슬래브 모양 마천루인 사무국 건물이 우뚝 솟아 있다. 이를 두고 수많은 비평가들은, UN이 이미 오래전에 관료주의에 지배되어 있음을 무의식적으로 보여주는 것이라고 해석하고 있다.
미국의 중견 설계사무소인 해리슨 & 애브러모비츠가 설계를 맡았으며, 세계 여러 국가들이 하나됨을 더욱 강조하였다. 고르게 반짝거리는 녹색 유리 커튼월이 39층 전체를 덮고 있다. 한 층 높이와 동일한 창문모듈이 2,730번이나 쓰였다. 그러나 UN 사무국 건물은 또 다른 감각으로 세계건축임을 표현하고 있었다. 즉 커튼월로 뒤덮인 키 높은 비슷비슷한 상자들을 지구 표면 어디에서나 볼 수 있었기 때문이다.

문의 가로대들로 구성되는 사각형 그리드들과, 주변 자연세계를 지배하지 않고 상호연관을 맺도록 주택을 만들려는 감각적인 수법들은, 임스가 일본 전통 목구조를 경험하였음을 보여주고 있다. 그 결과 매우 섬세하고 균형 잡혀 있어, 미학적 건축의 걸작이 되고 있다.

마천루의 새로운 언어
The New language of the skyscrapers

미스 반 데어 로에가 설계한 마천루들은 유리를 주재료로 사용하며, 당시 대규모 회사들의 일류 오피스나 사옥임을 보증하고 있다. 이 건물들이 전달하는 투명하고 실용적인 외관과 경쾌함과 우아함은, 세기 전환기까지 거슬러 올라가는 절충eclectic 양식의 기존 석재 마감freestone-clad 마천루들 사이에서 극적으로 돋보이고 있다.

이 마천루의 핵심은 하중을 지지하는 철골 조이며, 여기에 유리 파사드glassy façade가 마치 커튼처럼 매달려 있다. 표준화된 커튼 부품들은 매달려 있는 그리드에 정확히 서로 고정되어 끊임없이 통일감을 만들어내고 있다. '커튼월curtain wall' 개념과 그리드 형태의 파사드는 재빨리 1950년대와 1960년대 상업 건축물의 동의어가 되었다.

글라스월glass wall은 골조 지지 방식의 구조 원리에 적합한 파사드의 종류를 찾고 있던 건축가들에게 해답이 되었다. 유사 고딕psedo-Gothic 형태로 석조 건물의 중후한 외관을 만들었던 절충주의 건축 대신에, 유리벽은 골조로 지지되는 파사드에 경쾌함과 변화를 주는 해답이었다.

그러나 지난 20년간, 모범적으로 재료를 솔직하게 표현하는 것은 이전의 유리 표면을 대신해 판석재로 마천루를 덮고 있던 복고 경향 때문에 방해받고 있었다. 이 석재들은 1950년대에는 일부러 피하려고 하였던 중량감 그 자체를 전달하려 하였다.

1950년대와 1960년대의 유리 파사드는 건축가들에게 인테리어에서도 마찬가지였지만 특별한 해결책을 요구하였다. 석조 마감된 기존 건물과는 달리, 유리는 열이나 추위를 막을 수 없었다. 최적의 공기조화, 공기흡배기 기술과 열 보존 이중유리 시스템이 고층빌딩에서 유리 파사드가 성공을 거두는 조건이 되었다.

뉴욕 이스트 리버 강가의 유엔본부 프로젝트는, 르 코르뷔지에의 설계초안을 기본으로 월

는 일종의 건축적 신념을 고백한 것이라는 느낌을 떨칠 수 없다. 이런 느낌들은 아주 다재다능했던 필립 존슨이 나중에 설계하였던 다른 건물들에서도 확인할 수 있으며 이 건물들 역시 프로그램에 매우 충실하였다. 이목을 끄는 작품 중의 하나가 뉴욕의 AT&T 빌딩(87쪽 참조)인데, 오늘날 포스트모던 건축의 아이콘으로 치부되고 있다.

한편 찰스 임스Charles Eames는 철재 프레임 주거건축을 통해 필립 존슨과는 완전히 다른 길을 갔다. 그 예로 프로토타입 주택을 개발하는 설계경기 결과물로서, 1945년에서 1949년 사이에 지은 케이스스터디 주택Case Study House No.8 과, 임스 자신과 부인을 위해 1949년 산타 모니카 레이 인 퍼시픽 팰리세이드Ray in Pacific Palisades 에 지은 자택이 있다. 임스는 디자이너로도 유명하였는데, 필립 존슨과 똑같이 철과 유리라는 재료를 사용하였지만 그의 동시대 건물들은 근본적으로 서로 달랐다. 필립 존슨의 건물들이 자신의 믿음을 당시대를 지배하던 건축 조류에 부여했던 반면에, 임스의 건물들은 절제되고 아주 섬세하고 우아함으로 사람들을 매료시켰다. 이들은 모두 사용하는 재료에 충실한 것이 그 특징이다. 즉 재료들은 모두 카탈로그에서 주문 가능한 표준 산업부재들이었다. 이 공업화된technicized 주택 – 건물의 구축원리를 파사드에서 읽을 수 있으며, 주로 단순한 재료들로 구성된 그 자체가 미학적 전체임을 나타내고 있다.

임스 주택들의 철재 프레임들은 여러 가지 방법으로 채워졌지만, 대부분은 판유리였다. 창

러스 해리슨Wallace Harrison과 맥스 애브러모비츠 Max Abramovitz가 1947년에서 1950년 사이에 건설하였는데, 역시 유리 파사드 경향을 따르고 있다. 주 건물은 유엔 사무국동으로, 가늘고 긴 유리 상자에 창문 없는 측벽이 있는 모양이 채택되었다. 3동의 유엔 건물군은 좋은 비례를 이루고 그 자체로 균형 잡힌 직사각형rectilinear 집합체가 되도록 배치되어 있다. 사무국과 총회 회의장, 그리고 프레스센터 세 건물은 각기 높이를 달리하며 공간상 단이 지도록 만들어, 거의 추상적인 삼차원 구성의 특징을 만들어 내고 있다.

철골조나 콘크리트 골조에 유리 커튼월이라는 주제는, 1980년대와 1990년대 장 누벨Jean Nouvel의 우아한 유리 건물(102-103쪽 참조)과 노먼 포스터Norman Foster의 고층건물(80쪽 참조)에서 볼 수 있듯이, 현대에도 지속되고 있다. 이 유리 큐브는 다양한 겉모습으로 20세기 건축역사에서 주요 주제가 되어왔으며, 데사우 바우하우스에서 시작하여 미스 반 데어 로에의 베를린 신국립미술관Neue Nationalgalerie을 거쳐 장 누벨의 파리 아랍세계연구소Institut du Monde Arabe에 이르고 있다.

글라스월이 일단 발견되자마자 이는 건물 특히 마천루 표면을 다양하게 덮는 강력한 수단이 되었다. 건축가들은 글라스월의 광범위한 가능성을 활용하여, 과거 40년 동안 지속되던 건축주의 취향을 바꾸려고 움직여 나갔다. 1965년의 C. F. 머피Murphy와 마찬가지로 스키드모어Skidmore, 오윙스 & 메릴Owins & Merill이 설계한 시카고 리차드댈리센터Richard Daley Center는 특별한 그리드를 써서 글라스월에 분절을 시도하였고, 1963년 발터 그로피우스는 팬암PanAm 빌딩에서, 사각형 상자에서 다각형에 이르기까지 다양하게 평면 형태를 달리하고 있다. 이 모든 건물 유형들 그리고 바로 포스트모던 변형까지, 공기조화나 통풍 같은 기술적 진보를 제쳐두고라도, 이들 모두는 20세기 초에 유리, 철, 콘크리트라는 새로운 건물 재료들을 도입하면서 확립된 주제의 변형에 지나지 않는다.

수평 대 수직

Horizontal versus vertical

미스 반 데어 로에 스타일의 유리 슬래브 glassy slabs는 반드시 수직 방향으로 확장될 필요는 없었다. 엘리엘 사리넨Eliel Saarinen의 아들이었던 에로 사리넨Eero Saarinen은 미국 자동차회사

제너럴모터스General Motors(GM)를 위해, 수평으로 긴 유리 리본 형태로 연구실험실을 설계하였다. 이 건물은 이보다 더욱 규모가 큰 GM 시설군의 일부였으며, 이 중에는 알루미늄으로 덮인 반짝거리는 반구 모양의 집회실도 포함되어 있었다.

사리넨이 사용한 형태언어와 재료는 진정으로 소박하기에는 너무나 기술 지향적이었다. 바로 이 당시가 미국이 아무런 사전예고 없이 대서양 비키니 환초 섬에서 원자폭탄 폭발실험을 할 때였고, 또한 미국과 소련이 서로 먼저 우주로 나가려는 경쟁이 절정에 달하였던 때였으며, 이때 건축 자체도 분명히 미래지향적인 면을 띠고 있었다.

1세기나 지속되어온 건축주와 건축가 사이의 상호작용은 여러 건축 시기나 유행마다 계속되었지만, GM 연구실험동을 건립하는 데 다시 작동되었다. 즉 이 건물들은 담당해야 할 기능과 고급 역할을 수행해야 했으며, 또한 말할 필요도 없이 건축주와 이들이 만들어내는 생산품들의 기술적 전문성과 미래지향적 태도를 표현하도록 디자인되어야 했다.

상호작용 REACTIONS

미국이 유럽을 만나다 USA meets Europe

철과 유리라는 주제를 가장 완벽하게 적용한 건축물은 아르네 야콥센Arne Jacobsen이 덴마크 뢰도브레Rødovre에 설계한 시청사(1954-56)였다. 사리넨의 제너럴모터스GM 복합 건물과 마찬가지로

에로 사리넨, 제너럴모터스 기술센터

미국 미시간 주 워렌, 1948-56

앞쪽의 제너럴모터스 연구동은 공장생산된 유닛으로 조립된 커튼월 파사드로 되어있는데, 같은 시대 미스 반 데어 로에의 철과 유리 건물들과 대조되게 (네오프렌 띠로 충진되고 에나멜로 도장된 금속 플레이트들처럼) 재료를 더욱 상상력 넘치게 사용하여 스타일을 발전시키고 있다. 건물은 쓰인 재료들 때문에 매우 여러 색으로 차이 나는 그림자들을 표현하고 있으며, 세장한 철제 골조가 수직 이동하면서 리듬을 만들어 내어, 여러 겹으로 층이 진 인상을 주고 있다. 건축 형태로 볼 때 연구동과 (뒤쪽의) 돔 모양 회의동은 제너럴모터스와 관련하여 기술적 전문성을 말해주고 있다.

앨리슨 & 피터 스미슨, 헌스탄톤중학교
영국, 노퍽, 1949–53

"수도와 전기는 더 이상 알 수 없는 구멍에서 나오지 않으며, 대신에 눈에 띄는 도관으로 연결된다. 헌스탄톤 학교건물은 비록 유리와 타일, 철재, 콘크리트로 만들어졌지만 그렇지 않은 듯 보이는 것이 아니라, 유리와 타일, 철재, 콘크리트로 만든 것이어야 한다." 이러한 언급으로 앨리슨과 피터 스미슨은 브루탈리즘 철학을 최초로 공식화하여, 1970년대 초반에 강한 영향을 끼쳤고, 재료와 시공, 기능상의 '틀림없는brutal' 정직성을 주장하였다.

이 건물은 수직방향이 아니라 수평방향으로 펼쳐 있다. 그리드가 엄격히 3층 건물을 분절하고 있다. 서로 직각을 이루도록 분관 건물을 배치하였고 역시 엄격히 그리드 시스템을 따르고 있다. 행정동은 층고도 높고 길며, 뒤에 놓인 강당동에 유리복도로 연결되어 있고, 거의 대부분 대형 판유리로 덮여 있다. 극히 소박하고 그렇지만 아주 우아한 건물 외부의 형태언어가 그대로 실내로 이어진다. 반짝거리는 철제 난간과 반사되는 유리 난간 벽이 있는 자주식 계단이 그 예이다.

젊은 세대 건축가들은 미스 반 데어 로에의 건물에 본격적으로 도전하였으며, 야콥센도 마찬가지였으며 그러나 급진적으로 그리고 형태상 아주 다른 방식으로 도전한 사람들은 앨리슨과 피터 스미슨Alison & Peter Smithson 부부였다.

영국의 노퍽Notfork에 지은 헌스탄톤중학교 Hunstanton School(1945–53) 설계는 미스 반 데어 로에의 철골조 건물 개념을 떠올리게 한다. 그러나 야콥센의 엄격한 축성 배치와 달리 학교는 비대칭 평면이다. 더욱이 유리와 철재만을 쓰지 않

고, 철골구조를 벽돌로 피복faced with brick하고 있다. 많은 사람들이 얘기하고 있는 이 학교의 결정적으로 혁신적인 요소는, 물이나 전기 등등의 모든 도관과 설비 배관이 완전히 노출되어 있다는 것이다. 그러나 모든 것을 노출시키고 건물의 기술 모두를 숨기지 않는 재료에 대한 무조건적인 정직성은, 바로 미스 반 데어 로에의 세심하게 균형 잡힌 미학적 건축을 스미슨 부부가 벗어나는 바로 그 정점이 되고 있다. 이는 20세기 건축의 새로운 전환을 알리는 것으로서 1960년대와 1970년대의 표상이 된 소위 '브루탈리즘 Brutalism'이었다.

조각 같은 건축
ARCHITECTURE AS SCULPTURE

나선형 미술관 Spirals of art

프랭크 로이드 라이트는, 가장 유명한 유고작인 솔로몬 R. 구겐하임 미술관Solomon R. Guggenheim Museum(첫 계획안은 1943년)이 완성되었을 때, 미국이나 유럽건축에 발자국을 남기게 되었으며, 반세기 이상이나 수많은 젊은 건축가들에게 영향을 미쳤다. 이 미술관은 건축주가 수집한 근대미술을 대중에게 공개하려고 지어졌다.

19세기 초부터 미술관은 건축가가 의뢰받는 가장 중요한 건물유형 중의 하나였다. 통치자나 귀족들은 중세시대에서 18세기에 이르기까지 자신의 즐거움이나 교양을 위해 사설 미술관을 세웠다. 그러나 1800년경부터는 중산층도 예술에 관심을 두기 시작하였다. 파리 루브르궁이 미술관으로 개조되고, 카를 프리드리히 쉰켈의 알테스 무제움Altes Museum이 근대 미술관 문화의 모

아르네 야콥센, 뢰도브레 시청사
덴마크 코펜하겐 근처, 1954–56

이보다 우아하게 딱 들어맞는 건물은 없었다. 야콥센의 뢰도브레 시청사는 철과 유리로 시공된 구조물 중 가장 완벽한 예였다. 또한 나무나 벽돌 같은 천연 재료나 여러 색채를 선호하여 사용하는 것이 지배적이었던 덴마크 건설 관습을 날카롭게 거부하였다. 또한 이 건물은 '시청사'라는 개념을 완전히 새롭게 해석하였다. 보통은 비밀스런 칸막이로 구획하여 행정업무를 숨기는 것에 반하여, 야콥센은 지자체를 위해 완전히 유리로 덮인 의회 홀을 세워 민주주의를 눈에 띄게 보여주고 있다.

델이 되면서 이후 다른 미술관 건립이 뒤따랐다.

이런 배경 아래 바로 70세의 프랭크 로이드 라이트는, 예술 거대도시로 한참 떠오르고 있던 뉴욕에 미술관 설계를 솔로몬 구겐하임에게 의뢰받게 되었다. 그런데 그 정교한 설계조건을 따르기가 너무나 어려웠다. 즉 새로운 미술관은 그 어느 것과도 다른 것이어야 했다. 실제로 라이트가 찾아낸 해결책은 매우 보기 드물고 완전히 독특하였다.

꼭짓점이 땅 속에 묻힌 역 원뿔모양으로 건물 주체가 거꾸로 서있어, 건물 자체가 조각이었다. 그림을 감상하려면 관람객은 우선 엘리베이터를 타고 건물의 최상층으로 올라가야 한다. 관람객을 이끄는 관람동선은 거대한 나선을 그리며 서서히 아래로 내려간다. 이 나선은 창 없는 원뿔 모양 외부형태에서 이미 알아 볼 수 있다. 따라 내려가는 램프ramp는 밝고 아트리움 같은 내부 중정으로 접근되며, 얇은 유리 돔으로 덮인 건물 중앙부에 이른다.

라이트 사후에 완공되고 개관된 이 미술관이, 구겐하임이 수집한 그림들을 보기에 과연 충분히 미술관다운 장치였는지에 대해서는 많은 반론이 있어왔다. 그러나 라이트는 이상적인 형태언어로써 20세기 초반의 건축비전을 떠올리는 가장 독특한 건물을 창조하였으며, 미술관에 소장된 추상화와 완전히 일치한다는 사실은 결코 부인할 수 없다.

르 코르뷔지에 LE CORBUSIER

새로운 공동체- 위니테 다비타시옹

The new community-the Unité d'habitation

비록 유엔건물들이 르 코르뷔지에의 원래 계획안에 따라 지어졌지만, 다른 건축가들이 디테일하게 계획하여 완공하였다(60쪽 참조). 그렇지만 르 코르뷔지에는 위대한 건축가이자 아방가르드의 선동자였으며, 또한 20세기 가장 중요한 건축가로서 그의 중요성을 확인했던 여러 프로젝트들을 유럽의 공공 무대에 올려놓았다.

일찍이 1920년대에는 일상적인 주택난 때문에 많은 건축가들이 주택 건설과 공동주거계획 housing scheme에 열중하였다. 이에 건축가들은 더욱 맑은 공기와 많은 일조량을 얻기 위한 아파트를 설계하였고 시공방법의 합리화를 최우선 계획으로 내세웠으며, 이는 공동주거를 계획하여 세탁실이나 옥상 정원 같은 공동시설을 제공한다는 사회적 요구와도 잘 들어맞았다.

르 코르뷔지에 자신도 1935년 펴낸 저서 『빛나는 도시La ville radieuse』에서 제시하였던 도시계획 이론 속에서, 집합주거 문제에 적극적으로 관여하였다.

르 코르뷔지에의 마르세유Marseille 위니테 다비타시옹Unité d'habitation(66쪽 참조)은, 1947년에서 1952년 사이에 지어졌으며, 단일 건물 안에 살고 있는 거주자들의 매우 다양한 요구들을 만족시키는 복합적인 설계였다. 위니테 다비타시옹은 호텔, 옥상정원, 어린이 놀이풀장, 보육원과 쇼

르 코르뷔지에, 노트르-담-뒤-오(롱샹 성당)
프랑스 보주 롱샹. 1950-55

거칠게 타설한 서너 피트 두께의 벽(실제로는 이중벽)은 내부의 묵상적인 공간을 감싸기 위해 안쪽으로 구부러져 있다. 버섯의 삿갓 같이 매달린 거대한 지붕은 유리가 삽입된 좁다란 틈으로 벽과 분리되어 있어 극적으로 가볍게 보이고, 마치 떠 있는 듯하다. 벽에 깊숙이 삽입된 다양한 모양과 색깔의 창문들은 예배의식의 절정을 이어가고 있다.
순례성당은 조각처럼 매우 표현적이기 때문에, 언뜻 보기에는 당시 르 코르뷔지에가 지은 합리적인 아파트 블록과 전혀 관련이 없는 듯하다. 그러나 위니테 다비타시옹이 거주하는 장소라는 합리적인 개념을 재료 형태에 주었듯이, 롱샹도 종교적 목적에 맞는 기능적이고 감성적인 요구를 해석해 내고 있다. 이 두 경우 모두 건물에 대한 요구사항을 철저히 충족하고 있다.

핑센터가 포함된 매우 독특한 인프라스트럭처를 갖추고 있다. 건물과 옥상 구조물들의 건축형태는 거대한 원양 정기선을 떠올리게 하는데, 이는 이전 다른 작품 속에서도 가끔 르 코르뷔지에를 사로잡았던 실용적이면서 미학적인 형태라는 것은 결코 우연이 아니다. 위니테 다비타시옹은 마치 마르세유 항구 한 구석에 정박한 커다란 선박을 닮았으며, 이 선박은 상점과 공동시설들로 상당 기간 동안 거주자들의 다양한 요구에 대응하였는데, 바로 이런 방식으로 집합주거에 대한 르 코르뷔지에의 생각을 보여주고 있다.

위니테 다비타시옹에는 주호가 370개이고, 한 층에서 서너 층에 걸쳐 있으며, 복잡한 평면 그리드에 따라 서로 연관되며 배치되어 있고, 이는 파사드의 분절에서도 살펴 볼 수 있다. 미국 마천루 전면의 다소 단조로운 그리드와는 달리, 위니테 다비타시옹의 파사드는 그 자체가 그래픽 아트 작품이다. 파사드에서 유리 덮인 틈처럼 보이는 층간은, 위니테 다비타시옹 내부에 있으면서 거주자의 요구에 대응하는 쇼핑가의 존재를 알려준다. 표정이 풍부한 콘크리트 구조물인 옥상 경관은, 건물에 기술지향적인 분위기를 더해주고 있다.

콘크리트 조각 Sculptures in concrete

위니테 다비타시옹은 재료사용에서도 새로운 기록을 남겼다. 소위 제치장 콘크리트raw concrete, 즉 베통 브뤼beton brut는 르 코르뷔지에 건물 없이는 생각해 볼 수도 없지만, 이 건물로 더욱 독특한 특성을 갖게 되었으며, 다른 재료와 마찬가지로 파사드에 뿌리를 내리게 되었다.

르 코르뷔지에가 남긴 후기 작품 전체에서는 모더니즘 언어를 자유로이 일탈하고 이후 세계적인 규범이 되었던 것을 찾아볼 수 있다. 이는 이후에도 계속 발전되었고 다른 건축가들의 작업에도 중요한 자극을 주었다. 특히 르 코르뷔지에가 사용한 '베통 브뤼(제치장 콘크리트)'는 탄게 켄조Tange Kenzo(83쪽 참조)와 루이스 칸과 같은 건축가들에게 중요한 자극이 되었고, 이는 1960년대 브루탈리즘Brutalism(69쪽 참조)으로 구체화되었다.

르 코르뷔지에 작품 속에서 베통 브뤼의 발전은, 노트르담 뒤 오Notre-Dame-du-Haut 성당으로 계속 이어졌다. 이 성당은 1950년에서 1955년 사이에 지어졌으며, 20세기 가장 중요한 교회 건축물 중의 하나가 되었다. 여기에서는 당시 르 코르뷔지에가 설계한 사각형 유리 마천루에서 볼 수 있던 차분하고 명쾌한 물성materialism이 전혀 보이지 않는다. 적절한 기술이 가해져 세계 어느 곳에서나 설 수 있는 표준화되고 전형화된 건물 대신에, 르 코르뷔지에는 롱샹Ronchamp에 아주 특이한 콘크리트 조각을 창조해냈으며, 그 강력한 시각적 효과는 이루 말로 표현할 수 없었다.

이 건물 외부에서 볼 때 가장 두드러진 특징은 지붕이다. 지붕은 벽에서 멀리 뻗어 나왔으며 마치 모자의 챙처럼 가운데가 들려 있다. 불규칙한 창문들과 벽과 지붕의 곡선 형태들 때문에 내부공간은 표현주의적인 느낌이 든다. 만약 롱샹 성당의 표현주의적인 형태언어를 받아들일 수 있다면, 여러 선들과 빛이 가리키는 방식에 마음이 열릴 것이고, 눈으로 이 건축물을 받아들이고 이해할 수 있게 될 것이며, 점차 이해를 더해 간다면 성스런 공간으로서의 건물 기능을 표현하는 독특한 방식에서 명상적인 느낌마저도 얻을 수 있을 것이다.

새로운 도시 THE NEW CITY

르 코르뷔지에의 인도 찬디가르 도시계획

Le Corbusier's Chandigarh in India

건축가로서의 경력 말기에 일생 동안 품고 있던 아이디어를 감히 실천할, 즉 신도시에 대한 이상을 현실로 바꿀 기회가 르 코르뷔지에에게 주어졌다. 1951년부터 그가 사망한 1965년까지 르 코르뷔지에는 찬디가르 건설에 참여하였다. 당시 찬디가르는 새롭게 태어난 인도 펀자브Punjab 주의 행정 주도로 결정되었다.

인도는 20세기에 이미 신도시를 건설한 풍부한 경험이 있다. 영국 건축가 에드윈 루티언스가 영국 총독이 통치하던 인도에 새로운 수도인 뉴델리New Delhi를 만들어 냈다. 르 코르뷔지에는 루티언스의 인상적인 고전주의나 고전주의 형태언어를 쓰지 않고 기념성을 어떻게 자신의 언어로 옮길지를 알고 있었다. 인도건축과 인도 생활방식을 르 코르뷔지에 자신이 받아들이고, 이를 모더니즘의 특정 형태어휘와 혼합하였다.

르 코르뷔지에는 제인 드류Jane Drew, 맥스웰 프라이Maxwell Fry, 그리고 그의 평생 동료였던 피에르 잔느레Pierre Jeanneret와 함께 찬디가르 건물들을 실현해 나갔다. 도시의 중심에 행정청사와 고등법원 그리고 주 의사당 건물을 세웠다. 르 코르뷔지에는 다시 한 번, 롱샹에서와 같이 콘크리트를 표현적으로 사용하여 위니테 다비타시옹 스타일로 조각 같은 옥상 경관을 만들어 냈다.

그러나 건물 저마다의 뛰어난 특성에도 불구하고 프로젝트는 실패할 운명이 명백하였다. 1947년 독립을 얻은 '신생 인도New India'의 상징으로 계획되었지만, 르 코르뷔지에의 천재적인 작업은, 걷기 이외에는 운송수단이 없어 사람들 대부분이 걸어 다니던 현세에서, 미래를 위한 작업이었으며 또한 자동차에 걸맞는 도시 비전이었기 때문이다. 아무리 르 코르뷔지에라는 수완 좋은 건축가라고 할지라도 찬디가르의 인도적 현실에 그의 드높은 건축 비전을 이식할 수는 없었다.

신세계를 표현하는 건축: 브라질리아와 니마이어의 계획 Architecture as the expression of a new world: Brasilia and Niemeyer's plans

1945년 브라질에 민주주의가 뿌리를 내렸을 때, 새로운 시대로의 약진을 또한 가장 특별하게 건축으로 상징화하였다. 1950년대 중반, 공산주의 신념을 가진 건축가 오스카 니마이어(포르투갈 원어로 오스카르 니에메예르Oscar Niemeyer)와 도시계획가 루시우 코스타Lúcio Costa가 대통령 쿠비체크Juscelino Kubischek의 지원 아래 라틴 아메리카 내륙에 새로운 수도를 계획하였는데, 이곳이 브라질리아Brasilia가 되었다.

도시는 1956년에서 1963년 사이에, 인구 50

만 명을 수용하며 내륙지역 개발의 출발점으로 선택된 위치에 건설되었다.

진보성과 근대성을 나타내려고 도시는 비행기 형태로 표현되었고, 도시지역은 조종석과 동체 그리고 날개의 3부분으로 나뉘어져, 각각에 저마다 특별한 기능인 정부, 행정, 거주 기능이 할당되었다.

새롭게 창조된 도시에서 건축형태상 그리고 기능상 중심이 되는 곳은 '삼권 광장Square of the Three Powers'(66쪽 참조)이었다. 니마이어가 설계한 하원 건물은 접시모양의 구조물로 광장에 얹혀 있고, 상원 건물은 이와는 반대로 돔 형태였다. 이 둘 사이에 측면이 평판Slab 모양으로 세장한, 마천루 한 쌍이 올려져 여기에 정부청사가 입주하고 있다. 건물의 기념성monumentality과 축성axial quality이 바로 니마이어 건축의 특징이다.

이 비전어린 프로젝트는 처음에는 매우 칭송받다가 나중에는 비난받았으며, 결국에는 브라질의 국가 현실에 따라 희생자로 전락하였다. 건물들을 정말로 튼튼하였고 매우 멋진 경관을 만들어 냈지만, 건축가는 브라질 내륙의 기후조건을 그다지 고려하지 못했다. 더욱 심각한 것은 이 비행기 모양의 도시 중심이 그 도시주변 시골 사람들에게 미친 자석효과였다. 도시는 현재 다소 공식적인 슬럼slum에 둘러싸여 있으며, 2백만에 달하는 거주민들을 집어삼키고 있다. 이것은 지금 거주민의 4분의 1 정도를 수용하려고 계획된 브라질리아의 원래 도시하부구조를 압박하는 명백히 치명적인 결과를 낳고 있다.

오스카르 니에메예르, 루시우 코스타, 성당
브라질리아. 1956–63

1956년 브라질 대통령 주셀리누 쿠비체크는 리우데자네이루에서 600마일(1,000킬로미터) 동북쪽으로 떨어진 아마존 밀림 속에 새로운 수도건설을 추진하였다. 루시우 코스타가 새 도시의 마스터플랜을 설계하였으며, 오스카르 니에메예르가 건축 책임을 맡았다.

원형으로 배열된 21개 지지체가 내부로 굽어지며 넓어지다가 정상부 광륜에서 만나며, 건물 내 하부로 빛을 가득히 감동 있게 투사하여 빛나는 색채로 적시고 있다.

브라질리아에 오스카르 니에메예르가 설계한 건물들, 특히 두 개의 콘크리트 사발이 있는 의사당(66쪽 사진), 수면 위에 '떠 있는' 대통령궁, 그리고 힘찬 콘크리트 선들이 뻗어 내린 성당 모두는 환상적이며 또한 웅장한 특성 때문에 근대건축의 최고 걸작들로 자리매김하고 있다.

20세기 도시계획 1930-2000

Designs for the city of the future
TOWN PLANNING IN THE 20TH CENTURY
1930-2000

20세기에는 도시 건축에서 도시 계획으로 전환되었다. 이러한 전환은 전통 도시가 그 한계를 들어 낸 산업혁명의 결과로서 초래되었고, 새로운 이상인 근대도시를 낳게 하였다. 이러한 이상을 추구하려는 시도는 1980년대에 이르러 실패에 이르게 되고, 전통 도시에 대한 향수를 이끌어냈다. 그러나 20세기 말에는 경제 환경의 변화로 도시나 도시계획의 영향 가능성에 의문이 제기되었고, 도시계획이 다시 한 번 의제로 등장하였다.

근대주의 도시

전원도시와 '유소니아Usonia' 계획(40-41쪽 참조)이 전원에 근거를 두고 있는 반면에, 프랑스 건축가이자 사회주의자였던 토니 가르니에는 근대적인 산업도시 모형을 자세하게 계획하였다. 가르니에가 1904년에 '산업도시Cité industrielle'라는 이름으로 제시한 계획안에는 서로 다른 기능, 예를 들어 주거, 업무, 위락, 교통 등으로 각기 구분된 구역들이 있다. 교통체계는 자동차 도로와 보행자 도로로, 그리고 통과도로와 진입도로로 나누어져 있다. 녹지대는 도시 지역의 절반 이상을 차지하고 있다. 이 도시의 중심부에는 산업기술들을 사용해 철근콘크리트로 지은 단순한 아파트 주동들이 공기와 햇빛을 충분히 받도록 느슨하게 조합되어 자리잡고 있다.

가르니에는 근대주의 도시계획가로서 개념적으로 예비 작업을 하였으며 이러한 가르니에의 건축형태 디테일이나 계획 개념들은 도시계획의 기본원칙이 되었다. 그러나 이런 아이디어를 가장 이상적으로 힘 있게 획기적으로 발전시킨 것이 르 코르뷔지에의 야심차면서도 추상적인 계획안이었다. 1922년에 르 코르뷔지에는 '현대도시Ville contemporaine' 계획안을 제안하였다. 가르니에의 도시가 규모도 작고 건물 높이도 최고 3층 이하였던 반면에, 르 코르뷔지에는 60층 높이에 이르는 건물들이 주거지역에 집합된 300만 명을 위한 주거를 공급하려 하였다. 3년 뒤 르 코르뷔지에는 실제 대지에 디자인을 처음으로 적용한 '브와젱 계획Plan voisin'으로 대체하였다. 르 코르뷔지에는 파리 옛 역사지구를 200미터(650피트) 높이의 18개 고층건축물로 대체하는 안을 제시하였다. 이 제시된 선언문의 이론적 기초는 제4차 CIAM(Congrès Internationaux d'Architecture Moderne)에서 마련되었으며, 1943년 르 코르뷔지에와 프랑스 CIAM 그룹에서 출판하였다.

이 '아테네 헌장Charter of Athens'은 새로운 도시에 대한 선언문이었다. 전통적인 도시들이 도시와 농촌의 경계를 좁히고, 행위들을 그 영향에 따라 공공영역과 사적 영역으로 나누고, 공공가로와 광장, 공원들과 사적 건물들을 구별하고, 도시계획을 건축계획과 분리한 반면에, 근대주의 도시는 국가중앙위원회에서 구성한 개방된 단일 거주공간이었다. 과거 도시에서 볼 수 있는 모든 교통수단에 개방된 복합용도의 도로 체계 대신에, 근대주의 도시는 기능에 따라 위계적으로 분리된 교통체계가 있다. 주거문제도 과거 도시들의 위기와 결코 분리될 수 없었고 사사로운 투기업자들의 손에서 벗어날 수 없었지만, 이제는 전체 지역에 대량 공동주거를 세움으로써 동일한 표준과 똑같은 빛과 공기, 일조가 모두에게 공급되도록 건설하였다.

아테네헌장은 이후 수십 년 동안 세계 도처에서 모든 신도시나 건축물 계획의 가이드북이 되었다. 이는 '새로운new'을 강조하며 제2차 세계대전 이후에 건국된 나라들이 특별히 선호하였다. 예를 들어 동베를린의 도심부는 집단적 사고의 결과 중의 하나였다. 베를린 프랑크푸르터 알리Frankfurter Allee 양편의 폐허 위에, 에드문트 콜라인, 베르너 두치크, 요제프 카이저 등은 1959년에서 1965년 사이에 최초의 사회주의 복합주거단지를 건설하였다. 반면에 서베를린에서는 그 가치가 의심스러운 수많은 대량주거 계획들이 수행되었으며, 1970년대 중반까지 수만 개의 독립 주호가구가 있는 단지들이 세워져 옛 임대주택 지구가 헐려 나갔다. 여러 세기에 걸쳐 개발된 도시 중심부는 자동차로 접근 가능하게 한다는 명목 아래 계획적으로 재건축되었고, 자동차 전용도로가 구도심의 심장부를 관통하게 되었다.

그러나 완전히 새로운 도시를 건설할 기회는 흔치 않았다. 판디트 네루는 인도 찬디가르 주도를 현대도시의 상징으로서 계획하려고, 1951년에서 1961년까지 르 코르뷔지에에게 의뢰하였다. 르 코르뷔지에는 약 250에이커(100헥타르)의 공간 위에 통과도로의 그리드를 깔았다. 그리고 그 그리드 사이에 인도 사회에 존재하는 13개의 카스트 계급 모두가 분리되어 살 수 있는 15만 명의 주거지를 계획하였다. 모두가 공유하는 유일한 지역은 동서축을 따라 선상으로 계획된 상업지구였으며, 이 중심에 도심부를 두었다. 주행정부는 이와는 분리하여 도시 북쪽의 독립된 지역에 두었다.

비슷한 개념으로 브라질은 리우데자네이루에서 1,000km(600마일) 떨어진 플라나티나의 고원에 새로운 수도를 건설하였다. 1957년 새로운 수도를 계획하는 설계경기에서 루시우 코스타가 당선되었다. 그 4년 후 오스카르 니에메예르가 최고로 중요한 건물들을 건립하였고, 1961년 브라질리아가 개도되었다. 코스타의 계획은 자동차 전용도로가 4×10열을 이루는 매우 단순한 그리드를 기본으로 하고 있다. 동서축은 2.2km(1.4마일) 길이에 350m(1,150피트) 폭이며, 이를 따라 모두 주거건물, 관청, 스포츠시설과 군사시설, 호텔, 극장들이 놓여 있다. 이는 모두 소위 '삼권광장'에서 끝나며 이곳에는 38층의 행정청사, 대접 모양의 하원건물, 돔 형상의 상원건물과 법원, 외국대사관 그리고 성당(65쪽 그림)이 모여 있다. 이 상징적인 축과 직각으로 14km(8.7마일) 길이의 남북축이 이어지며, 그 측면에 주거복합지구가 녹지대에 둘러싸여 배치되었고, 사람들이 5, 6층의 평지붕 슬래브 건물에 거주하였다. 은행과 쇼핑센터는 두 개의 하이웨이 교차 지점에 위치하고 있었다.

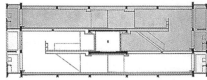

르 코르뷔지에의 마르세유 위니테 다비타시옹(1952), 3개 층의 단면은 2개의 주호를 보여준다(64쪽).

브라질리아는 근대도시계획의 실패를 보여주는 대표 사례다. 다만 주거문제를 푼 것만은 성공적이었다. 이외의 모든 면에서 도시계획의 목표에 다다를 수 없었다. 브라질리아의 도로체계는 1마일 거리를 도보로는 갈 수 없고 자동차로만 가도록 되어 있고, 그것도 6마일을 돌아가도록 하고 있다. 브라질리아에

브라질리아 삼권광장에는 오스카르 니에메예르가 설계한, 대접 모양의 하원 건물과 그 뒤 행정부 사무실을 입주시킨 초고층건물이 있다.

알바루 시자 비에이라, '봉주르 트리스테스Bonjour Tristesse': 아파트 블록을 '비평적으로 재건축'하여, 국제건축전시회(IBA)의 하나로 베를린-크러이츠베르크에 세웠다(1982-83년).

서 실현된 국제주의 도시계획 개념은 대지나 지역의 전통을 전혀 고려하지 않고 있다. 기능적으로 나누어진 도시는 자동차도로가 서로 교차되지만, 성장해나갈 시민 생활을 위한 곳이 전혀 없었다. 그것은 도시가 아니라 단지 건물들의 집합체일 뿐이었다. 수많은 개방공간에도 불구하고 사회화에 쓰일 곳이 전혀 없었다. 도시계획은 모든 제곱미터 단위까지도 브라질리아를 상세히 다루고 있었지만, 현재 도시거주민의 4분의 3은 결코 아무런 계획도 없이 퍼져나가는 위성도시에 살고 있다. 브라질리아로부터 얻은 주요 교훈은, 역사적으로 발전되어온 공간을 부여하는 대신에 새로운 것을 강요하는 도시계획의 노력은, 지속적인 발전의 기회를 처음부터 거부하는 것이라는 사실이다.

도시의 르네상스

그래서 도시계획 이론은 다시 전통도시를 되돌아보게 되었다. 이탈리아 건축가 알도 로시는 1966년에 펴낸 자신의 저서 『도시의 건축L'Architettura della Città』에서, 도시의 형태와 배치계획들은 모든 시기마다 가치가 있었다고 강조하고 있다. 특정 시기에 만들어진 용도라 할지라도 각 시기마다 적절한 것이었다. 알도 로시는 한 가지 예로, 루카의 플라카 델 마르카토Placa del Marcato in Lucca를 들고 있다. 그 타원 형태는 그 건물이 서있는 지점의 로마 원형극장을 바탕으로 하고 있다. 1970년대에 네덜란드 건축가인 렘 콜하스는 뉴욕이라는 메트로폴리스의 분석들을 펴냈다. 그의 책 『정신착란 뉴욕Delirious New York』에서 렘 콜하스는 혼합용도의 원칙을 칭송하였다. 사무소와 주거를 함께 수용하는 마천루는, 같은 지붕 아래 오락 공간도 역시 갖추고 있으며, 록펠러 센터(49쪽 사진)에서 볼 수 있듯이 자유로운 공간도 만들어 내고 있어, 렘 콜하스의 도시건축 원형이 되고 있다. 렘 콜하스의 1972년 그림인 〈갇힌 지구의 도시The City of Captive Globe〉에서는, 극히 다양한 건축 형태 표현들이 블록 시스템이라는 방법으로 어떻게 일체화된 도시 내에 갇힐 수 있는지를 보여주고 있다. 이 작품은 건축과 도시계획을 분리할 경우의 장점들을 보여주고 있다.

1977년 '마추피추 헌장Charter of Machu Pichu'이 작성되었다. 이는 아테네 헌장의 안티테제였으며, 다른 그 무엇보다도 역사적 건물의 보존, 도시 배치계획의 지속성, 다양한 용도들의 복합, 그리고 개별 교통보다 공공교통을 우위에 둘 것 등을 주장하였다.

이후로 도시계획은 더욱더 도시 내부로 집중하게 되었다. 1984년에서 1987년까지의 국제 건축전IBA; the Internationale Bauausstellung은 서베를린을 도시계획 아이디어의 진열장으로 바꾸어 놓았다. '조심스런 도시재건careful city renewal'이라는 표어 아래, 낡은 건물들을 추스르고 미래로 지속되는 가능성을 베를린 장벽의 그림자에 던지고 있다. 또한 '긴요한 복원critical reconstruction'이라는 표어 아래, 전쟁과 근대주의 도시계획으로 파괴되었던 도시의 원래 배치가 현대건축의 가치 있는 사례로서 다시 재건되었다. IBA는 도시 내부를 사람들의 거주장소로서 회복한다는 기본 프로젝트로서는 지극히 성공적이었다. 그러나 '도시'라는 프로젝트로 볼 때, 이는 단순히 공공당국의 보존일 뿐이며 공영주택만 지어지고 도시의 형태만이 만들어졌을 뿐이며, 그 실체인 도시생활을 만들어내지는 못하였다.

한편 스페인은 더욱 성공적이었다. 1981년에서 1993년 사이에 노력을 집중시킨 한시적인 법령 때문에, 바르셀로나의 수많은 광장들이 되살아났고, 나라 전체에 학교, 전차, 문화센터들이 건설되었다. 프랑코의 독재정치 말기에, 그동안 억제되어 왔던 공동체가 도시공간에서 그 권리를 다시 주장하기에 이르렀다.

오늘날의 상황

20세기 말, 사회의 개인화the indivisualization of society는 커뮤니티 프로젝트로서의 도시개념에 다시 한 번 의문을 던지게 한다. 경제자유화는 도시당국의 도시계획 독점을 약화시키고 있다. 자유화에 따른 재정상의 위기 때문에 도시개발에서 이미 주도적인 역할을 상실하였으며, 이는 개별투자가들의 역할을 조장하였다. 도시가 어쨌든 계획되고 있다고 의심된다면, 미학적 개념은 그 배경 속에 숨게 된다.

1990년대 중반 독일의 디터 호프만-악셀름은, 위와 같은 조건에서 계획하는 것이 과연 가능한가 그

리고 도시를 위해 계속 개발을 보장할 수 있는가에 대한 의문을 심사숙고해 보았다. 그의 책 『도시 재건축 가이드라인Anleitung für den Stadtumbau』에서, 도시계획에 대규모로 개입하는 것을 반대하였다. 즉, 도시의 기본구조는 역사적으로 부여된 가로배치 속에 이미 존재하기 때문이라고 하였다. 작은 단위 구조에서 작업한다면 모든 도시계획 목표가 달성되고 어느 부분도 다른 비용을 발생시키지 않음을 보장할 수 있다고 하였다. 19세기 사기업의 지나친 비중과 20세기 국가의 지배를 넘어서, '제3의 도시third city'는 상호 협력에 바탕을 두어야 한다고 주장하였다.

소규모 협동 개발이라는 그의 주장은 도시가 대형 변화에 직면했을 때 완전히 이상주의적임이 드러났다. 전 세계적으로 개발되는 곳은 도시의 중심부가 아니라 주변부였기 때문이다.

동남아시아 지역에서 가장 폭발적으로 도시가 확장되고 있다. 예를 들면 홍콩과 마카오, 광동을 잇는 삼각지대는 상상할 수 없는 속도로 거대 밀집지역으로 융합되고 있다. 광동지역의 거주민수는 겨우 5년 만에 두 배가 되었다. 홍콩의 위성도시인 쉔젠은 20년 전보다 인구가 115배 증가하였다. 이러한 거대 성장은 거대한 건물 프로젝트들을 야기한다. 마카오는 크기가 60㎢(23제곱마일)에 이르는 면적의 수면을 메꾸는 대지 간척사업을 계획하고 있다. 또한 홍콩과 광동 사이에는 6개 정도의 인구과잉 도시들이 계획되었고, 해안의 모든 만들이 쓸모 있는 건축 대지를 확보하기 위해 메워지고 있다. 적어도 40층 높이의 고층 주거에 30만 명의 사람들이 거주하게 될 것이다. 이러한 성장은 믿기지 않을 정도의 인구집중을 초래하여, 유럽 대도시에 비해 홍콩에서는 1제곱야드 당 20배 이상의 주민이 밀집되어 있다. 그 결과로 생긴 문제들 중, 예를 들어 교통문제는 19세기 유럽도시들의 위기를 생각나게 한다. 역사는 그 자체로 반복되는 듯하다.

엄청난 속도와 강력한 도시문제에 직면할 때마다, 백 년도 더 지난 과거에 개발된 도시계획 방법으로 이를 다루는 것이 과연 타당할지 의심이 든다. 동남아시아 도시들은 새로운 거대도시metropolis 모델의 실험지대가 되고 있다. 즉, 카오스 도시the chaos city이다. 이 '도시'들은, 동일한 건물 유형으로 표현되는 거주민의 집단성collectivity으로 구성되지 않는다. 상충되는 이익에 직면하여 개방되어 있지만 일시적인 기회 범위 내에서이다. 그러한 도시에 내재되는 영구적인 성장과 변화라는 프로세스는 계획될 기회조차 없다.

2000년경 홍콩의 토지 간척계획들. 그림 왼쪽에는 란타우에 면한 바다 위쪽 섬에 신공항이 있다.

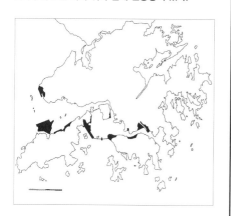

비전과 현실
1960-1970

**Vision and Reality
1960-1970**
"The Swinging Sixties"
"요동치는 60년대"

사회주의 대 자본주의
SOCIALISM VERSUS CAPITALISM

혁명합시다 Let's make a revolution

롤링 스톤즈Rolling Stones나 비틀즈Beetles의 터질 듯한 기타 음악과 베이스 리듬에 그리고 우드스톡 페스티벌Woodstock Festival에서 지미 핸드릭스Jimi Handrix 버전의 미국 국가 소리에, 전 세계의 젊은이들은 점점 '시위 세대Protest Generation'가 되어갔다. 남자들은 자신의 머리를 길게 기르고, 한때 의무적이며 형식적이었던 와이셔츠와 넥타이를 벗어던지고 대신에 다양한 색깔의 바틱 티셔츠를 입었다.

버클리Berkeley에서 소르본Sorbonne에 이르기까지 대학 캠퍼스는 시위하는 지성인 선봉대를 길러냈다. 그들의 불평은 처음에는 공부에 대한 불만족스러운 조건들이었지만, 점차 시위는 정치적으로 변해 갔고, 서구 세계의 전통적인 사회 가치에 등 돌리기 시작하였으며, 실제 일상생활에서 사회적 평등을 가져와야 할 사회구조나 조직이 때때로 오직 겉으로만 민주적임을 비난하였다.

저항이 불붙은 것은 주로 미국의 상황이었다. 미국 시민 권리주장의 지도자였던 마틴 루터 킹Martin Luther King은 마하트마 간디Mahatma Gandhi의 예를 따라, 미국 특히 남부에서 여전히 차별받고 있던 흑인들의 동등한 권리 이행을 요구하는 평화 시위를 선동하였다. 그러나 오래지 않아 시위는 베트남에서 미국의 역할에 반대하는 조류로 돌아섰다. 베트남에서는 공산주의가 주입된 북쪽에 대항하여 친서방인 남쪽을 대신하여 미국이 대리전을 벌이고 있었다.

또한 동구진영에서는 개혁 운동이 널리 확산되었다. 일상의 억압과 이렇게 행동하고 저렇게 생각하라고 끊임없이 이야기 듣는 것에 대항하여, 체코슬로바키아 시민들은 인간의 얼굴을 가진 사회주의를 요구하였다. 표현의 자유가 주어지자 사람들은 무제한의 민주화를 요구하였으며 이는 '형제' 국가를 이끄는 지도자의 저항을 불러일으켰다. 급기야 1968년 8월 바르샤바 조약에 따라 '프라하의 봄'의 희망을 탱크로 짓밟았으며, 냉전 속의 세계를 다시금 공공연한 군사적 갈등을 일으킬 직전까지 몰고 갔다.

한편 당시 뉴욕은 예술의 수도로서 성장하였고, 그 곳에서 앤디 워홀Andy Warhol은 캠벨 수프Campbell's Soup 깡통을 실크스크린으로 전사하여 예술작품으로 만들었다. 누구라도 미디어에 노출된다면 15분 정도의 명성을 얻을 수 있다고 워

1960 식민통치가 종식되어 아프리카 17개국이 독립. 미국과 소련의 과도한 핵파괴 잠재력(핵과잉) 때문에 핵은 교착상태에 빠짐. 제네바에서 10개 열강들이 군비축소 회담 개최.

1961 8월 13일 동독이 동서 베를린 사이에 장벽을 쌓아올림. 피임약이 개발되어 유통됨. 미국 영화배우 게리 쿠퍼 사망.

1962 쿠바 위기 발발. 러시아 로켓들을 해체하라는 케네디의 요구에 후르시초프가 동의. 벤자민 브리튼의 〈전쟁 레퀴엠War Requiem〉 초연. 마릴린 먼로 자살.

1963 미국 대통령 J. F. 케네디가 11월 22일 댈러스에서 암살됨.

1964 아라파트가 알파타al-Fatah(팔레스타인에서의 이스라엘 축출 운동)의 지도력 획득. 이집트 아스완 댐 건설에 맞추어 아부심벨 사원을 구조하려는 국제운동 전개. 영국 영화 〈A Hard Day's Night〉의 사운드 트랙으로 비

틀즈의 3번째 앨범 발매.

1965 노벨평화상이 국제아동원조기구인 유니세프UNICEF에 수여됨.

1966 중국에서 마오쩌둥이 (그 무엇보다도) 융통성 없던 공산당 조직에 반대하여 소위 '문화혁명'으로 젊은이들을 선동(1969년 종료). 서구에서는 베트남전쟁에 반대하는 학생들의 소요 시작. 인디라 간디가 인도의 수상이 됨.

1967 주변 아랍국을 대상으로 이스라엘의 6일 전쟁 발발. 사회주의자이며 혁명 리더로서 전 세계 젊은 혁명가들에게 우상이었던 에르네스토 체 게바라Che Guevara 사망. 남아공 케이프타운에서 세계 최초로 심장이식 수술 성공. 헤르베르트 폰 카라얀이 최초의 잘츠부르크 페스티벌 개최.

1968 소련, 폴란드, 불가리아, 동독의 군대가 체코슬로바키아를 침공하여 개혁의 도정을 중단시킴. 미국 인권운동 지도자였던 마틴 루터 킹과 상원의

"이는 한 인간에게는 작은 한 걸음이지만, 인류에게는 위대한 약진이다." 달 표면에서 닐 암스트롱의 말.

원 로버트 케네디가 암살당함. 내전으로 고통받던 나이지리아 동부 비아프라에서 기아 발생. 로마클럽에서 '성장의 한계Limits of Growth' 보고서 발표.

1969 미국의 우주탐사계획의 하나였던 아폴로 11호의 닐 암스트롱이 최초로 달 표면을 걸음. 미국 우드스톡에서 팝 페스티벌 개최됨.

시위자가 진입하는 소련 탱크를 향해, 피로 얼룩진 체코슬로바키아 국기를 들고 있다. 1968년 프라하.

르 코르뷔지에, 카펜터 시각예술센터

미국 매사추세츠 케임브리지, 하버드대학교, 1961

르 코르뷔지에의 마지막 주요 건물이자 미국 내 마지막 작업은 비교적 평범하였다. UN빌딩 프로젝트의 실패 이후 그리고 인도 찬디가르 도시계획으로 국제적으로 인정받은 이후, 르 코르뷔지에는 이 프로젝트에서 루이스 I. 칸과 후기 그로피우스 사이에서 균형 잡는 듯하였다. 대각선 격벽과 수평 플랫폼, 그리고 치솟은 벽과 떠있는 램프, 조각 같은 계단, 홀로 선 기둥 등으로 파사드를 구성하였으며, 시각예술학부 그 자체가 전시물이 되도록 한 것은 노출 콘크리트와 완전한 무장식이었다. 이는 일생동안 이를 깨우치도록 주장해온 건축가에 대한 보상이기도 하였다. 이 건물은 르 코르뷔지에 후기 건축개념의 선언문처럼 보였으며, 또한 왜 브루탈리즘이 재료의 진실성에 매진하여 마지막으로 콘크리트에 국한하고 있는지를 명백히 보여주고 있다. 어떠한 재료도 콘크리트만큼 모든 형태에 보편적으로 융통성 있는 재료는 없었다.

홀은 선언하였다. 마릴린 먼로나 마오쩌둥Mao Zedong 시리즈가 1960년대의 진정한 아이콘이 된 것처럼, 광고, 상표, 연예인뿐만 아니라, 무명의 사고희생자에 이르기까지, 워홀의 실크스크린 다중 전사 그리드들은 사람들을 흔들었다. 앤디 워홀과 로버트 라우션버그Robert Rauschenberg, 톰 웨슬만Tom Wesselmann이나 사진을 연재만화처럼 매우 큰 포맷으로 확대한 리히텐슈타인Roy Lichtenstein에게는 모든 일상이 예술적 실체가 되었다. 예술이 대중적이 되었다. 이를 '팝아트Pop Art'라 한다.

1960년대에는 사회주의 비전socialist vision이 온 세계에서 꽃피기 시작하였다. 비평에서부터 완전 부정에 이르는 다양한 관점에서, 생산 수단으로서의 사유재산과 개인소유권에 기반을 두는 자본주의 경제가 토론의 주제가 되었다. 마오쩌둥의 신생 중국이나 라틴아메리카의 혁명가 체 게바라Che Guevara와 피델 카스트로Fidel Castro뿐만 아니라, 마르크스나 레닌 또는 프랑크푸르트 학파의 사회주의 이론들을 개념적으로 수용하면서, 평등과 연대solidarity, 정의에 기반을 두는 사회주의 사회 이념이 널리 퍼졌으며, 이는 다시 건축과 생활양식에 영향을 미쳤다.

브루탈리즘 BRUTALISM

새로운 개방성 The new openness

일찍이 1920년대에 미국에서 루돌프 쉰들러는 사적인 영역에서의 공동거주를 새로운 방식으로 해결하려고 자신의 주택을 지어, 이를 주택설계에 반영하였다. 또한 같은 시기에 그로피우스 같은 건축가들은 유럽에서 공동주거 계획에 참여하고 있었으며, 이들은 사회주의자들의 사회관에 영향받고 있었다.

20세기 근대건축의 역사를 통틀어 가장 중요한 이상 중의 하나는, 건물을 지어진 그대로 그리고 쓰이는 방식 그대로 둔다는 원칙이었다. 철근콘크리트 구조의 내력 요소들을 판유리나 석재로 마감하지 않고 그대로를 드러냈다. 파사드의 비내력 부위들은 다른 재료들을 사용함으로써 또 다른 기능을 강조할 수 있었다. 재료들 사이의 대비는 건물의 각기 다른 부위의 구실을 미루어 짐작하게 해준다. 언제나 변화무쌍한 파사드 뒤에 구조를 숨기지 않는 정직한 건축honest architecture이라는 개념이 그 배경에 있다. 미국 건축가 루이스 칸Louis Kahn(71쪽 참조)은, 어떻게 만들어졌는가를 바로 보아서 알 수 있는 것이 곧 건축적으로 설계된 공간이라고 주장하면서, 이 원칙을 매우 명확하게 진술하고 있다.

루이스 칸과 달리 젊은 세대 중에서 영국의 스미슨 부부는, 후기 작품에서 위 원칙을 주장하였던 르 코르뷔지에를 다시 한 번 지지하였다. 브루탈리즘Brutalism이란 아이디어를 바로 르 코르뷔지에의 베통 브뤼béton brut(프랑스어로 '브뤼brut'는 '거친' 또는 '미완성된'이란 의미이다)라는 순수하고 노출된 콘크리트 사용에서 얻었다. 브루탈리즘은 일관된 스타일이 미학적이라기보다는 윤리적

오언 루더 파트너십 Owen Luder Partnership,
트리콘센터Tricorn Center
영국 포츠머스, 1966

브루탈한 브루탈리즘Brutal Brutalism : 트리콘 센터에는 오피스, 상점, 음식점 그리고 심지어는 아파트까지 포함되어 있으며, 사람들과 차들을 삼키고 있다. 기존 도시와의 접점은 주변도로에서 내려 다다를 수 있는 출입구를 통해서이다. 포츠머스 시 중심에 정박된 이 트리콘 복합건물은 자폐적 성향이었다. 이 거대 복합건물의 브루탈리즘적 효과는, 거푸집을 뗄 때 내어 거친 자체로 남겨진 콘크리트로 전체 건물이 마감되어 있다는 점에서 증가된다. 트리콘센터 같은 건물들이 브루탈리즘을 불러일으켰으며, 즐겨 사용하던 재료들은 센터가 완공되자마자 평판이 나빠졌다. 특정 건물유형보다는 특정 재료나 스타일이 도시로서는 덜 위험하다는 인식이 아직 완전히 활발해지지는 않았다. 트리콘과 같은 센터들은 계속 지어졌다.

인 개념에 기반을 둔 건축경향이었으며, 1970년대 중반까지 중요한 건축형태 표현 요소로 남게 되었다.

브루탈리즘이 미학적이라기보다는 윤리적 개념이라는 것은, 이 경향이 추구하던 솔직한 건축이라는 개념이 반드시 특정 재료 사용을 고집하지 않았다는 사실로도 알 수 있다. 목재와 벽돌이 철과 유리와 함께 사용되었을 때 그 구성원리가 아주 쉽게 나타나 보였다. 그러나 르 코르뷔지에의 영향 때문에 가장 시기적절한 재료는 콘크리트였으며, 브루탈리즘 건축을 이끄는 노릇을 하였다.

건물에 숨겨진 논리적인 원리를 표현하는 것이 가장 중요하였다. 이 원리는 결코 단순히 파사드에만 적용되지 않았고 평면에도 충분히 반영되었으며, 또한 가장 이상적인 경우로 건물 사용자의 요구에 기초하여 전개되었다. 브루탈리즘의 기본 원리들이 건축을 창조하고 받아들이는데 비록 엄청난 빛을 던졌지만, 실제로 최종 완성된 건축물은 그리 많지 않았다. 결국 이들은 건축가와 건축주 사이의 무조건적이고 동등한 합의를 전제로 하였을 뿐만 아니라, 실제로 수행 불가능했던 유행하는 모든 경향들에서 벗어날 수는 없었다. 왜냐하면 어느 누구도 시대정신이 부여한 구속에서 벗어날 수 없었기 때문이다.

브루탈리즘 지지자들은 매우 이론적인 자신들의 이상을 실제 건물로 거의 옮길 수가 없었다. 실제로는 외부세계와 자신들을 의식적으로 단절해 주는 듯한 육중한 콘크리트 형태가 솟아올랐으며, 이는 커튼월 유리 마천루의 매끈한 우아함이나 에로 사리넨Eero Saarinen의 강력한 표현에 대한 안티테제이기도 하였다.

콘크리트 표현 EXPRESSION IN CONCRETE

코너 대신에 곡면 Curve instead of corner

1945년 이전에는 비행기가 주로 군사적 목적에 사용되어 민간항공은 미미한 일이었지만, 1945년 이후에는 이러한 상황이 극적으로 바뀌었다. 항공의 선구자였던 루이 블레리오Louis Blériot나 라이트Wright 형제가 단지 100미터가량 날았던 시대는 이제 가까운 과거가 되었으며, 찰스 린드버그Charles Lindbergh의 최초 대서양 횡단은 비행 역사에서 머나먼 이야기가 되었다. 오랫동안 유일하게 대륙을 연결하는 특권을 누려왔던 원양 정기연락선의 자리를 항공기가 대신하게 되었다. 전에는 수일 걸렸던 여행거리가 이제는 불과 몇 시간으로 줄어들었다.

민간 항공은 1950년대와 1960년대에 엄청난 붐을 누렸다. 이 붐은 현재에도 계속되고 있으며 해마다 비행기 대수가 계속 증가하고 있다. 소비를 즐기는 세계에서, 비행기로 휴가나 업무출장, 여행을 떠나던 값비싸며 사치스런 이미지가 빠르게 사라지고, 모든 이들에게 가능한 일상사가 되었다. 머리 위로 당당하게 원을 그리며 날아가는 비행기를 부러운 마음으로 쳐다보며, 놀란 아이들이 손을 들어 공중을 가리키던 시절은 완전히 지나가버렸다.

항공 여행객들이 증가하면서 더욱 새롭고 현대적이며 무엇보다도 더욱 거대한 공항이 건설되기 시작하였다. 공항 건물들은 승객들이 편안하게 여행을 떠날 수 있도록 해야 했을 뿐 아니라 시대정신을 반영해야 했다.

1950년대에 만들어진 에로 사리넨의 제너럴 모터스 기술센터(61쪽 참조)는 단순한 장방형 유리 건축의 전형이 되었지만, 사리넨의 스타일은 50년대 말부터 변형되고 있었다. 안정된 형태 대신에 매우 뚜렷한 표현성expressivity을 띠기 시작하였다. 비록 완전히 다른 전제 속의 형태였긴 했

루이스 I. 칸 LOUIS I. KAHN

루이스 I. 칸은 1901년 에스토니아의 외젤(현재 사레마) 섬에서 태어났으며, 빛의 거장으로 알려져 있다. 칸의 작품은 형태상 기본적으로 기하학적이며, 기하학적 명료함geometric clarity으로 장중한 소박미를 주고 있다. 빛을 다루는 칸의 정제된 수법은 그가 다룬 모든 건물에 적절한 분위기를 부여하며, 놀랄 만한 공간 효과를 만들어 내고 있다. 칸은 1905년 미국으로 이주했으며, 제2차 세계대전 직후까지는 국제적인 이목을 끌지 못하였다.

칸은 펜실베이니아대학 폴 크레Paul Cret 아래서 공부했으며, 보자르 전통의 아카데미 교육을 받았고 1924년 졸업하였다. 1951년에서 1953년까지 예일대학교 아트갤러리를 짓기 전까지는 펜실베이니아 지역을 벗어나는 프로젝트는 전혀 하지 않았다. 예일 미술관은 커다란 큐브 두 개로 분절되어, 원통형 계단실과 중심 공간으로 나뉘어 있다. 이런 배열은 루이스 칸의 건축형태 구성architectonic 원리를 반영한 것이다. 즉 '서비스service' 공간들을 기능적으로 배치하고, 이들이 서비스하는serve 부분들에, 칸 건축의 본질을 언제나 알아볼 수 있는, 정신적 명료성을 강조하는 위계를 주고 있다. 기능적인 평면들과 단순한 구조, 그리고 미학적으로 전개되는 빛을 받아들이는 슬릿과 벽 개구부 등은 칸의 독창적인 작품 전체에서 끊임없는 실마리가 되고 있다. 그럼에도 불구하고 전체로 보면 작품들은 서로가 극히 이질적이다.

펜실베이니아 체스트넛 힐에 있는 마가렛 에셔릭 주택(1959–61)은 여전히 신건축운동의 전통에 놓여 있으며, 거친 제치장 콘크리트 벽면과 대형 유리면 파사드를 조합하여 오픈 스페이스 원리에 세심한 경의를 표하고 있다. 그러나 텍사스 주 포트 워드의 킴벌 미술 미술관(1966–72)과 같은 프로젝트들에서는, 원형 아치 지붕처럼 민속적인 영향을 받고 있다. 그럼에도 불구하고 이 두 건축물에서 단호하고 감각적이며 창조적인 목소리를 들을 수 있다. 에셔릭 주택을 다시 보면, 건물 내외부의 전이가 – 공간 모서리를 부인하지 않아도 – 통풍창에 의해 규정되고 있으며, 루이스 칸의 제자인 로버트 벤투리는 그의 포스트모더니즘 베스트셀러인 『건축의 복합성과 대립성』에서 다음과 같이 쓰고 있다. "이는 내부공간의 본질을 만드는 특별한 스타일이 아니라, 그저 주위를 돌아보는 것이며 내부와 외부의 경계인 것이다." 건물은 본래 쉘터라고 하는 루이스 칸의 개념에 동의하고 있다. 1947년 칸은 예일대학에서 건축을 가르치기 시작하였으며, 모든 룸room(본질적 공간)은 구조뿐만 아니라 자연 채광으로 정의되며, 기술적이며 엔지니어링적인 요소들과 건물 내부 생활의 감각을 묶을 수 있는 공식임을 끊임없이 강조하였다.

칸의 건축형태 구성상의 혁신은 '인간 팔의 확장인' – 시공 크레인의 작업 반경으로 그 크기가 결정되는 콘크리트 공장조립 부품의 사용에서도 볼 수 있다. 룸room(본질적 공간)을 구성하는 한 부분이었던 빛의 방향에 대한 칸의 아이디어가 오늘날에도 모범으로서 남아 있다. 루이스 칸은 원리와 원칙을 엄격히 준수하지는 않았기 때문에, 모든 설계는 '제로에서 from zero' 시작하였고, 50년간의 건축 실무기간 동안 여러 가지 건축 유형들을 개발하였다.

사업적인 측면에서 칸의 이러한 작업방식은 늘 그를 재정적 어려움에 빠지게 하였다. 칸은 작품을 위해서만 살았다. 주문대장이 꽉 차 넘쳐났음에도 불구하고, 이 매우 바쁜 건축가는 건축주가 넉넉한 설계비를 제안할 때마다 놀라지 않을 수 없었다. 칸은 자신을 아이디어 세계로 이끌기만 한다면 무료로 일을 맡을 수 있었다. 그리고 가끔 그는 제출 마감일 바로 앞서 그린 도면들을 던져버리고 처음부터 다시 시작하였다고 한다. 1974년 그가 갑자기 죽었을 때 칸의 설계사무소는 부채의 늪에 깊게 빠지게 되었다.

대통령 정원과 다카 국회의사당 건물: 건물 중심에서 솟아오른 '왕관'은 국회의사당 홀에 빛을 비춘다.

칸의 생애 중 가장 중요한 시기는 로마의 아메리칸 아카데미에 일 년 남짓 머무른 때였으며, 1950–51년 사이에 그리스, 이집트, 이탈리아 등지를 여행할 수 있었다. 비록 칸의 나이가 50세였지만, 고대 건물 연구가 그를 다시 한 번 고취시켰다. 매시브한 재료들과 거대한 디테일에 감명받았기 때문이며, 이는 칸의 보자르 스승인 크레에게서 얻은 것이었다. 즉 문화가 고전에 뿌리를 둠으로써 더욱 견고해졌다.

칸은 벽돌이나 자연석free stone, 제치장 콘크리트 같은 내구성 있는 재료들을 사용하여 건축과 조각의 경계에 위치하는 기념성을 만들어 냈다. 칸의 서비스 스페이스service space와 서브드 스페이스served space라는 두 원칙의 종합을, 뉴욕 로체스터의 퍼스트 유니테리언 교회와 학교(1959–62)에서 가장 명확하게 표현하였으며, 캘리포니아 샌디에이고의 소크 생물학연구소(1959–67)에서도 명확히 볼 수 있다. 교회의 파사드는 묵직하게 모듈로 나뉘며 거의 창이 없는 벽이 특징이다. 건물은 매시브한 큐브처럼 보이고 수평 수직의 홈grooves들로 규정된다. 창문들은 파사드에 시각적 리듬을 주는 수직 슬릿 속으로 사라진다. 테라코타 부재들이 더해진 벽돌 벽은 건축의 기념비성을 더욱 강화시킨다. 소크 연구소 건물에서는 칸이 – 이번에는 제치장 콘크리트로 – 창문 없는 큐브들을 다시 한 번 만들었으며, 이들을 중정 주위로 둘러놓았다. 벽면의 개구부들은 태평양이 아무런 제약 없이 보이도록 배치되어, 외부공간은 내부공간이 어떻게 경험될지를 규정하는 결정요소가 되고 있다.

루이스 I. 칸, 1962년경

여러 켜의 벽many-layed wall 개념, 닫힌 공간과 투명성의 상호작용 등이 칸의 가장 중요한 작품인 방글라데시 다카의 의회건물(1962–83)에서 또한 작용하고 있다.

여덟 개의 첨가물들 – 큐브들과 '빛 원통들light-cylinders' – 이 내부의 원통형 코어 주위로 배치되어 있다. 콘크리트 파사드는 대리석으로 채워진 홈들로 분절되어 있고, 내부로 환상적인 빛 효과를 만들어 내는 반원과 원, 삼각형들로 구멍 뚫려 있다. 의회건물은 성채를 닮았으며, 포물선 모양의 우산형태 돔이 얹혀 있다. 의심할 바 없이 루이스 칸의 최후 프로젝트였던 이 건물은 칸의 사후에야 완공되었고, 1989년에 아가 칸 상이 추서되었으며, 현대건축의 보물 중의 하나가 되었다.

연구동과 인공 연못: 미국 샌디에이고 소재 소크 생물학 연구소

알바 알토 ALVAR AALTO

핀란드 건축가 휴고 알바 헨릭 알토는 1898년 측량 기사의 아들로 태어났다. 23세에 헬싱키 폴리테크닉을 우등 졸업하였다. 이는 20세기 자기 조국의 가장 유명한 건축 대사로서 활동하는 이력의 시작이었다. 1976년 사망한 후 몇 달이 지나지 않아, 전면에는 알토의 초상이 있고 뒷면에는 그의 가장 중요한 말기 작품인 헬싱키 핀란디아 홀이 새겨진 50마르크 핀란드 지폐가 발행되었다.

숲속 경관 속에, 모든 환자의 방이 남쪽으로 면한 파이미오 결핵요양소가 있다.

1957년 베를린 국제건축전시회 기간 당시의 알바 알토

알토의 디자인뿐만 아니라 건축 설계안은 오랫동안 수출시장에서 주요 히트상품이었다. 자유롭게 굽이쳐 내리는 곡선이나 창문 없는 벽돌 벽, 리드미컬한 유리 파사드는 알바 알토의 트레이드 마크였으며, 알토를 소위 '또 다른 근대주의자other Modernists', 즉 자신을 장식 없는 백색 육면체 형태로 규정지을수 없는 부류에 위치시켰다. 감각적이고 자연과 친밀한 온 건주의자로서 알토는 평생 '급진적인 모더니즘radical Modernism'과 거리를 두었지만, 그는 형태어휘에서 어떤 역사주의의 흔적도 만들지 않았다.

알토의 건축은 재료에 대한 타고난 감각과 경관에 대한 친밀감과 함께 유럽의 신건축운동Neues Bauen도 재빨리 깨닫고 있었다. 그는 원래 실리적인 사람으로서 건축의 이해에 대한 세세한 언급은 거의 남아 있지 않지만, 그의 작품은 국제 건축 경쟁에서 스칸디나비아 최초로 의미 있는 공헌을 하였다고 볼 수 있다. 핀란드 전통(목재 부재 맞춤)과 전위적인 기능주의(유기적인 내부구조의 투명성)의 종합은 특히 유명하

다. 그는 국외에 20여 개의 건물을 설계하였으며, 그 중에는 미국 캠브리지의 MIT 기숙사(1948)와 1957년 베를린 국제건축전시회의 공동주거동이 있다. 에센 오페라하우스는 사후에 완성되었다.

알토는 근대건축의 상징이 된 4개의 건물을 설계하였다. 파이미오의 결핵요양소(1933), 노르마르쿠의 빌라 마이레아(1939), 세이네트살로 커뮤니티센터(1952), 이 건물들 모두는 핀란드에 있으며, 1935년 비푸리 시립도서관(현재는 러시아 비보르크)이 이에 포함된다.

핀란드 남서부에 있는 파이미오 요양소는 숲속 경관 속에 있으며, 50여 개의 지자체가 공동 후원하여 세워질 수 있었다. 주요 디자인 원칙은, 1928년 설계경기에 보낸 알토의 제출문에도 표현되어 있지만, 결핵환자 사이에 넓은 공간과 직원들만의 공간을 두는 것이었다. 이에 따라 좁고 긴 병실 건물을 만드는 야심찬 계획이 만들어졌으며, 이는 병원 설계의 혁신이었다. 모든 병실이 남쪽에 면하여, 가능한 한 많은 햇빛이 드리우도록 하였다. 환자가 침대에서 지내는 시간의 길이를 고려하여, 천장은 어둡게 음영지고 간접 조명된다. 건물은 비대칭적으로 배치되고, 몇 개의 부속건물들을 자체의 경관 속으로 끌어들이는 듯하다. 이는 빛과 공기 그리고 태양이 설계의 변수를 이룬다는 근대건축의 고전적인 사례이며, 다른 많은 병원설계의 모델이 되었다.

빛의 도입은 비푸리 시립도서관에서 결정적인 요소였다. 주 열람실의 천장에는 빛이 내부로 떨어질 수 있도록 원형 개구부가 있다. 오픈된 거대 계단실 주변에는 U자 형태의 독서테이블이 있고, 상부로부터 빛을 받고 있으며, 이곳에서 도서 대출 데스크를 또한 볼 수 있다. 이 도서관은 국제주의 양식International Style을 북유럽에 도입하고 있다.

빌라 마이레아의 건축도 국제적인 모더니즘과 지역의 건축전통을 독창적으로 조합하고 있다. 건축주는 핀란드 목재산업의 회장이었으며, 건축가에게 소나무 숲이 우거진 풍경 속에 집을 지어줄 것을 요청하였다. 이곳에서 숲의 가장자리는 남서쪽으로 열린 대지의 경계를 이루고 있다. 파사드는 수직 목재 요소들로 되어 있고, 유기적으로 모양을 이룬 구조부재들을 감싸고 있다. 내부공간은 '흐르는 공간flowing space'의 원리에 따라 구성되어 특히 주목할 만하다. 지그프리트 기디온의 정평 있는 저서 『공간 · 시간 · 건축』에서 이 건물이 만들어 내는 인상을 다음과 같이 묘사하고 있다. "그것은 건축적인 실내악이다. 어떻게 동기들과 의도들이 이루어졌는지를 이해하려면, 특히 공간이 어떻게 다루어졌는지 또한 특별한 재료 사용법을 완전히 알아보려면 아주 세밀하게 주

국제주의 양식과 핀란드 건축전통의 조합: 노르마르쿠에 있는 빌라 마이레아

의를 기울일 필요가 있다." 커다란 창문은 내외부 공간의 상호 침투를 허용한다. 숲은 거의 집에 침투된 듯하고, 가느다란 목재 기둥에서 메아리를 듣는 듯하다. 빌라 마이레아에서 알바 알토는 완전한 모더니즘 정신 속에서 공간적 연속체를 만들었으며, 불행하게도 알토는 이러한 생각을 글로 옮기지 못하였다. 왜

2개 단으로 구성한 세이네트살로의 커뮤니티센터

나하면 건축에 대한 이론적 위치를 자신의 건물만으로는 추론할 수 없었기 때문이다.

비록 불완전한 형태로 완성되었지만, 헬싱키 북쪽으로 300km(185마일) 떨어진 세이네트살로의 중심지 마스터플랜은 가장 중요한 도시계획 프로젝트 중의 하나였다. 오직 완성된 부분은 커뮤니티센터였지만, 2단으로 단이 진 구조가 그 특징이다. 알토는 대지 전체의 기반과 이보다 돋아 올린 경사진 지붕이 있는 두 개의 다른 레벨을 계획하였는데, 이는 그의 작품에서 이목을 끄는 특징이었다. 상하 레벨을 잇는 계단 디딤면에 풀이 자라도록 하여, 건물과 자연이 이어지도록 터치하고 있다.

CIAM 멤버로서의 건축작업은 물론, 알토는 디자이너와 가구제작자로서도 이름을 알렸다. 알토가 공동창업자 중의 하나였던 아르텍Artek은, 알토가 디자인한 구부린 플라이우드 가구들을 오늘날까지도 생산하고 있다. 스틸 튜브 가구들은 원래 파이미오 요양소를 위해 디자인 한 것인데, 알토가 결코 바우하우스에서 배우거나 가르치지는 않았지만, 바우하우스 디자인(33쪽)과의 연관을 보여준다. 알바 알토는 "나는 매 건물마다 열 권의 철학서를 쓰고 있다."라는 원리원칙을 가지고 건물설계에 임하는 건축가였다.

지만, 20세기 전반의 표현주의(24쪽 이하 참조)가 다시 그의 작품 속에서 생명을 얻기 시작하였다. 암스테르담파 표현주의가 고딕에 영향받은 건축물에 벽돌을 사용한 반면에, 사리넨의 대담한 건축물은 융통성 많은 철근콘크리트 없이는 생각해 볼 수 없었다.

미국 코네티컷 주 예일대학교의 아이스하키 경기장에서 볼 수 있듯이, 사리넨은 철골로 지지되는 플라잉 루프flying roof를 여러 차례 실험하였다. 이 스타일로 가장 유명한 사리넨의 작품은 TWA 항공회사의 터미널로서, 과거 뉴욕 아이들와일드Idelwilde 공항이었다가 현재는 암살된 미국 대통령의 이름을 딴 존 F. 케네디John F. Kennedy 공항 구내에 건설되었다. 수백 차례나 영화의 배경으로 쓰였으며, 이 미래파적인 건물은 곧 세계로 알려지게 되었다.

날개를 펴고 공중을 활강하는 새 같은 터미널빌딩의 둥근 콘크리트지붕은 이곳에서 여행을 시작하는 여행객들을 감싸고 있다. 지붕의 역동적인 볼륨은, 집중된 힘으로 지붕을 위로 밀어 올리는 듯 보이는 Y자 모양의 지지체 위로 완만하게 흐르고 있다. 모든 것들은 때로는 불룩하게 때로는 우묵하게 TWA 터미널의 안과 밖으로 흐르거나 활강하고 있고, 터미널 실내로 빛이 흐르도록 커다란 유리공간이 열려 있다. 그 현대성과 미래적인 분위기 모두는 1960년대 초반의 취향을 오늘날 우리에게 일깨워주고 있으며, 당시 극소수의 철과 유리 건물만이 전달할 수 있었던 아름다움과 조화를 여전히 발산하고 있다. 사리넨의 TWA 터미널은 독특한 조각 같은 건물이며, 새를 추상적으로 재표현하여 가장 감각 있게 '말하는 건축architecture parlanté'의 예가 되고 있다.

거의 같은 시기(1958~62)에 사리넨은 다시 한 번 공항건물 설계를 맡게 되었다. 그러나 이번에는 단일 터미널 건물이 아니라 수도 워싱턴Washington D.C.의 덜레스Dulles 공항 전체였다. 또 다시 사리넨은 층고 높은 메인 홀을 내리 덮는 지붕을 이번에는 우묵하게 계획하였다. 그러나 TWA 건물과 달리, 바닥으로 갈수록 점차 커지는 지지체를 일정하게 배치하여 기념성을 만들어 내고 있다. 넓은 면적의 유리가 기념성을 흩뜨리지 않으며, 미국 수도의 관문으로서 이 공항의 중요성을 진지하게 표현하고 있다.

철근콘크리트가 융통성 많고 극도로 부드럽게 보이며 경쾌한 모빌 같아 보이는 1950년대

에로 사리넨, TWA 터미널
뉴욕 J. F. 케네디 공항, 1956~62
지붕이 방문객의 머리 위로 펼쳐지고, 승객들은 지금 날아오르려는 새의 날개들을 반겼다. 그 아래로는 모두가 오픈되어 있고, 모든 것이 흐른다. 여행객들이 택시를 탄 채로 터미널 입구에 다다를 때면, 자신의 비행기를 볼 수 있었다. 몇 안 되는 Y자 모양 지지대로 받쳐지고 있는 프리스트레스트 콘크리트 구조물은 소재의 가소성을 최적으로 이용하고 있다. 건물에 요구되는 상징적 의미를 사리넨이 번역한 방식은 TWA 터미널을 가장 의미심장하며 유기적인 건물 중의 하나로 자리매김하고 있다.

와 1960년대의 이 지붕들은, 사리넨의 지붕 없이는 불가능하였다. 그렇지만 이런 구조물들은 당시 건축가나 구조기술자가 그러한 지붕을 지지할 수 있는 유일하게 내구성 있는 재료와 구조 방법이었다. 이런 지붕에 잠재된 한정된 수명은, 1980년 베를린 국회의사당 홀Berlin Congress Hall이 예기치 못하게 완전히 붕괴되면서 명확히 드러났다. 이 붕괴 와중에 떨어지는 파편에 실제로 한 사람이 사망하였다. 이 건물은 1957년 휴 스터빈스Hugh Stubbins와 베르너 뒤트만Werner Düttmann, 프란츠 모켄Franz Mocken이 국제 건축전시회International Building Exhibition를 위해 설계하였으며, 독일과 미국 단결의 상징물이었다. 완공된 후 곧 베를린의 랜드마크가 되었으며, 그 독특한 형태 때문에 지역주민들은 애정 어린 풍자로 '임신한 진주조개'라고 불렀었다. 오랜 논의 끝에 마침내, 베를린 창도 750주년을 기념하여 바라는 바대로 개선되고 안전한 지붕으로 다시 짓기로 결론 났다.

유기적 형태의 음악 공간

A space for music in organic forms

1920년대 후반 주로 베를린에서 활동하였던 건축가 한스 샤로운은 파사드가 어떠해야 하는가를 규정하는 작업을 통해서가 아니라, 평면에 따라 건물을 전개해나가는 방법으로 자신의 건축원리를 적용하였다. 이 방식은 주로 개인주택을 설계하는 과정에서 발전시켰는데, 일상생활과 일 그리고 수면에 이르기까지 다양한 기능공간을 조화롭게 혼합하여 창조하려는 의도였다. 우아하지만 직사각형으로 규정된 미스의 신국립미술관Neue Nationalgalarie을 샤로운의 베를린 필하

한스 샤로운, 필하모니 홀
베를린, 1960-63

5면이 있는 볼륨 3개가 텐트 모양 콘크리트 사발 아래 서로 모여 있는 것이 베를린 필하모니 콘서트홀의 형상을 결정한다. 그 기하형태가 하도 복잡하여, 콘서트홀을 짓기 위해 매 50센티미터(20인치) 간격으로 단면도를 그려야만 했으며, 그곳에서 연주되는 음악만큼이나 복잡하였다. 관중과 음악은 완전히 독특한 구조의 중심에 있게 되며, 무대는 관중석으로 둘러싸여 가장 이상적으로 시각적인 초점을 이루고 있다. 연결된 아일 aisle들로 2,200명의 모든 청중들은 서로 접촉이 가능하고, 공간과 음향을 조절하여 모든 좌석에서 시청이 양호하다. 한스 샤로운이 설계한 1920년의 표현주의 주택으로 거슬러 올라가게 하는 디자인이지만, 이런 모든 것이 필하모니를 미학적으로나 개념적으로 유기주의 건축의 정상에 올려놓고 있다.

모니Berliner Philharmonie 음악당에서 나중에 볼 수 있게 되었지만, 미스 반 데어 로에와 달리 한스 샤로운은 유기적으로 성장하는 형태를 발전시켰으며, 곡선 또는 날카롭게 뾰족한 형태들은 당시 신건축Neues Bauen 운동 결과로 건립된 많은 주택들과 눈에 띄게 대조되었다. 그러나 샤로운의 형태는 결코 그 자체로 완결되지 않았으며, 가능한 한 정확히 건축주의 요구에 적합한 거주환경을 주택에 주려고 설계되었다.

유기주의 스타일의 건축물 중 백미는 베를린 필하모니 홀(1960-63)이었으며, 티어가르텐 Tiergarten 지구의 모서리에 매우 인상적으로 세워졌다. 원래는 다른 대지에 계획되어 도서관과 미술관, 방문객이 머물 수 있는 장소를 포함하는 문화센터의 허브가 되는 것이었지만, 현재까지 일부분만이 실현되었다. (베를린이 통일 독일의 수도로서 재건되는 맥락 속에서, 1990년대 말 재건축 논쟁이 다시 불붙었으며, 논쟁은 이전보다 훨씬 격렬하였다.) 샤로운은 건물 입구나 포이어에 웅장한 건축 제

스처를 결코 쓰지 않았으며, 콘서트홀은 건물 그 자체의 아름다움을 표방하고 있다. 여러 좌석 단들은 단이 진 남쪽 전경처럼 서로 병치되어 있어, 기둥이 없는 음악 홀의 어느 좌석에서든지 똑같이 좋은 음향을 듣고 관람 시야가 방해받지 않을 수 있도록 하였다. 이러한 배치의 민주적인 요소에 걸맞게 외부 복도를 거치지 않고 오디토리움 내부의 어느 좌석에도 다가갈 수 있다.

항해하는 건축 Sailing architecture

덴마크 건축가 외른 웃손Jørn Utzon이 설계한 시드니 오페라하우스Sydney Opera House만큼 확실하게 그리고 세계적인 랜드마크가 되었거나 또한 국가적 상징이 된 건물은 수십 년 사이에 거의 없었다. 사실 웃손의 이 강렬한 디자인은 1956년에 처음 윤곽을 드러냈으며, 오스트레일리아에서 격렬한 논쟁을 불러일으켰고, 이는 1974년 완공 때까지 공사기간 내내 지속되었다. 매우 역동적인 디자인 때문에, 국제현상설계로 제출되었을 때 사리넨을 중요한 지지자로 얻게 되었으며, 심사위원 중의 한 사람으로서 사리넨은 웃손이 당선되는 데 큰 영향을 미쳤다. 웃손 자신은 디자인 영감을 다양하고 수많은 건축형태 출처에서 끌어냈다. 군나 아스프룬트Gunnar Asplund 같은 고적주의적 모더니즘 건축가뿐만 아니라 알바 알토의 유기적 건축에서도 영향받았다. 또한 웃손이 프랭크 로이드 라이트 사무실에서 경험을 쌓았다는 것도 사실이다.

시드니 오페라하우스는 항구 쪽으로 쭉 뻗은 곶 위에 세워져 있다. 바다와 항구에 인접하여 있기 때문에 셸 형태들이 조합된 이 독특한 구조물은 매우 인상적인 특징을 던져주고 있다. 눈부시게 하얀 쉘들은 바람이 날리는 돛과 밀물과 썰물의 바다 파도를 연상하게 한다.

올림픽 선구자들 Olympic Pioneers

베를린 필하모니 홀과 시드니 오페라하우스는 뛰어난 건축이라는 것 이상으로, 그 자체가 도시의 상징이 되었다는 것도 공통점이다. 또한 이들 모두는 수많은 사람들을 수용해야 하는 집회 공간이기도 하였다. 막스 베르크가 1910년에서 1913년에 걸쳐 브레슬라우에 백주년 기념홀 Jahrhunderthalle(21쪽 참조)을 지은 이후로, 시야를 가리는 기둥 없이 지붕 자체로 지지되는 집회 홀은 주요한 건축테마 중의 하나가 되었다.

1960년경의 사리넨 작품에서 볼 수 있듯이 새롭고 다양한 천막형태 구조들, 특히 지붕에 대해 많은 실험이 이루어졌다. 그 결과 대형 홀을 건립하는 문제에 대해 특히 매력 있는 건축형태의 해답들이 제시되었으며, 이는 건물 프로젝트의 단순히 기능적인 요구 이상을 넘는 것이었다. 올림픽 경기 시설물들을 포함하여, 수영이나 아이스하키, 야구 경기를 위해 지붕 덮인 경기장 arena들이 수없이 만들어졌으며, 경기장들은 다양한 관객들에게 습기 없는 좌석뿐만 아니라 탁 트인 시야를 주어야만 했다.

유럽의 스포츠 경기장과 홀을 설계한 선구자 중에는 이탈리아 구조기술자 피에르 루이지 네르비Pier Luigi Nervi가 있으며, 그가 설계한 피렌체의 우아한 콘크리트 스타디움(1930-35)은 근대건축 아이콘 중의 하나가 되었다. 네르비는 비행기 격납고를 만드는 과정에서, 프리캐스트 콘크리트 보를 맞물려 지붕을 구성하는 원리를 이끌어 냈으며, 이 원리로 거대한 공간에 걸치는 스팬을 만들 수 있었다. 이런 기술 원리는 비행기 격납고 말고도 수없이 응용되었다. 1956년과 1957년 사이에 네르비는 팔라체토 델로 스포르트Palazetto

dello Sport를 건설하였고, 뒤이어 큰 형뻘인 1960년 로마올림픽을 위해 팔라초 델로 스포르트 Palazzo dello Sport를 지었다. 팔라초의 너비 100미터(300피트) 돔 아래, 16,000명의 관객이 운집될 수 있었다. 돔 구조 아래로 콘크리트 빔을 교차시키는 방법으로 우아하고 매력 있는 마름모꼴 패턴의 장식을 더할 수 있었다.

4년 뒤 탄게 켄조Tange Kenzo(83쪽 참조)는 이노우에 우이치, 츠보이 요시카츠와 함께 1964년 토쿄 올림픽 경기를 위해서 한껏 창의적인 손길로, 한층 더 영감을 불어넣은 경기장을 만들어 냈다. 천막 같은 탄게 건물의 핵심은 지붕의 막 같은 외피를 유지하는 두 지지물을 연결하는 강선 steel rope이었다. 이 지붕구조물은 양 끝에서 철근콘크리트 프레임으로 지지되었다. 초경량재료와 이 재료로 짜여진 하중지지 네트워크인 소위 '자연구조natural structure'의 목적은 대공간에 스팬을 걸쳐 16,000명 이상을 수용할 여유를 주는 것이었다. 토쿄올림픽 경기장의 디자인은 1972년 뮌헨올림픽의 천막 구조 건물(81쪽 그림)의 모델이 되었으며, 탄게는 그 당시 리처드 버크민스터 풀러Richard Buckminster Fuller나 프라이 오토Frei

외른 웃손, 오페라하우스
시드니, 1956-74

바람이 잔뜩 실린 돛 같은, 12개의 백색 시멘트 쉘들은 거의 200피트(60미터) 높이로, 대지의 허끝처럼 돌출된 자연석 기단 위에 서있으며, 이곳은 시드니 항구와 연결되어 있다. 이는 비논리적이며 어떤 기능과도 바로 연결되진 않지만 감성을 불러일으킨다. 이 건물군은 시드니뿐만 아니라 제5대륙의 상징이 되고 있다. 이들은 소위 '체험 존experience zone' 위에 2열로 서있다. 이 존에는 콘서트홀, 오페라극장, 연극무대, 2개의 포이어와 레스토랑이 있다. 기단 하부의 수평으로 겹쳐진 건물에는 위에서 언급한 '체험'을 지원하는 서비스 부문 2~3개 층이 들어서 있다. 웃손의 1956년 오페라하우스 설계안은 국제설계경기 당선작이었으며 시공계약이 체결되었다. 시드니 오페라하우스는 이 덴마크 건축가를 라이트나 샤로운, 아스프룬트, 알토 같은 유기주의 전통의 반열에 올려놓았다.

피에르 루이지 네르비, 팔라초 델 라보로
투린. 1961

지붕과 기둥들이 팔라초 델 라보로에서 일체가 되어 있다. 방사형 보들이 사각형 지붕 덮개로 퍼져나가고 있다. 엔지니어인 피에르 루이지 네르비는 좋은 디자인과 좋은 구조를 동일시하였다. 그의 본보기였던 로베르 마이야르나 위젠 프레시네가 여전히 철골로 작업하였지만, 네르비는 과감히 철근콘크리트로 지지 구조물을 만들어냈으며, 철근콘크리트의 가소성과 비례, 리듬은 미학적 효과까지 주고 있다.

카를로 스카르파, 카스텔 베키오 개축
베로나. 1956–64

철제 수직 부재가 고딕양식의 트래버틴 릴리프를 받치고 있다. 모더니즘이 역사와 만나고 있다. 여러 세기에 걸쳐 여러 번 카스텔 베키오의 개축이 있었지만, 카를로 스카르파의 개축은, 기존 건조물에 어떻게 접근해야 하는가 하는 건축가의 어려운 과제에 대한 가장 모범적인 해답이었다. 남겨진 오래된 것 모두는 복원하고, 새로운 것 모두는 적절한 근대 재료로 모양 잡고 만들어졌다. 각기 다른 역사적 시기를 대조시키고 적응하여, 카를로 스카르파는 각 시대가 보이게 하였다. 즉 역사를 경험하게 하였다.

Otto와 비슷한 해법으로 작업하고 있었다. 그것은 당시까지는 지어지지 않고 있던, 기둥으로 지지하지 않는 지붕 덮인 대형 실내공간이었다. 그러나 그 이상이었다. 그것은 완벽하게 건설된 건축 엔지니어링architectural engineering의 걸작이었으며, 특별히 매력 있는 미학적인 모습을 보여주었다. 그 매력은 지붕 표피의 우묵한 볼륨들이 상호교차하면서 그리고 양측면의 널리 뻗은 콘크리트 지지물에서 생겨나는 것들이었다. 이미 사리넨이 대가다운 완전함을 보여준 대로, 조각 같은 건축물이라는 주제에 한층 더 많은 변화를 준 것이기도 하다. 탄게 켄조가 설계한 올림픽 경기장의 힘찬 건축은 거의 음악적 리듬을 만들어 내며, 보는 이의 시선을 잡아끌어 곡선 진 지붕의 표피를 따라 꼭대기까지 이어주고, 다시 부드럽게 홀의 넓은 건물 전체로 이끈다. 만일 관찰자 자신이 이 건축의 흐름을 느끼고 그 선을 따라 계속 응시한다면, 탄게 건물의 진수인 부드러운 흔들림을 깨닫기 시작할 것이다.

역사로 다가가기
APPROACHES TO HISTORY

전통과 모더니즘의 공존: 미학을 최전면에 내세우기 Tradition and Modernism together: foregrouding an aesthetic

가장 어려운 건축 작업 중의 하나가 역사적 건조물historic building을 다루는 것이다. 가끔 중요도 사이에서 소유주는 갈등한다. 즉 기능을 우선시하거나 또는 위엄을 우선하기도 하며, 보존주의

자일 경우 역사적 유적들이 가능한 한 완전히 보존되기를 바라기도 한다. 전쟁으로 피해를 입은 건물들은 비교적 결론에 이르기 쉽다. 즉 1945년 이전 바르샤바처럼 옛것을 1:1로 완전히 똑같이 복제하여 새 건물을 만들 수도 있고, 아니면 파괴된 건물을 대체하는 완전히 다른, 현대적인 건축적 해결방법을 찾을 수도 있다. 그 결과는 항상 새로운 건물인데, 역사주의 옷을 입은 경우가 첫 번째이고 그 다음이 현대적인 모습이다.

그러나 수세기 걸쳐 여러 번 변형되고 개축되어 시대마다 다른 레이어layer를 남겼다면 기존 역사적 건조물을 어떻게 다루어야 할까? 19세기에 종종 이루어졌듯이, 고딕이나 바로크처럼 특정 시기에 맞추어 그 시기의 스타일대로 필요한 개축이나 복원을 해야 할까? 또는 보이는 모든 역사적인 레이어를 포기하고 현 시대에 적절한 스타일로 현대적인 변화를 가하여야 할까?

이 마지막 방법을, 베네치아 건축가 카를로 스카르파Carlo Scarpa가 아마 그의 가장 중요한 작품이었을, 1956년에서 1964년 사이의 카스텔 베키오Castel Vecchio 개축에 적용하였다. 카스텔 베키오는 이탈리아 북부 도시 베로나Verona에 있으며 현재 박물관으로 쓰이고 있다. 카스텔 베키오에서 이미 보여주었듯이 스타일의 세심한 혼합을 인지하고, 스카르파는 감수성과 실험 의지를 섞어 건물에 상당한 문화적 통일성을 되돌리려고 시도하였으며, 이는 현대미술의 요구를 고려한 것이었다. 그 결과 엄청난 종합예술작품이 되었으며, 그 속에서 각 시대의 역사적 지층들과 이전 시대들의 복원들이 스카르파의 개방된 건축과 융합되어 건물이 완전히 새롭게 해석되게 하였다. 스카르파는 콘크리트, 철과 유리 같은 근대 건물재료들과 역사적 재료들 사이를 명확히 구별하였고, 매우 다양하게 다른 모습의 재료들을 병치시켜, 완전히 근본적인 매력을 만들어냈다.

스카르파는 전시장 건축으로 처음 유명해졌지만, 카스텔 베키오에서는 건물과 전시물 모두를 전시하는 방법으로 건축을 사용하였다. 그 결과로 '배경으로서의 건축architecture as mise-en-scène'이 되었고, 건축은 관람객의 시선뿐만 아니라 관람객 동선을 이끌게 되었으며, 놀랍고도 강렬한 재료나 색채 대비를 사용하여 회화는 물론 조각 같은 역사 전시물을 새롭고 완전히 예상치 못하게 조명받게 하였다.

유리 오피스 THE GLASS OFFICE

기업 이미지의 상징인 투명성

Transparency as a sign of corporate identity

전통적인 요구에 새롭고 뛰어난 해결책을 찾은 것은 박물관 건축 분야만이 아니었다. 1960년대 말에는 몇몇 오피스 건물에서도 비슷한 결과가 나타났다.

케빈 로치Kevin Roche와 존 딘컬루John Dinkeloo 의 작품에 특별한 지위를 부여해야 한다. 일찍이 1961년 캘리포니아 오클랜드 미술관(1968년 완공) 에서는 정원에 둘러싸여 배치된 개방된 건축 유형을 만들어 냈다. 같은 시기에 이들은 건물과 자연을 통합한다는 주제를 마천루에도 반복 적용하였다. 포드 재단Ford Foundation의 본부건물에서, 모두가 중앙복도에서 갈라지는 단조로운 오피스나 파티션으로 나뉘는 거대한 오피스 공간 대신에, 로치와 딘컬루는 12층까지 이르는 거대한 온실 winter garden을 만들어, 오피스 층과 층의 전면 유리 벽들을 이에 면하게 하였다.

유리 온실glazed greenhouse이라는 아이디어는 유리 건축architecture in glass의 초기 단계에서 등장하였지만, 이제는 현대 오피스라는 주제와 접목되었다. 이 방법은 근로자에게는 건강에 좋은 자연환경에서 일하는 느낌을 주면서 사무환경이 개선될 뿐만 아니라, 당시까지는 사업에서 동기부여와 생산성 향상에 가장 중요한 인자라고 판단되었던 기업이미지corporate identity를 촉진하는 수단이 되었다.

아메리칸 컬리지 생명보험회사the College Life Insurance Company of America 본사 사옥(1967-1971) 에서 로치와 딘컬루는 피라미드 모양의 볼륨 3 개를 동일한 사각형 평면으로 설계하였다. 이 미래파적인 건물의 두 면은 철과 유리 구조로 구성되어 있고 그 나머지 두 후면은 콘크리트 벽면으로 되어 있다. 계획된 증축에 도움을 주려고 세 건물은 단지 내에 엇갈리게 배치되어 있다. 이는 지나치게 크고 단조로운 복합건물을 만들 필요 없이, 같은 스타일로 더해나가며 증축할 수 있는 방법이었다.

위계hierarchy와 기념성monumentality을 혐오하고 민주주의를 요구하는 것은 1968년 세대의 특징이었으며 이 또한 건축 표현에서도 발견할 수 있다. 개방된 사회를 표현하는 개방된 건축 open architecture이라는 개념은 네덜란드 아펠도

른Apeldoorn에 있는 센트랄 베헤르Centraal Beheer 보험회사 본사를 정의하는 특징이기도 하다. 이 건물은 1970년과 1972년 사이에 헤르만 헤르츠베르허Herman Hertzberger와 얀 안토닌 루카스Jan Antonin Lucas, 헨드릭 에두아르드 니메이어Hendrik Eduard Niemeijer가 설계하였다. 건물은 모든 방향으로 증축이 가능하였으며 또한 오픈 스페이스와 사무공간이 섞여 있는 사각 블록들이 서로 맞물리며 구성되어 있다. 도시 속의 도시처럼, 오피스와 상점들이 서로 이웃하게 배치되고 테라스 같은 돌출부에서 서로 조망될 수 있다. 사무공간에서도 개별성에 유의하여 각 사무공간들이 드문드문 배치되고 사용자에게 완전히 자신만의 스타일로 꾸며낼 여지를 주고 있다.

케빈 로치, 존 딘컬루, 포드 재단 빌딩
뉴욕, 1963-68

더 이상 골방이 아니라, 이 건물에서 모든 방은 12층에 이르는 거대한 온실winter garden로 열려 있다. 자연과 도시, 개인과 공공이 조화되고 있다. 케빈 로치와 존 딘컬루의 포드 재단 빌딩은 단순히 완전히 새로운 오피스 빌딩만은 아니었다. 이 구조는 모든 용도의 유리 아트리움이 있는 수많은 건물들의 전형이 되었다. 그러나 흔한 몰이나 본사 사옥, 호텔들과는 달리, 포드 재단 빌딩은 내부세계로만 향해 있지 않았다. 13층 육면체의 두 파사드는 도시에 완전히 개방되어 있다.

하이테크 건축 HIGH-TECH ARCHITECTURE

하이테크와 포스트모더니즘 1970–1980

High-tech and Post-Modernism
1970–1980
The future becomes the present
미래가 현재가 되다

테크놀로지의 승리 Victory of technology

1969년 7월 21일, 닐 암스트롱은 달을 밟은 최초의 사람이 되었다. "이것은 인간의 한 작은 일보지만, 인류에게는 거대한 도약의 한 걸음이다.That's one small step for a man, one giant leap for mankind." 이 말은 우주 착륙선의 계단에서 달 표면으로 뛰어 내리는 순간을 생방송으로 지켜 본 시청자들을 매료시킨 아폴로 11호의 미국 우주비행사가 한 말이다.

달 정복은 우주의 패권을 쥐려 한 미국과 소련이라는 두 초강대국이 10여 년 동안 지속한 경쟁의 절정이었다. 오랫동안 – 적어도 1961년 4월 12일 소련의 우주비행사 유리 가가린이 처음으로 우주궤도에 다가간 사람이 된 이후로 – 소련이 먼저 사람을 달에 보낼 것처럼 여겨졌다. 그러나 막대한 기술적·경제적 자원 그리고 과도한 욕망과 어느 정도의 행운 덕분에, 승리는 마침내 미국인에게 돌아갔다.

지구상의 수백만 텔레비전 시청자들은, 분명치 않은 흑백화면과 직직거리는 잡음 섞인 소리, 그리고 거의 알아듣기 어려울 정도로 일그러진 우주인의 목소리에도 불구하고, 몇 시간 동안 달 착륙과정을 지켜보며 매료되었다.

달 착륙은 기술의 승리triumph of technology였으며, 군사적인 정밀함이 계획하고 실현시킨 하이테크 동화high-tech fairytale였다. 그 후 채 6개월도 지나지 않아 아폴로 12호 달로켓이 발사되었다.

미래가 시작되었다. 플로리다 케이프커내버럴 우주기지와 텍사스 휴스턴 NASA의 아폴로 계획 우주본부는 일반인이 보기에 익숙한 광경이 되었다. 그대로 노출되어 있는 비계나 램프, 파이프와 리프트, 수많은 비디오 스크린들과 전화기 그리고 헤드폰 등은 막대한 우주항해 임무를 실현하는 데 필요한 기자재들로서, 보는 이에게 강한 인상을 주었다.

건축적 약속 – 말하는 건축

Architectural promise - speaking architecture

하이테크 구조물들, 예를 들어 우주선 발사기지와 제어센터 같은 건물들이 더욱 더 우리 일상에서 자주 눈에 띄게 되었다. 건축가가 자신의 디자인으로 쓴 이러한 건축물들은 점점 대담해졌다. 스미슨 부부가 영국에서 실현하였던 브루탈리즘이 일깨웠듯이, 노출시킨 파이프나 전선, 배기 덕트 등은 하이테크 미학의 트레이드 마크가 되었다.

1970년대 건축과 테크놀로지 선호의 정수는 짧게 퐁피두센터라고도 불리는, 파리의 조르주 퐁피두 국립 예술문화센터the Centre National d'Art et de Culture Georges Pompidou였다. 이 건물을 처음 볼 때 많은 사람들을 놀라게 하였던 외관은, 여전히 사람들을 놀라게 하고 있다. 이 건물은 1971년에서 1977년에 걸쳐 프랑스 수도 파리의 심장인 보부르 광장Place Beaubourg에 지어졌으며, 미테랑 대통령이 도시경관에 불멸의 자신을 각인시키려 한, 논쟁의 여지가 있는 바스티유 오페라하우스

1969 조르주 퐁피두가 프랑스 대통령에 취임.

1970 '분쟁Troubles' – 북아일랜드에서 신교도와 가톨릭교도들의 갈등 – 이 심화됨. 환경보호가 시대의 이슈가 됨.

1971 재즈 음악가이며 트럼펫 연주자였던 루이 암스트롱 사망.

1972 아랍 테러리스트들이 뮌헨올림픽 이스라엘 선수단을 공격 살해. SALT I(미국과 소련 사이의 전략무기 제한 협정) 체결. 미국 닉슨 대통령 재선.

1973 워터게이트 사건으로 닉슨의 선거 승리에 검은 구름이 드리움. 칠레에서 군사쿠데타가 발발하여 살바도르 아옌데 대통령이 하야하고 아우구스토 피노체트 장군의 군사정권이 설립됨. 세계적으로 석유파동 발생. 아랍국가들이 최초로 석유를 정치적

무기로 사용. 소련의 강제노동수용소를 폭로한 알렉산드르 솔제니친의 『수용소 군도The Gulag Archipelago』의 첫 편이 출판되었고, 이듬해 솔제니친은 소련시민권을 박탈당함. 화가 파블로 피카소가 사망함.

1974 독일연방공화국의 빌리 브란트 수상이 수상비서 기욤의 스파이사건으로 사임.

1975 1963년에 시작되었던 베트남 전쟁이 종식됨. 마드리드에서 프랑코 총통이 사망하고, 이어서 의회민주주의 수립. 노벨 경제학상을 밀턴 프리드먼에게 수여. 빌 게이츠가 마이크로소프트 회사 설립. 미국 영화《뻐꾸기 둥지 위로 날아간 사람》이 잭 니콜슨 주연으로 최초 상영.

1976 마오쩌둥 사망. 지미 카터가 미국 대통령에 취임. 이탈리아 마을 세

조지 루카스 감독의 스타워즈 Star Wars **영화 한 장면. 레이아 공주 역의 캐리 피셔와 R2-D2 로봇.**

베소에서 유독성 화학물질 방출사건이 발생하여, 염소가 심각한 화학반응을 일으키며 다이옥신이 환경을 오염시킴. 13세 바이올린 연주자였던 안네

소피 무터 데뷔. 존 트라볼타 주연 영화 때문에 디스코 음악 유행.

1977 독일 적군파Red Army Fraction 소속 테러리스트들이 독일경영인협회 회장이었던 H.M.슐라이어를 납치. 조지 루카스가 감독한 미국 공상과학 영화《스타워즈》가 최초로 상영.

1978 크라코프의 카롤 보이티와 추기경이 요한 바오로 2세 교황으로 즉위함.

1979 가톨릭 수녀인 마더 테레사가 노벨평화상 수상. 이란 팔라비 왕조의 샤가 패주한 후, 아야톨라 호메이니가 15년간의 망명생활을 끝내고 이슬람 혁명을 이끌기 위해 이란으로 돌아옴.

1980 이란 영토에 이라크가 침공하여 제1차 걸프 전쟁이 시작됨.

(1989년 개관, 캐나다 건축가 카를로스 오트Carlos Ott 설계)나 프랑스와 미테랑 국립도서관 신축(1996년 개관, 도미니크 페로 설계)과 같은 '그랑프로제Grands Projets'에 강하게 자극을 주었다. 퐁피두센터는 완전히 팝아트적인 오브제였고, 두루 대중적인 인상을 주는 박물관이었으며, 보통은 내부로 숨겼을 것들을 재치있게 노출시키는 건축양식을 재기 넘치게 표현한 절정이었다.

퐁피두센터의 건축가는 영국인 리처드 로저스 경과 주변의 역사적인 맥락에 건물이 적응하도록 잠시 노력한 이탈리아인 렌조 피아노였다. 이 센터는 사용에 아무런 제한이 없도록 의도된 문화 궁전이었으며, 현대미술 박물관the Musée de l'Art Moderne의 초청 전시를 포함해, 도서관과 수장작품 전시를 위한 공간들을 포함하고 있다. 역사적 경관과 문맥에 대해 '무관심한' 외관 처리는 1970년대 파리의 다른 곳에서도 마찬가지로 행해지고 있었으며, 파리의 건축적 유산을 따르는 것은 그다지 중요하지 않았다. 머지않아 파리 도심부 근처의 오래된 재래시장 건물인 레 알Les Halles은 상당한 항의에도 불구하고 해체되어 결과적으로 19세기 파리의 중요한 요소들이 제거되었다.

로저스와 피아노의 퐁피두센터는 시대정신

때문에 허용되었다. 길이 166미터, 폭 66미터, 높이 42미터(550×210×140피트) 크기의 이 메가스트럭처는 놀랍도록 거만하게, 원래부터 건물을 둘러싸고 있는 중요한 작은 스케일의 기존 도시 구조를 짓누르고 있다.

비록 미래주의적 의상이 약간 구식이 되었긴 하지만, 오늘날까지도 여전히 거대한 건물과 대지라는 인상을 주고 있다. 전통적인 파사드가 아니라, 유리벽 바깥에 철제 튜브가 마치 거미줄처럼 짜인 복합체를 이루고 있다. 그래서 내부공간 전체 – 일부 에스컬레이터를 포함하긴 하지만 50m × 150m(160×480피트)에 이르는 내부 – 는 전시공간으로 대여 가능하다. 에스컬레이터는 외부에 있으며, 마치 시간여행 장치인 양 방문객을 플렉시글라스로 덮인 튜브를 통해 실제 전시공간인 서쪽 파사드로 이동시킨다. 화려하게 색칠된 배기 샤프트들은 박물관보다는 배를 연상시키는데, 이는 20세기 건축에서 따온 또 다른 인용구로서, 르 코르뷔지에가 처음으로 도입하였던 '선박 같은 건축ship's architecture'에서 비롯된 인용구들을 생각나게 한다. 모든 것 – 공급 케이블이나 샤프트, 튜브 등 – 이 개방되어 있고, 철제 비상구의 크기가 건물의 층고를 결정하고 있다. 파리에서만 가능한 방법으로, 즉 모든 것이 컬러

리처드 로저스, 렌조 피아노, 국립 조르주 퐁피두 예술문화센터
파리, 1971–77

노출되고 눈에 띄는 환기 덕트들이 마치 번쩍번쩍하게 칠해진 내장처럼 파사드를 휘감고 있다. 플렉시글라스 튜브는 방문객을 철제 래티스 공장으로 펌프질한다. 퐁피두센터는 문자 그대로 문화기계culture machine이며, 엘리트답지 않을 만큼 독특하며, 사람들을 안으로 끌어들인다. 왜냐하면 센터는 주변의 석조환경과는 어찌 보면 대립되기 때문이다. '벽'이 투명하고 멀리 있기 때문에 도시와 주택 사이, 내부와 외부 사이 또는 예술과 사람 사이의 장벽을 융해하고 있다. 6층의 각층 바닥은 50×150미터(160×480피트) 면적이며, 하중 지지요소들과 접근 수단들이 모두 외부에 있기 때문에, 한 층 전체가 현대미술박물관, 미디어센터, 시네마 콤플렉스, 집회 홀로 다양하게 쓰일 수 있다. 퐁피두센터는 하이테크건축 철학을 최초로 완벽하게 표현하고 있다. 건물은 촉매 같은 구실을 한다. 센터는 기술적인 서비스를 제공하고 여러 과정들이 활성화되어 있지만 그 자체로는 완성되지 않는 그릇과도 같다.

노먼 포스터 어소시에이츠, 오브 아럽 앤 파트너, 홍콩 상하이 뱅크

홍콩, 1979–86

보통 초고층건물은 외관으론 강한 상징이 되고자 하지만, 내부공간은 되도록 쓸모있는 표면을 얻고자 한다. 또한 이러한 생각에서 건물에 제공되는 기술은 덜 중요하게 되고, 내부공간에 최소한으로 숨겨지게 된다. 영국의 하이테크 건축가인 노먼 포스터는 이 특별한 프로젝트에 매우 색다른 방법으로 접근하였다. 즉 홍콩 상하이 은행의 주요 요소는, 돌출되어 공중에 600피트(180미터)로 완전히 노출된 두 개의 그룹을 이룬 4개의 철골 프레임이다. 각각은 모두 외부공간에 한 점에 모여지는 접근수단이 있다. 이들 사이에 47개 층이, 각 105피트(33미터) 너비로, 교량처럼 매달려 있다. 중앙의 공간을 오픈시켜 건물의 높이만큼 아트리움을 만들었으며, 여기에 전기로 조정되는 거대한 거울로 건물 깊숙이 빛을 보내고 있다. 기술이 건물을 지배하고 있다.

풀하고 활발하게 혼합된 것들이 완전히 개방된 모습으로 독특한 매력을 지닌 건물을 만들어 내고 있다.

풍피두센터의 생기발랄한 밝음을, 이고르 스트라빈스키 광장에 있는, 파리 시정부가 후원하여 장 팅겔리Jean Tinguely와 니키 드 생 팔Niki de Saint Phalle이 1982년에서 1983년 사이에 만든 조각분수가 훌륭하게 보완하고 있다. 커다란 분수 수조 안에는 16개의 서로 다른 조각 – 빙빙 도는 톱니바퀴와 플라이휠과 함께 회전하는 심장, 밝고 붉은 입술, 물을 뿜어내는 환상적인 물체와 음악부호 – 들이 있다. 이들은 위대한 작곡가인 스트라빈스키의 작품과의 연관성을 일깨워 줄 뿐만 아니라, 황량한 도시 내 다른 광장들과는 다르게, 풍피두센터 측면 광장을 사람들이 편안히 설 수 있도록 만들고 있다. 팅겔리와 드 생 팔 조각 분수의 낭만적인 쾌활함과 로저스와 피아노의 풍피두센터가 지닌 화려하고 기술적인 형태언어가, 20세기 조각과 건축이 함께 어우러져 전달하기 매우 어려운 즐거움을 전해주고 있다.

풍피두센터를 완성하고 얼마 지나지 않아 리처드 로저스는 런던에 로이드 보험회사 본사 건물을 완성한다(1979–86). 자체의 테크니시즘technicism으로 여과시킨 건물, 곡선 형태와 빛나는 금속 부품 때문에 보험회사라기보다는 자동차공장을 더욱 생각나게 하는 건물이다. 그러나 로이드 빌딩은, 10층 정도를 하강하는 거대한 통풍 튜브와 함께 빛나는 금속 건축으로서, 풍피두센터에는 없는 정말 위협적인 인상을 주고 있다.

로저스는 기술미학을 추구하는 자신의 이상

을 계속 1990년대까지 실행에 옮겼다. 예를 들어 영국 상업 TV인 채널 4의 본사 사옥(1995)처럼 말이다. 채널 4 사옥의 건축은 현대 텔레비전 스테이션의 업무가 그러해야 할 만큼 테크니컬하게 보인다. 건물 현관에 들어서려면 유리와 철로 된 브리지를 건너야 하며, 건물의 오목한 파사드는 전체가 유리거울로 덮여 있다. 브리지 위의 캐노피는 빛나는 철제 케이블로 적색 지지물에 걸려 있으며, 글라스 파사드에 장식적인 효과를 주고 있다. 유리박스인 누드 엘리베이터는 건물외부에서 위아래로 움직이며, 역시 로저스의 트레이드마크답게 과장된 크기의 통풍 샤프트가 있다.

하이테크한 형태와 고급스런 이미지가 높은 품질만큼이나 감동적으로 이 건물에 합성되어 공존하고 있으며, 로저스가 신뢰하는 건설방법의 원칙들이 풍피두센터보다 20년 지난 후에도 만족할 만한 시각효과를 만들어 낼 수 있음을 증명하며, 당대에는 물론 지금까지도 여전히 적절한 것으로 남아 있다.

기술적 진지함 – 노먼 포스터

Technical sobriety - Norman Foster

노먼 포스터는 건축 스타일을 이끄는 영국의 또 다른 대표 건축가이다. 그는 건물의 테크놀로지를 독특한 양식으로까지 끌어올렸다. 영국 입스위치에 위치한 윌리스 파버 앤 뒤마Willis, Faber & Dumas 보험회사가 입주한 곡면 빌딩(1970–75)은 건물 구조 프레임을 명백히 표현하고 있으며, 오직 보호유리로만 덮여 있다. 또한 홍콩 상하이 은행에서는 모든 고층빌딩 건설에서 지지되는

권터 베니쉬, 프라이 오토, 올림픽 스타디움
뮌헨, 1968-72

과거의 짐에서 해방되어, 즐겁고 모던하다. 이는 1972년 뮌헨올림픽 게임에서 독일이 자신을 표현하고자 원했던 개념이다. 조경가인 볼프강 레온하르트와 협동하여 권터 베니쉬는 이전에는 비행장의 일부였지만 올림픽 게임을 위해 지정된 지역을 오픈된 공원으로 계획하였다. 스포츠 경기장들은 느슨하게 나뉘어졌다. 일부를 지중으로 배치하여 인공적으로 조성된 조경과 밀접한 관계를 갖도록 하였다. 경사진 철제 마스트로 지지되는 플렉시글라스 캐노피로 지붕을 덮었다. 여기서 프라이 오토는 처음으로 완전히 새로운 구조시스템을 추구하였다. 이 부드러운 형태는 완만한 언덕에서 자라난 듯하였다. 환상은 완벽하였다. 그러나 이런 색다른 구조에는 지표에서 130피트(40미터) 아래로 내려가는 콘크리트 기초가 필요했다. 이런 지형을 변경하려고 수백만 세제곱 피트의 흙을 옮겨야만 하였다.

내력기둥을 기존처럼 커튼월로 숨기지 않고, 포스터는 오히려 이 기념비적인 구조시스템을 건물의 실제 테마로 만들고 있다.

역사와는 관련 없이 형태로서 표현하는 진지한 기술 건축언어technical architectural language 바로 그 때문에, 노먼 포스터 같은 건축가는 베를린 국회의사당Berlin Reichstag의 재건에 책임을 맡을 운명이었다. 실제로 포스터는 독일 의회The German Bundestag를 새롭게 앉히는 작업을 1995년에서 1999년까지 수행하였다. 노먼 포스터는 기존 빌딩에서 이미 사용된 재료와 기존의 건설방식을 강조하면서 먼저 건축형태를 결정하였다. 그리고 19세기 파사드 뒤에 숨겨진, 투명성transparency을 목표로, 전체가 유리인 구조체로써 내부공간에 완전히 새로운 생명을 부여하였다. 즉 유리 돔을 얹었다. 역사적 기념물을 보존하는 어휘를 써서, 옛 건물에 폭력이 가해졌고 1950년대에 이에 상응하는 역사적 변형도 있었음을 나타내고 있다. 그러나 포스터의 하이테크 건축은 세상의 진보적 시각을 단적으로 표현하고 있으며, 그것은 의심할 바 없이 그에게 설계를 맡긴 사람들이 바랐던 바로 그것이었다.

스포츠를 위한 텐트 A tent for sport

탄게 켄조의 토쿄 올림픽 경기장(83쪽 사진 참조)이 독특한 하이테크의 모험과 놀랄 만한 미적 효과를 만들어 낸 공법과 재료를 채택한 지도 벌써 여러 해가 지났다. 권터 베니쉬Günter Behnisch와 프라이 오토Frei Otto는 기후로부터 보호되고 최대로 투명한 가벼운 텐트airy tent 지붕을 생각하였고,

이를 1972년 뮌헨올림픽 스타디움에 사용하였다. 플렉시글라스 플레이트plexiglass plate를 서로 짜 맞춰 건설된 이 복합지붕은 7만 명을 수용하는 스포츠 스타디움의 넓은 면적을 덮고 있다.

프라이 오토가 이전에 개발하였던 텐트 형식의 공법은 한동안 내구성 문제 때문에 가건물에나 적합하다고 생각되었다. 오토는 이미 이에 필적할 만한 구조물을 1957년 쾰른에서 열린 전국 정원전시회the National Garden Show와 1967년 몬트리올에서 열린 국제박람회 독일 파빌리온을 위해 만들었다.

뮌헨올림픽 지구의 특별한 요구조건은 다양한 기능을 만족해야 하는 것이었다. 그것은 현대 스포츠 경기공간이어야 했으며, 또한 바이에른주 주민이 즐길 수 있는 공원이어야 했고, 또한 도심부로부터 몇 분 내에 트램으로 도착할 수 있어야 했다.

건축으로 말하자면, 1936년 독일이라는 토양 속에서 나치Nazi 통치하의 최초 올림픽 경기를 위해 베를린에 건설되었던 스타디움 건축과는 눈에 띄게 대비되는 것을 만들기 위해 특별한 노력이 들어갔다. 알베르트 슈페어와 히틀러의 요구에 따라 베르너 마치Werner March가 자신의 근대 콘크리트 구조물에 적용해야 했던 석회석 슬래브와 고전주의 형태 대신에, 새로운 뮌헨올림픽 스타디움은 가볍고 부드럽게 곡면을 이루며 개방된 것이어야 했다. 이런 방법으로 전임자들과는 정말 다른 이미지를 세계사회에 전달하려고 하였다. 즉 서독이 전하려던 메시지는 현대적이며, 진보적이며 역동적인 것이었다.

사이트SITE, 베스트 슈퍼마켓
미국 메릴랜드 토슨, 1978

베스트 체인을 위해 만든 슈퍼마켓들은, 자신들을 SITE, 즉 Sculpture in the Environment 라고 부르는 건축가 그룹이 만들었으며, 이 슈퍼마켓들은 교외이건 공업지역이건 간에 적어도 있을 만한 곳이라고 생각하지 못할 장소에 세워진, 완전히 조각적인 건축물의 원조였다. '놀라움'이라는 요소는 슈퍼마켓들과 이를 디자인한 건축가들의 트레이드 마크였다. 예상치 못한 변화들 - 예를 들어 벽이 일정 각도로 경사지고 대각선 방향으로 놓여지는 등 - 은 방문객들의 예상한 지각을 어지럽히고 방해한다. 그러나 건물의 파사드가 어떠해야 한다는 관습적인 기대를 혼란스럽게 만드는 배경에는, 건축을 사용하여 이전보다 훨씬 균질해진 소비자 사회에서 쇼핑이라는 진부하고 의례적인 과정을, 매일 매일의 해프닝으로 바꾸려는 시도보다, 올바른 길에서 벗어난 사회에 대한 비판은 거의 없었다.

반(反)건축 DE-ARCHITECTURE

광고와 소비 Advertising and consumption

수많은 인상과 이미지가 우리 일상생활에서 들끓는다. 교통신호에서 게시판이나 텔레비전 단편 광고에 이르기까지 우리 주변에서 매일 주어지는 시각적 신호들은 점점 강해지고 있다. 실제로 영화를 보기 전에 크고 넓은 세계를 잠시 보여주지 않는다면 영화관에 가는 일은 없을 것이다. 프랑스 칸에서 열리는 최대 흥행 영화제의 광고물을 보면, 잘 만들어진 광고는 그 자체가 오락의 형태일 수 있다. 앤디 워홀의 수프 캔 연작 그림은 광고를 예술로 이끌었으며, 예술이 되고자 하는 광고의 바람이 넘쳐나고 있다.

그러나 이 모든 것은 단 한 가지 목적 때문이다. 즉 '어느 가격에서도 눈길을 끌며, 어떤 경쟁에서도 살아 남는다 - 판매의 관점에서 가장 훌륭하게best of all 시작해야 한다'. 이는 미국 슈퍼마켓 체인인 베스트BEST에서 인용한 문구이다. 베스트는 SITE(Sculpture in the Environment)라는 이름으로 활동하는 건축가 그룹이 설계한 점포들을 소유하고 있다.

1970년대에 SITE는 상점디자인에 일부러 놀라움과 쇼크를 일으켰다. 단조롭고 특색 없는, 그리고 모두 똑같은 디자인으로 지어지는 슈퍼마켓들이 마치 버섯처럼 여기저기에 생겨났다. 이렇게 지루한 종류의 전형들이 주변에 흔하게 있다고 생각한 SITE는, 유머 쪽을 택해 쇼핑객들을 놀라게 하고 혼란스럽게 만드는 쪽으로 줄을 섰다. 부드럽고 완벽한 기존 파사드 대신에 소비자는 막 무너지려는 벽에 갑자기 맞닥뜨리게 되거나, 막 붕괴되어 벽돌더미가 그 아래에 쌓여 있는 현장에 서게 된다. 또 다른 경우에서는 슈퍼마켓 출입구 뒤에 바로 숲이 자라면서 건축을 비집고 나와 다시 옛 땅으로 돌아가려는 듯이 보인다. 물론 이 모든 것은 예기치 못한 환영illusion이고 트릭이지만, 소비자에게 쇼핑이 더욱 드라마틱하도록 의도한 것이었다. 가상의 위험은 단지 속임수이며 혼란을 유도하지만, 그러나 결국에는 즐기게 되며 소비자를 기쁘게 해준다는 사실을 깨닫게 하는 이 충격shock의 아이디어에 SITE는 도박을 하였다.

SITE 건축가들은 스스로 자신들의 건물을 반(反)건축De-architecture이라고 이름 붙였고, 다른 상점의 기능주의적 지루함에 대해 비평적인 자세를 취하였다. 그러나 BEST의 드라마틱한 파사드 뒤에는, 여전히 또 다른 단조로운 슈퍼마켓이 있을 뿐이었다.

포스트모더니즘 POST-MODERNISM

양식의 복고 The return to style

SITE의 조각 같은 건물에 내재해 있는 기능주의에 대한 비판은 SITE만의 영역은 아니었다. 여기저기서 모더니즘Modernism의 건축개념에 대한 명백한 의심들이 표출되었다. 모더니즘은 오랫동안 건물의 역사를 지배해 왔으며, 그 동안 완전히 표준이 되어왔고, 구원을 받는 유일한 길이었다. 특히 주거건축에 기본이 되는 전제, 즉 거주자를 위해 적절한 사회적 맥락을 만들어야 한다는 것은 실제로는 거의 지켜지지 않았음이 밝혀졌다. 모더니즘에 기초한 건물에는 일정한 질적 수준과 모험정신이 있었다. 그러나 현재 세워지고 있는 아파트 주동들은 점점 황량해지고, 표준 감각이 없이도 표준 박스 형태로 슬럼이 되고 있었다.

19세기말 모더니즘은 시작부터 건축에서 전통형태와 장식을 사라지게 하였다. 기둥Pillars과 박공gables이 평지붕의 직선rectilinear 박스로 대체되었다. 콘크리트와 유리로만 건설되어 장식을 완전히 배제하였고, 다만 눈부신 백색의 또는 반짝이는 파사드만이 있었다. 그러나 근대건축의 수면 아래에는 사리넨의 화려하게 굽은 표현주의부터 바우하우스의 옛 거장들, 그로피우스와 미스 반 데어 로에의 엄격하게 그리드 잡힌 건물에 이르기까지 놀랄 만하게 넓은 범위로, 새로운

탄게 켄조 丹下健三 TANGE KENZO

토쿄의 토카이도 급행열차의 고가철로 뒤에는, 면적이 겨우 189㎡(225sq.yd) 되는 각진 대지 조각 위에 직경 8미터(26피트)의 실린더 타워가 서있다. 여기에는 리프트와 설비층이 있다. 모두 유리로 된 오피스들이 양 측면에 붙어 있다. 타워에서 14개 층이 돌출되어 있으며, 모두 철근콘크리트로 공장 생산된 부품들로 조립되어 있다. 이는 시즈오카 – 신문 및 라디오 방송회사 – 의 본사 사옥이다. 처음 보면 – 비록 처음 볼 때 만이지만 – 홍보로는 극히 효과적이다. 이는 탄게 켄조의 핵심 건물 중의 하나였다.

탄게는 1913년 일본 오사카에서 태어났으며, 그는 작품에서 국제적인 모더니즘 건물에 전통 일본사상을 결합시키고 있다. 1946년에서 1972년까지 토쿄대학교 교수로 있으면서 발전시킨 건물과 도시에 대한 자신의 이론을 바탕으로, 구조주의Structuralism를 이끈 지지자라고 평가된다.

탄게 켄조, 1965년경

으로 커뮤니케이션이 대체될 수 있어야 한다. 이보다 간단하고 획기적인 가능성은 없다."

탄게는 신도시를 위한 자동차도로를 구도시와 토쿄만 지역 위 공중에 40미터(130피트) 높이로 설치할 것을 제안하였다. 지상은 완전히 개방된 상태, 즉 '오픈 스페이스'가 될 것이다. 그리고 교통은 사람들의 사적 생활을 방해할 가능성이 없게 된다.

탄게는 이미 40여 년 전에, 최초 설계작이었던 히로시마 평화센터(1949–56)나 토쿄 자택(1951–53)을 지주stilts 위에 세웠다. 자택의 상층을 이루는 큰 방에는 어떤 기능도 주지 않았다. 단지 거주자의 요구에 따라 미서기문으로 3부분으로 나눌 수 있었다.

그 주택은 건축가의 두 번째로 위대한 영감인, 전통 구성양식을 보여준다. 1959년 오텔로 CIAM 회의에서 탄게는 전통을 촉매와 비교하였다. "촉매는 반응을 유발하고 촉진시킨다. 그러나 최종 결과물에서는 더 이상 인식할 수 없다." 그래서 탄게는 일본 전통주택의 형태를 단순히 차용하지 않았을 뿐만 아니라, 목제 구조로 건립하는 방법도 채택하지 않았다. 탄게는 타카마쓰 현 청사(1955–58)를 강화콘크리트로 건설하였는데, 이 재료의 안정성이 목재의 안정성과 비슷했기 때문이다. 이는 미스 반 데어 로에가 1922년에 제안한 철근콘크리트 구조 오피스빌딩 프로젝트와 시각적으로 매우 유사하다. 그러나 유럽인으로서 미스는 투명한 구조를 다시 고안해내야 했지만, 탄게는 단지 일본전통에 따르기만 하면 되었다.

새 시청사, 토쿄

제안된 계획안들 중 제일 급진적인 것은 탄게 켄조가 1959년에 제안한 토쿄 계획이었다. 이 안은 도시의 건물들이 아니라 도시하부구조를 바탕으로 도시구조를 예상하고 있다. 또한 이 계획안의 목적은 인구 천만의 거대도시로 질서있게 도시가 성장하는 방안을 제시하는 것이었다. "이 규모의 도시들은, 현대 사회생활에 필수적인 기능들을 충족시켜야만 한다." 초기에 가장 중요한 개념은, 현재의 형태가 아니라 미래의 기능이며, 이는 도시계획의 시작점이 되어야 한다고 하였다. 탄게에게 도시의 주요기능이란 커뮤니케이션이었다. 그리고 1950년대 말에는 커뮤니케이션은 움직임을 의미했다. 그래서 토쿄계획의 첫 단계는 교통계획이었다.

건물들과 도로, 광장과 함께 현재의 도시 자체로는 그 내부에서 발생하는 상승일로에 있는 움직임에 대한 충분한 공간을 줄 수 없다는 것이 탄게의 신념이었다. 그래서 도시는 '새로운 이동성을 위해 새로운 구조'를 개발해야만 한다. "현재 도심부를 대체할 새로운 도시축을 제안해야 하며, 단계적으로 토쿄만 전체로 확장해야 한다. 또한 이 축선을 따라 최소시간

올림픽 홀의 지붕막은 두 개의 콘크리트 마스트에 케이블로 연결되어 있다. 이러한 지지방법은 일본 전통 사찰의 지붕에서 빌려왔다.

도시망urban net의 출발점은 150~200미터(480~640피트) 높이로 200미터(640피트)씩 떨어진 진입 타워 행렬이다. 이들은 때로는 도시교통 시스템의 지선이 되기도 하고 건물들의 아트리움도 되며, 수직적인 접근, 기계설비, 수도관, 전기선들을 제공한다. 사람들이 살고 일하게 될 플랫폼들은 이 타워들 사이에 매달리게 된다. 타워 등의 뼈대는 단단하고 교체할 수 없는 구조인 반면에, 플랫폼은 어떠한 기능에도 적용가능하고, 사용자의 요구에 맞추어 변화될 수 있다.

이런 계획은 1950년대 말에는 전혀 드물지 않은 것이었다. 그러나 예를 들어 브라질리아에서는, 다소 구식이었지만 슬래브 형태의 초고층건물들이 현대 교통시스템과 공존하였기 때문에, 탄게는 이 기능적인 계획을 도시계획과 일치되도록 번안할 수 있었고, 최소의 건축형태상 디테일로 나타내었다. 탄게는 결코 도시계획과 건축을 서로에게서 분리하여 볼 수 없는 건축가였다.

탄게의 개념은 전 세계의 도시계획가들, 특히 헤르만 헤르츠베르허와 네덜란드 구조주의자들에게 영향을 미쳤다. 후기 작품에서 탄게는 자신의 건물형태를 당시의 포스트모던 정신에 적용하였지만, 자신의 의지는 그대로 유지하였다. 그의 마지막 대형 프로젝트였던 토쿄 새 시청사(1986–91)는 처음 보기에 마천루 성당처럼 보인다. 그럼에도 불구하고 여기서도 각 복합건물들은 시민광장 주위로 배치되어 있고, 이를 이어주는 램프들이 있으며, 지주들로 올려진 자동차도로 위에 자리잡고 있다.

1950년 중반에 탄게는 이세伊勢 신사가 일본건축의 전형이라고 칭송하는 책을 서술하였다. 1964년 탄게는, 원래는 천막에서 기원된 사찰 지붕의 날아오를 듯한 형상을 재해석하여 토쿄에 있는 두 개의 올림픽 아레나에 적용하였다. 케이블을 포물선 모양으로 두 마스트에서 잡아당기고, 그 위에 지붕 표면을 지지하는 철제망을 얹었다. 그렇게 하여 사찰 내부공간의 성스러운 분위기가 건물에 전달되었다. 이는 오늘날의 맥락에서도 똑같이 종교적인 성격을 띠고 있다.

시즈오카 신문 방송사

사조가 1960년대 초반부터 일찍이 움직이기 시작하였다. 새로운 사조는 장식과 수사를 위해 과거 역사적 형태를 다시 새롭게 인식하고 있었다. 사람들은 더 이상 기꺼이 바우하우스 기능주의Bauhaus Functionalism 개념을 따르지 않았으며, 지루한 것으로 얕잡아 보게 되었다.

이 새로운 흐름의 선봉에는 미국 건축가 로버트 벤투리Robert Venturi의 초기 건물이 있다. 그의 저서인 『건축의 복합성과 대립성Complexity and Contradiction in Architecture』(1966)과 『라스베가스의 교훈Learning from Las Vegas』(1972)은 포스트모던 건축이념의 기초가 되었다. 두 책에서 전통과 일상의

로버트 벤투리, 반나 벤투리 주택
미국 필라델피아 체스트넛 힐, 1962–64
로버트 벤투리가 어머니를 위해 설계한 이 주택은 프레리 주택의 새로운 형식이었다. 집 중앙의 굴뚝과 조화롭게 전개되는 내부공간과 함께, 둘러쌈을 구체화하고 동시에 투명성을 보여주고 있다. 벤투리에 따르면 파사드는 주택의 '상징적인 화면'이며, 이는 18세기 혁명건축에까지 거슬러 올라간다. 초기의 포스트모던 건물 중의 하나로서 이 주택은 고전이 되었다.

문화 모두에서 얻고자 하는 벤투리의 인용 범위를 알 수 있다. 한편 내부로는 로만 포스트르네상스Roman post-Renaissance 문화의 흠 있는 매너리즘을 지지하고, 다른 한편으로는 광고매체로서의 건축 – 'decorated shed(장식된 오두막)'의 원리 – 을 긍정하고 있다.

이러한 양쪽 측면들이 어머니인 반나 벤투리를 위한 주택에서 이미 나타나고 있다. 그 집은 소시민petit bourgeois의 품목이었으며, 만일 프랭크 로이드 라이트의 프레리 주택(16쪽 참조)을 인정하지 않는다면, 근대 건축의 발전과는 정말로 접촉이 없는 미국 교외주택이었다. 파사드는 건물 전체를 참고하지 않아도, 기능주의Functionalism가 제시한 원칙을 효과적으로 부정하는 의미를 나타내고 있었다. 그리고 벤투리가 교외주택이란 맥락에서 사용한 noble order(관습적인 질서–역자주)라는 건축술은 바로 이 기능주의의 원칙들을 기꺼이 비웃고 있다.

엄정하지만 깨어진 페디먼트broken pediment가 있는 이 주택은 '비대칭적 대칭asymmetric symmetry' 원리를 따르고 있으며, 이는 창문의 배열뿐만 아니라 다락방의 뒷벽이 되기도 하는 편평한 굴뚝에서도 찾아 볼 수 있다. 주 출입구의 단정한 육면체의 질서, 출입구 윗면의 평평한 아치flattened arch, 후면의 디오클레티안 창문Diocletian windows 등은, 르두Ledoux가 '이상도시 쇼the Salines de Chaux(1776)' 주택에서 제안하였던 것과 같은 유형으로서, 벤투리가 혁명 건축revolutionary architecture의 전문가라는 것을 보여주고 있다. 깨진 페디먼트는 매너리즘 건축의 요소이며, 이 주택에서는 지붕 밑 방에 빛을 주는 지주shaft로 쓰이고 있다. '블랙박스black box'인 출입구는 순수한 형태 – 큐브a cube – 이며 실제 출입구는 정면의 90도 방향인 오른쪽에 있다.

벤투리는 브루탈리즘 시대에서도 시적(詩的)으로 건설하는 것이 가능함을 보여주고 싶었다. 파사드는 의식적으로 18세기의 전형적인 합리주의 건축rationalist architecture을 모델로 하고 있다. 모더니즘 시대 이후로 '건축예술art of building'을 되찾으려는 시도이다. 그러나 반나 벤투리 주택은 또한 당시대의 표현이기도 하다. 그것은 포스트모더니즘 최초의 신호이며, 모더니즘이 만들어 낸 공간과 파사드에 주택의 '상징적 이미지symbolic image' 개념을 하나로 묶는 것이었다. '인용quotation'을 깨는 것이 벤투리의 접근방식에 다가가는 것이며, 바로 아이러니irony가 될 수 있다. 주택villa을 제외한 다른 건물들도 이와 같은 방식으로 처리하였다. 1960년에서 1963년에 걸쳐 벤투리는 필라델피아의 양로원인 길드하우스Guild House를 설계하였는데, 여기에도 지루한 벽돌조에 새로운 위엄을 주기 위해 비슷한 요소들이 적용되었다.

벤투리는 루이스 칸의 제자였으며, 루이스 칸을 매우 존경하여 '모더니즘 이후after modernism'에서 새로운 건축의 다양성variety in architecture(현재는 이 또한 고전이 되었지만)으로 전환하는 데 크게 영향받았다.

벤투리는 건물로 표현하는 것보다 이론 자체에 더욱 기울어졌다. 벤투리의 목적은 여러 세기 동안 가치 있는 것으로 증명된 건축의 규범canons들을 공통된 기억으로 되살리려는 것이었다. 이 규범들, 예를 들면 기둥 오더order 사용 법칙, 건물의 심메트리 등등은 비트루비우스와 팔라디오 이래로 결정적인 것이었다. 이를 이해하는 어떤

사람이든지 특정 형태, 예를 들면 기둥이나 깨진 페디먼트에 적용된 의미의 맥락이 무엇인지 알고 있었다.

1920년대의 근대주의자Modernist들은 장식과 위엄 사이의 가장된 관계에 의심을 갖고, 그 대신에 건물의 기능성functionality을 전면에 내세웠다.

벤투리 건축의 관점에서 이것은 정말로 모던이라기보다는 보수적인 것이었다. 그러나 벤투리가 역사적인 형태로 전환했을 때에도, 비평으로 정의되기 전까지는 벤투리의 건축은 고전적인 모더니즘classical Modernism을 빼놓고는 생각할 수 없었다. 벤투리의 생각은 모더니즘 스타일 이전으로 돌아가는 것이 아니라, 지루하고 질 낮은 파생물에 대안을 제시하는 것이었다. 그러므로 벤투리의 건축은 모더니즘을 능가하는 최초의 시도였으며, 포스트모더니즘으로 향하는 최초의 조짐이었다.

인용의 즐거움 The pleasure in quotation

과거 양식style에 자신을 개방하여 건축으로 보여준 건축가는 벤투리만이 아니었다. 비록 처음 보기에는 그의 건물이 지나간 시대의 장식들을 취급하고 있다고 보이지는 않지만, 찰스 무어Charles Moore는 포스트모던의 기초를 세운 또 다른 건축가였다.

오린다Orinder에 있는 무어 자택은 숲 속에 단정하고 콤팩트하게 지어져, 자세히 살펴보아야 외부에서 건물의 정신을 뚜렷이 알 수 있다. 주택의 코어는 기둥 위에 얹은 닫집과 닮은 두 개의 형태로 되어 있다. 그 코어 주변에 무어는 건물의 다른 부분들을 배열하고 있다. 이런 방법으로 전체는 사각형을 이루고 있다.

닫집baldachins은 기둥 위에 놓인 캐노피이며, 원래 신성한 장소 위에 세워졌다. 고대Antiquity 이후로 닫집은 특별히 건축의 신성한 질서noble order였으며, 특히 성스러운 건축에서 그러하였다. 중세나 바로크 시기의 매우 커다란 성당에서 제단altar의 지붕으로 닫집이 쓰인 것은 그리 놀랄 만한 일이 아니다.

무어는 건축에서 매우 신성한 의미를 갖는 이 물체를 전혀 신성한 의미가 없는 장소인 그의 주택으로 옮겨놓았다. 역사에서 인용하여 조작하는 이 지적(知的)인 즐거움과 아이러니한 파괴는, 주택 내부에 닫집을 사용한 이유를 설명하는 개념이다. 거주 중심부분에 더 큰 닫집을 쓰

고 있음을 인정한다면, 욕조 지붕을 덮으려고 쓰인 두 번째 닫집이야말로 명확히 아이러니를 보여주고 있다. 역사적 건축형태를 조작하는 무어의 열정은, 그 형태들을 원래 놓일 자리가 아닌 다른 맥락 속에 놓고 있으며, 이는 오린다 주택의 다른 곳에서도 찾아볼 수 있다. 예를 들어 일반 창문이나 문 대신에 미닫이문을 마구간에 쓰고 있다.

지역건축vernacular architecture과 성스런 장소에 있던 닫집에서 인용함으로써 주택은 여러 관계에 자유롭게 작용하며, 특히 건축가 자신의 집일 경우 건축가의 마음에 많은 아이러니를 던져주고 있다고 말할 수 있다.

인용quotation과 '말하는 건축'에 대한 무어의 포스트모던적 즐거움은, 가장 잘 알려진 프로젝트라 할 수 있는 뉴올리언스의 피아짜 디탈리아Piazza d'Italia에서 더욱 잘 볼 수 있다. 이 광장은 1974년에서 1978년까지 건설되었고, 이탈리아 이민자인 주민들이 의뢰한 것이다. 그들의 바람

찰스 무어, 이탈리아 광장 Piazza d'Italia
미국 루이지애나 뉴올리언스, 1978

건물은 말할 수 있고 말해야만 한다. 건물은 이야기할 자유를 요구한다. 건물은 현명하게, 훌륭하게, 강력하게 또는 어리석게 말할 수 있다. 건물은 과거와, 되살린 기억들과 연관되어야만 한다. 바로 이런 태도가 찰스 무어를 포스트모더니즘의 가장 자족적인 이야기꾼으로 만들었다. 피아짜 디탈리아를 만들려고, 무어는 이탈리아 지형과 뉴올리언스의 건축역사를 묘사하는 극장 세트theatre set를 옮겨왔다. 무어는 스프링클러를 설치하려고 프리즈를 베껴왔다. 또한 기둥들을 철재로 덮었다. 이런 건축적인 책략으로, 로마 고전이나 르네상스에서 인용한 요소들을 설치한다는 아이러니 속에서 즐거워질 수 있다. 전혀 의도된 바 없음이 그 대가로 오히려 웃음을 이끌 수 있을 것이다. 쇼핑센터 중간을 차지한 완전한 원형 광장은, 이탈리아인 선조들의 사회생활 중심과는 거리가 멀다. 그러나 기능주의에 대한 이런 논쟁조차도 의도된 것이다.

리카르도 보필, 공동주택 왈덴 7
바르셀로나, 1975
고층 공동주택 블록은 늘 문제 많은 건축유형이다. 스페인 건축가 리카르도 보필은 건물을 분절하여 익명성의 위험에 도전해 보았으나 그리 성공적이지는 못했다. 바르셀로나의 16층 빌딩 군들이 주변에 모여 있는, 5개의 내부 중정들을 가로지르는 많은 보도와 브리지, 아케이드들은 위협적으로 미궁 같은 것을 만드는 데 일조할 뿐이었다. 외부공간은 비현실적인 배치계획 때문에 희생되었다. 이후 보필의 공동주거 프로젝트들도 거대한 고전양식의 기둥에 의존하였지만, 역시 성공하진 못했다. 플루팅된 원통형 형태 뒤로, 불완전한 알코브와 어두운 나선 계단실이 숨겨져 있다. 형태주의 프로젝트는 너무나 뻔해 보였다. 포스트모더니즘은 이를 더욱 평판 나쁘게 하였다.

에 따라 광장과 분수는 장화 같은 이탈리아 형태를 본떠 만들어졌다. 피아짜는 시실리가 중심으로 동심원상으로 놓여 있으며, 지중해가 아니라 분수로 적셔지고 있다. 그 뒤로 화려하게 채색되고 고상한 재료로 가득 찬 기념비적인 기둥들이 있으며, 이는 고대 형태언어에서 인용되어 독특한 집합을 이루고 있어, 로마제국과 이탈리아 르네상스의 집중된 건축적인 힘이 합류되고 있다.

무어가 대중들에게 계속 뜻있는 윙크를 보내는 것만큼, 피아짜 디탈리아에 모아진 매우 난해한 건축적인 언급을 정말 대중들이 이해하고 있는지를 묻고 있다. 그리고 조크를 이해할 수 있는 건축 역사와 형태에 대한 기초를 정말로 요구하고 있다. 다시 한 번 포스트모더니즘은 근본적으로 지성적인 운동intellectual movement임을 그 자체로 보여주고 있다.

무어는 도릭 프리즈Doric frieze를 분수의 스프링클러로 바꾸고, 기둥 주두에 조명을 설치하고, 물을 뱉어내는 두 개의 인물상에 무어 자신의 모습을 새김으로써 조크joke 전면에 자신을 내세우고 있다. 그 결과 단순히 기능적인 건축이 아니라 즐겁고 유머 있는 건축이 되었다.

모더니즘의 종말? The end of Modernism?

1970년대 중반에는 모든 것이 건축적으로 가능한 듯이 보였다. 이전에는 결코 이루어질 수 없었던 것을 포함하여, 즉 기둥에서 평지붕에 이르기까지 밝은색으로 칠해진 공기배출 덕트에서 통풍 샤프트 옆에 놓인 값비싼 대리석 마감까지 가능하게 되었다. 갑자기 모든 것이 혼합되고 섞여졌다.

1960년대 초반 무지막지하게 막강하였던 모더니즘의 기능주의 경향에 조용히 대항하기 시작하였던 운동이, 1970년대에는 거대한 폭풍이 되었다. 그것은 과거 스타일에 대한 극적인 역전이었으며, 건축가뿐만 아니라 사회 전체를 양극화하였고, 바로 1980년대에 영향을 주었다. 미국과 유럽의 건축이 서로 얼굴을 맞대고 마침내 유럽에 포스트모더니즘을 확립한 것은, 파올로 포르토게시Paolo Portoghesi가 주관하여 1980년 이탈리아 베네치아에서 열린 첫 번째 건축 비엔날레였다.

가장 확실한 복귀는 기둥column이었는데, 기둥은 고전 그리스 시대 이래로 서양건축에서 가장 중요한 형태요소였다. 가장 강력한 기둥 챔피

언은 리카르도 보필Ricardo Bofill이었지만, 보필은 기둥을 고전 건축가의 의도처럼 전혀 사용하지는 않았다. 고전 건축가들은 기둥의 오더order of column를, 기둥이나 프리즈의 장식만큼이나 굳건히 지지하거나 지지되는 요소들의 상호관계로서 규정된다고 생각하였다. 과거 고전건축가들이 그랬듯이 기둥을 정교한 대리석으로 다듬는 대신에, 따예르 데 아키텍투라Taller de Arquitectura(건축가들의 작업실)의 보필과 그의 동료들은 프리캐스트 콘크리트 기둥을 사용하였다. 보필은 거대한 플루티드 기둥fluted column이나 기념비적인 개선 아치triumpal arch를 아파트 주동의 파사드를 분절하는데 사용하였다. 파리 근처 마른-라-발레의 에스파스 다브락사스Les Espaces d'Abraxas나 생-캉텡-앙-이블린에 있는 탕플 뒤 락Temples du Lac에서와 같이, 결코 신성한 의미 없이 기념비적인 분위기를 주려고 사용하고 있다.

보필의 건물들은 대단히 극적이다. 10층 규모까지 이르는 기둥 질서는 고전 사원에서 쓰인 바와는 달리 엔타블레처에서 멈추지 않는다. 그리하여 독일 알베르트 슈페어의 거대지상주의 gigantomania나 1950년대 스탈린주의자들의 웨딩 케이크 스타일에 대한 기억을 되살리게 한다.

포스트모더니즘은 무어나 다른 사람들이 도입하려던 아이러니컬한 특징들을 점차 잃어갔다. 그 자리를 가장 값비싸며 가장 오래된 방법으로 역사를 인용하는 교의적인 건축dogmatic architecture이 대신하였다. 슈투트가르트 미술관 신관(1977-84, 96쪽 참조)에서 제임스 스털링James Stirling과 마이클 윌포드Michael Wilford가 채택한 형태의 화려한 다양성playful variety of forms은 이제 예외적인 것이 되었고, 보필의 건물에서도 그의 거대한 제스처 역시 결여되어 있다. 대신에 보필은 고전을 모방한classicizing 옷으로 서민 아파트를 짓고 있으며, 모더니즘의 규격화된 주거단지 내에서 매우 한정된 대안을 제시하고 있을 뿐이다.

고전주의가 크게 지지를 받던 1970년대 종반에 히틀러의 건축가였던 알베르트 슈페어가 뜻밖에 각광을 받게 되었다는 것은 조금도 놀랄 만한 일이 아니었다. 슈페어의 작품이 작품집 형태로 다시 출판되고 극히 무비판적으로 받아들여지고 음미되었다.

건축은 인용이란 자루 속으로 퇴보되어 버렸고, 그 자루에서 현재의 건축형태와는 완전히 역사적인 관련 없이, 어느 누구라도 원하던 것을

정확히 끄집어내어 포장하고, 새로운 맥락에서 표현하게 되었다. 백 년 동안의 근대건축 발전에 전염성 강한 절충주의eclecticism의 위험이 극에 달하고 있다. 만일 찰스 무어가 피아짜 디탈리아를 위해 이탈리아를 뉴올리언즈에 가져올 수 있다면, 이소자키 아라타가 일본 츠쿠바 본부건물(1980-83)을 위해 미켈란젤로의 로마 피아짜 델 캄피돌리오piazza del Campidoglio를 직설적으로 인용 못할 까닭이 없었다.

마천루 건설 분야도 마찬가지로 위축되었다. 사람들은 미스 반 데어 로에의 메트로폴리탄적 우아함을 냉대하기 시작하였고, 1920년대와 1930년대 레이먼드 후드나 윌리엄 밴 앨런 작품들 속에서 처음 나타났던 아르데코의 성가신 모양으로 갑자기 되돌아갔으며, 유행 그 이상도 아닌 고전주의 목록으로 치장하여 버렸다.

재주 많은 필립 존슨은 AT&T 빌딩으로 포스트모더니즘에 영원한 족적을 남겼다. 분홍색 화강암으로 피복된 빌딩은 하늘까지 우뚝 솟았으며, 창문의 배열로 수직선을 강조하여 그 무엇보다도 모더니즘의 수평 띠창에 곧바로 대항하는 듯하였다. 건물의 정상부에 있는 기념비적인 브로큰 페디먼트는 이 건물의 개념을 널리, 그리고 멀리 알리고 있다. 개선 아치triumpal arch 모양의 입구는 개방적이며 당당하게 서너 층 규모로 설치되어, 건물과 소유주의 관계를 강조하고 있다. 1920년대 마천루와 똑같은 방법으로 AT&T 빌딩은 번영과 성장을 건물형태로 표현하고 있다. 더 이상 기능주의적이지 않으며, 고층빌딩에서 필수였던 투명성도 없으며 단지 위엄만 존재한다.

전통 형태의 조작은 미국 건축가 마이클 그레이브스가 설계하고 켄터키 주 루이스빌에 세워진 휴마나Humana 빌딩(1982-86)에 이르러 그 절정을 맞이하였다. 눈에 띄는 건물의 특징은 분홍색 화강암과 녹색 유리 층이 이루는 두드러진 파스텔조 컬러레이션이다. 또한 그레이브스가 고층빌딩의 전형적인 직사각형 형태를 깨려고 각각의 볼륨을 달리한 것은 주목할 만하다. 그러나 뚜렷이 보이는 바이지만, 결과로 만들어진 건물군의 형태는 만족과는 거리가 멀었다. 다양한 고전의 인용 - 로지아, 템피에토, 벨베데레 등 - 과는 관계없이, 일부 금속 지지대로 지지되는 파사드에서 돌출된 부분이, 의도대로 웅장함을 표현하기에는 너무 뒤죽박죽이었다.

필립 존슨, AT&T(American Telephone and Telegraph) 빌딩

뉴욕, 1982

기단부분은 개선 아치 모양을 띠었고, 수직 띠창이 연속된 몸체와 브로큰 페디먼트broken pediment를 얹은 정상부가 있다. 필립 존슨이 포스트모더니즘의 '인용quatation'이란 자루에 깊게 빠졌다. 건물을 고전건축의 3부분, 즉 기단부와 중간부, 지붕으로 나누고, 고층건축을 고층 주택으로 해석한 모더니스트로서, 가능한 한 꾸밈없이 만들었다. 그러나 존슨은 고전의 분할 방식만을 쓰지는 않았다. 피렌체의 15세기 파치 성당의 브루넬레스키 콜로네이드는 건물 출입구의 중요한 원천이었으며, 페디먼트와 18세기 치펜데일 옷장의 관계에도 곧바로 주목하였다. 기존 초고층 건축이 재미없는 철재와 유리 박스로 대치되던 당시에, AT&T 빌딩은 이런 유형의 건축경향에 결정적인 변화를 주기 시작하였다.

경계를 넘어서 1980-1990

Crossing boundaries 1980-1990

Building in the global village
지구촌 속의 건축물들

체험과 소비의 문화
CULTURES OF EXPERIENCE AND CONSUMPTION

변화 이전의 시기: 서구의 번영과 동구의 궁핍

The times before the change: austerity in the East, prosperity in the West

1980년대 초반 폴란드에서 레흐 바웬사Lech Walesa가 이끄는 자유노조 '연대Solidarity'가 조직한 그다니스크 레닌 조선소 노동자들의 외침과 항쟁으로 시작된 운동은 1989년 11월 9일 베를린 장벽이 허물어지면서 절정에 이르렀다. 이 두 사건이 놓인 십 년 사이에 세상은, 개인이 받아들이기 힘든 방식으로 변했을 뿐만 아니라, 결국에는 완전히 새로운 방향으로 바뀌게 되었다.

막강한 공산당의 당수였던 미하일 고르바초프Mikhail Gorbachev 지도 아래, 소련은 브레즈네프 시대의 침체에서 벗어나 글라스노스트glasnost(개방)와 페레스트로이카perestroika(개혁)의 시대로 접어들게 되었다. 80년간의 독재로 러시아의 공산당 체제는 경제적으로 밑바닥을 치고 있었다. 침체를 벗어날 단호한 개혁과 급격한 사회 개혁이 이루어졌다. 민주화, 사법 개혁, 탈 스탈린주의가 개혁의 주요 골자였다. 수년 동안 압제와 구금 속에 지내왔던 화학자이며 노벨상 수상자이자, 소비에트 체제에 대해 비판을 외쳐왔던 안드레이 사하로프Andrei Sakharov는 이제 도덕적 권위가 되었다. 다른 사람들, 예를 들면 노벨

문학상 수상자이며 비평적인 태도 때문에 시민권을 박탈당했던 알렉산드르 솔제니친Aleksandr Solzhenitsyn은 수년간의 본의 아닌 망명 끝에 조국으로 돌아오게 되었다. 제2차 세계대전 종전에 따라 소비에트 블록의 일부가 되었고 바르샤바 조약의 일원이었던 국가들은 소련의 붕괴에 함께 흩어지게 되었다. 다소 민주적인 국가들이 되었지만, 1990년대까지도 고난의 여정은 끝나지 않았다.

1980년대 초입의 세계질서는, 이곳 서구세계와 저곳 동구세계 – 이곳은 좋고 저곳은 나쁘다 – 처럼 정말 분명하고 명백해 보이는 듯하였다. 그러나 그러한 질서가 하루 아침에 붕괴되어 버렸다. 1945년 이후 세계를 얼어붙게 하였던 냉전Cold War이 녹아내렸고 정치적으로 문화적인 진공상태를 남기게 되었다.

1980년대의 양대 진영은 계엄령의 위협 속에서 살았는데, 동독은 궁핍에 대한 투쟁으로, 루마니아는 차우체스코 독재 아래 굶주렸지만, 서유럽과 북미는 축제에 도취되어 있었다.

역사적으로 기념할 만한 것이 있는 곳이면, 화려하게 축제가 거행되었다. 1980년대 중반 '유럽의 문화도시City of Culture' 제도가 시작되어, 한 해에 한 도시씩 선정되어 축제가 열렸다. 찰스 무어의 즐겁고 화려한 건축, 그리고 1970년대 말 마이클 그레이브스의 건축은 1980년대의 꽤나 화려한 톤으로 반향을 얻게 되었다. 엄청난 번

1981 레흐 바웬사가 폴란드의 자유노조 연대Solidarity의 의장이 되었고, 이 단체는 즉시 공식 허가되었다. 1977년 이스라엘과 평화협상을 진행하였던 이집트 대통령 안와르 알 사다트가 암살됨. 앤드류 로이드 웨버의 뮤지컬 〈캐츠Cats〉의 런던 초연이 선풍적인 성공을 거둠.

1982 아르헨티나와 영국 사이의 포클랜드 전쟁 발발. 헬무트 콜이 독일 수상으로 취임. 움베르토 에코의 소설 『장미의 이름The name of the Rose』이 출간됨.

1983 미국 대통령 레이건이 전략방위구상(SDI) 연구 시작. 이는 적국의 로켓공격에 대항하여 지구 성층권에 방어체계를 구성하는 것이어서 '스타워즈'로 불렸다. 많은 논쟁을 일으킨 후 1993년에 중지됨. AIDS의 바이러스 감염 원인 생물체가 밝혀짐.

1984 인도의 수상 인디라 간디가 경

호원이었던 시크교도에게 암살됨. 인종차별정책인 아파르트헤이트를 평화적으로 반대해 온 남아프리카 공화국의 투투 주교에게 노벨평화상 수여. 밀로스 포맨 감독의 모차르트 영화 〈아마데우스〉가 8개 부문에서 오스카상 수상.

1985 미하일 고르바초프가 소련 공산당의 서기장(1990년에는 국가원수)이

동독에서 서독에 이르는 국경을 개방한 뒤, 1989년 11월 9~10일 밤에, 베를린 동서 양쪽 도시민들이 브란덴부르크 문의 장벽을 무너뜨렸다.

되었고, 페레스트로이카(개혁) 정책을 펼침. 미국 팝가수 마돈나가 영화배우로도 크게 성공을 거둠.

1986 우크라이나 체르노빌 원자력발전소 원자로의 심각한 화재 이후로, 30km(18.5마일) 내의 모든 거주민들이 소개됨. 프랑스 여권 운동가이자 장 폴 사르트르의 평생 동반자였던 시몬 느 드 보부아르 사망.

1987 고르바초프와 레이건이 워싱턴에서 중거리핵전력협정에 서명. 이스라엘이 점령하고 있던 가자지구에서 팔레스타인 저항운동인 인티파다 Intifada 시작. 남극 오존층의 파괴를 줄이기 위해 1999년까지 CFCs 사용을 반으로 삭감하는 행동 참여 협정인

몬트리올 의정서에 24개국이 서명.

1988 베나지르 부토가 이슬람국가인 파키스탄에서 여성 최초로 수상으로 당선됨. 흑백차별정책에 반대하여 25년간 수감되어 있던 넬슨 만델라에 대해 전세계적으로 지지를 보내며 그의 석방을 요구함. 포르투갈 리스본의 역사지구가 화재로 파괴됨.

1989 베이징 텐안먼 광장의 민주의 지지시위가 무력 진압되었으며, 탄압과 체포, 처형이 이어짐. 동독의 정변과 11월 9일 베를린 장벽의 철거 등은 동쪽 진영 다른 국가들의 민주화와 자유선거를 이끌었음. 아야톨라 호메이니는 파트와fatwa를 통해 살만 루시디에게 사형선고를 내림. 루시디의 소설 『악마의 시The Satanic Verses』(1988)는 무함마드에 대한 신성모독으로 여겨짐. 유조선이 좌초되어 원유 40,000톤(1억 9천만 리터)이 흘러나와 알래스카만의 환경 재앙을 일으켰음.

한스 홀라인, 압타이베르크 시립박물관
전경(왼쪽 사진), 줄리오 파올리니의 조각상들을
배치한 작은 전시공간(아래 사진), 묀헨글라트바흐,
1972–82

압타이베르크 박물관은 1980년대에 꾸준히 건
설된 박물관들의 출발점이 되었다. 요구조건은
'경험으로서의 예술art as experience'이었다. 작
은 도시에 커다란 이벤트를 수용하면서 발생하는
각종 모순들을 끌어 모으기 위해, 오스트리아 건
축가인 한스 홀라인은 콜라주라는 새로운 디자
인 원칙을 적용하여, 여러 테라스뿐만 아니라 소
형 마천루, 지하 큐브, 톱니 지붕이 있는 11개의
소형 홀로 된, 작은 단편들을 배치 구성하고 또한
이들을 여러 재료들, 즉 구리, 철, 벽돌 그리고 자
연석 등으로 만들어 내고 있다. 이런 방법으로 박
물관을 소도시 환경에 조화롭게 맞추고 있으며
어떠한 전시유형에도 맞는 적절한 공간을 주고
있다. 그렇지만 모든 콜라주 건축이 그러하듯, 여
전히 타협과 의지의 부족들이 약간 느껴진다.

영이 안보의식을 누그러뜨리고, 사회는 거의 무
한정의 소비를 지원하였으며, 고용 상태 수치가
이를 더욱 안심시켰다. 서구에서 진정한 사회
문제란 크게 성장하는 레저를 어떻게 할까인 것
같았다.

포스트모더니즘은 곧 그 빛을 잃었지만, 되
도록 가장 값 비싸게 초호화 은행이나 고층건물
을 지으려는 경향은, 방콕에서 자카르타에 이르
는 남동아시아의 경제 팽창 지역뿐만 아니라, 파
리에서 프랑크푸르트, 시카고에 이르는 구세계
도 마찬가지로 지속되었다.

비록 포스트모더니즘의 기둥과 페디먼트
는 몇 년 후 사라졌지만, 건축의 새로운 방향
이 시작되었다. 즉 고전적인 모더니즘classical
Modernism의 지배가 무너지고, 건축의 또 다른 개
념이 지평선 위로 떠올랐다.

박물관 체험: 시설물이 화제가 되다

The museum experience: facilities become an event

1980년대에 박물관만큼 축제와 체험의 문화를
대변하는 건물유형은 없었으며, 각 나라와 도시
곳곳에 세워졌다. 박물관은 원래 19세기 초 유
럽에서 문화에 대한 중산층의 취미로 설립되었
지만, 20세기 끝 무렵에는 건축을 매개로 예술
과 문화를 전달할 뿐만 아니라, 예술을 즐기는
기쁨을 주기도 하였다. 인상파인 반 고흐나 피카
소 같은 화가의 작품가격이 천문학적으로 치솟
고, 새로운 예술의 전당에서 이전에는 보지 못
였던 유형의 전시문화가 전개되었다. 수백만 관

람객들은 'Spirit of the age(시대의 정신)', 'A new
spirit in painting(회화의 새로운 정신)', 예술은 바로
'in(여기)'와 같은 거대한 전시회에 매료되었으며,
카탈로그, 포스터, 사진엽서 같은 수익성이 좋은
부산물로 박물관은 수익을 올리고 있었다. 또한
건축가들도 박물관을 이전처럼 그저 웅장하지만
예술작품을 위해 완전히 비운 건물보다는 무언
가 색다르게 만들 기회를 얻게 되었음을 알아차
렸다. 박물관 건축물은 그 자체로 예술작품이 되
었으며, 건축가들과 그들을 지원한 책임자의 예
술적 욕망을 반영하기 시작하였다.

이러한 예로서는 이미 1950년대 프랭크 로이
드 라이트의 야심작인 구겐하임 미술관(63쪽 참
조)이나, 1970년대 로저스와 피아노의 퐁피두센
터(79쪽 참조)가 있었다. 그들의 차이에도 불구하
고, 박물관은 더욱 대중적이 되었다. 즉, 박물관
은 환영하는 분위기를 갖추고 시대의 표상으로
서 존재감을 나타내면서, 박물관을 방문하는 엄
청난 관람객을 끌고 있다.

과거 – 현재 – 미래 Past - present - future

1970년대 말기에 요동치던 박물관 건축의 양극
단 개념을 이해하려면, 두 개의 미국 건축을 살
펴보면 된다. 그중 하나는 미국의 수도 워싱턴에
있는 국립미술관 증축관으로 I. M. 페이I. M. Pei가
1978년에 끝마친 박물관이다. 건물형태는 특이
한 사다리꼴이며, 두 개의 삼각형이 대지 조건에
따라 맞대어 있는 형상이고, 표면은 대리석으로
마감되어 있어, 눈에 띄지만 한편으로 늘 고전

적인 모습을 보인다. 반면에 캘리포니아 말리부에 있는 게티 박물관The Getty museum(1973)은 박물관 기능의 건물에 일찍이 포스트모던 건축 개념이 적용된 예이다. 사실 건물은 매우 혼합된 감성을 전해주는데, 라이트나 로저스와 피아노, 페이 등이 주는 고조된 근대건축 대신에, 말리부에 세워진 것은 더 이상 현존하지 않는 이탈리아 헤르쿨라네움Herculaneum의 빌라 데이 파피리Villa dei Papyri의 복사품이었으며, 원래 대지와는 수만 마일 떨어진 곳이었다.

과거 파괴된 건물의 복사품을 박물관으로 쓸 뿐만 아니라, 실제 역사적 건축물의 구조체를 쓰기도 한다. 폐기된 산업건축물이나 교통 건축물이 발산하는 특별한 매력을 발견하여, 이를 박물관 건축으로 만드는 새로운 영역도 개척되었다. 옛 철도역을 새로운 용도로 바꾼 가장 좋은 예는 파리 케 도르세Quai d'Orsay에 있는, 건축가 가에 아울렌티Gae Aulenti와 이탈로 로타Italo Rota가 재건축한 박물관이며, 1986년 이래로 프랑스 인상파 화가들의 값비싼 수집품들로 꾸며져 있다.

1980년대에는 마인Main 강을 따라 1마일 정도를 꽉 채운 프랑크푸르트의 박물관들을 살펴볼 수 있다. 20세기 가장 뛰어난 미국의 박물관 건축가인 리차드 마이어Richard Meier가 1979년에서 1985년에 걸쳐 완성한, 퓨리스트적 백색 파사드purist white façade가 특징인, 수공예미술박물관 Museum für Kunsthandwerk이 있으며, 오스발트 마티아스 웅거스Oswald Mathias Ungers가 1979년에서 1984에 걸쳐 만든 독일건축박물관Deutsche Architektur-Museum과 다른 주제의 박물관 등, 작은 지역 안에 현대 박물관 건축의 뛰어난 예들이 모여 있다.

예술을 위한 예술적인 건축물

Building artistically for art

예술작품으로도 보이는 박물관 건축을 만들려는 건축가의 욕망은, 자신의 회화작품이 적절하게 전시될 수 있도록 오직 단순한 구조물을 원하는 예술가들의 바람과 가끔 충돌할 수 있다. 이런 경우가 정말로, 한스 홀라인Hans Hollein이 묀헨글라트바흐Mönchengradbach에 1972년부터 1982년까지 계획하고 실현한 압타이베르크 시립박물관The Abteiberg Municipal Museum에서 일어났다.

홀라인의 이 건물은 이후 수년 동안 독일을 휩쓴 독특한 박물관 창조 열망이라는 조류의 한 전주곡이었다. 홀라인의 건물은 처음부터 박물관을 찾은 방문객과 비평가들을 열렬한 지지자와 격렬한 비방자의 두 진영으로 나뉘게 하였다.

홀라인은 단독 건물 하나를 만드는 대신에 다소 유기적으로 어울리는, 여러 부분으로 나뉜 박물관 경관museum landscape을 만들었다. 이 과정은 시각적으로 과잉된 여러 형태들을 만들어 냈지만, 이 형태들은 도시가 수집한 예술품을 수장할 뿐만 아니라 전시장이나 도서관, 각종 행사나 강의를 위한 장소와 카페까지 지나갈 수 있도록 해주었다. 이러한 전체 개념은 박물관에는 완전히 새로운 것이었다. 그러나 홀라인은 각 기능들을 각각의 장소에 배치하는 방법을 발견하였으며, 건축형태 단위들은 제각기 단이 진 박물관 경관museum landscape 속에 놓이게 되었다.

박물관의 각기 다른 장소와 다양한 용도에 맞도록, 다양한 재료들이 - 박물관 테라스에는 비교적 값싼 재료인 벽돌이, 입구계단에는 고급 옵션으로 켠 석판hewn stone slabs이 - 강조하려는 건물 주요부의 위계에 따라 채택되어 있으며, 금속, 유리, 플라스틱도 함께 쓰이고 있다. 건물의 각 부분이 표현하고 있는 형태언어들은 홀라인의 건축이 포스트모더니즘 시대에 나타난 것임을 상기시킨다. 예를 들면 완전히 세속적인 장소인 입구 홀에는 신전의 위엄을 부여하고 있다.

전통 전형典型들로 연출하기

Playing with the traditional models

포스트모던! 이것은 제임스 스털링과 마이클 윌포드가 설계한 슈투트가르트의 신 뷔르템베르크Württemburgisch 국립미술관Neue Württemburgische Staatsgalerie(1977-84, 96쪽 사진 참조)을 본 사람들의 뇌리에 처음 떠오르는 생각일 것이다. 비록 이 국립미술관 신관의 중앙 로툰다가 카를 프리드리히 쉰켈의 알테스 무제움Altes Museum을 생각나게 하지만, 로툰다 그 자체는 로마의 판테온에서 빌려온 것이며, 사실 여기에는 고전주의의 인용 이상의 의미가 있다.

홀라인의 박물관이 야심차게 형태를 선택했음에도 불구하고 완고함brittleness을 피할 수 없었던 반면에, 스털링과 윌포드는 홀라인보다 유희적 요소playfulness를 더욱 배치시켜 놓았다. 파사드가 면한 곳의 켠 돌의 따뜻한 갈색 톤은, 캐노피와 출입구에 있는 밝게 칠한 금속 요소들과 대조를 이루고 있으며, 둥글고 굽이치는 형태들은

화강암의 견고함과 대조를 이루고 있다.

　이러한 표현요소들은 스털링이 영국의 브루탈리즘에 뿌리를 두고 있음을 어렴풋이 생각나게 한다. 유희성은 이 국립미술관 곳곳에서 중요한 요소이다. 예를 들어 투스칸 기둥은 반쯤 바닥에 가라앉아 있고, 컷 화강암hewn stone 블록은 파사드에서 떨어져 나온 듯하여, 18세기와 19세기 초반의 낭만적인 폐허romantic ruin를 연상케 한다.

　그러나 새로운 박물관이 새로운 건축적 욕망의 높이에 다다른 것은 독일만이 아니었다. 1980년대에 가장 격렬한 논쟁거리 중의 하나였던 프로젝트는 파리 루브르의 확장 재건축이었다. 한때는 프랑스의 왕궁이었고, 한때는 재경부의 청사로 쓰였던 루브르 건물동은, 루브르 박물관의 귀중한 수장품들을 과감하게 재편성하기에 앞서 그리고 지하로 수장품에 진입하기 위해 철거할 예정이었다.

　루브르 앞 광장에는 현재 뉴욕 건축가 I. M. 페이가 고대 이집트 피라미드 형태를 본떠 설계한 유리 피라미드가 있으며, 이 피라미드는 루브르 같은 매우 중요한 복합건축물이자 역사적인 존재에, 거대한 재건축의 삽입이 왜 필요했는지를 암시하고 있다. 구조체의 투명한glassy 우아함

은 '슈퍼모던super-modern', '초모던ultra-modern' 등으로 강력히 묘사되고 있으며, 루브르궁의 바로크적 중량감과 의식적으로 대조되고 있다.

해체주의 DECONSTRUCTION

실재(實在)로의 새로운 길 New ways to reality
스털링의 슈투트가르트 미술관의 곳곳에 서보면 관람자를 당황케 하는 느낌을 우연찮게 받게 된다. 이 느낌은 SITE의 작품에서도 역시 나타나며, 이는 건물의 구조요소를 비일상적으로 사용할 때 나타난다. 이런 예 중의 하나가 '낭만적인 파괴romantic ruins' 개념이 적용되거나, 한 쪽은 캐노피를 지지하고 있지만 다른 쪽은 구조적인 관점에서 다른 빔으로 지지될 곳이 그냥 허공에 뻗어있는 육중한 이중 T빔double T-beam이 있을 때이다. 이런 수법을 SITE나 스털링이 소극적으로 사용했다면, 미국 건축가 프랭크 게리Frank O. Gehry는 자기표현의 핵심으로 삼고 있다. 게리는 1970년대 말부터 이 수법을 개발하기 시작하였고, 1980년대 중반에 이르러는 이것을 세계를 무대로 펼치기 시작하였다.

이에오 밍 페이, 루브르, 출입 피라미드
파리, 1983-88

극적인 변화를 불러일으키지만 한편으론 연속성도 있다. 루브르는 현대박물관이 되었으며, 800년 된 왕의 궁정이 인민들의 집이 되었다. 그러나 건물은 과거 그대로 있으며 여전히 프랑스의 영광을 나타내는 기념물이 되고 있다. 차분한 중국계 미국건축가인 I. M. 페이가 바로크 축 배치를 수용하면서, 고대 이집트 이래로 웅장함의 기하학적 상징이 되어왔던 피라미드 형태를 선택하였다. 그러나 백성들과 일정 거리를 두도록 디자인된 왕들의 기념물을, 페이가 어떻게 민주화의 상징이 되도록 하였을까? 페이는 피라미드를 유리로 만들어지도록 선택하였다. 방문객은 유리 피라미드를 통과하여 지하의 부속공간에 이르고 이곳에서 세계에서 가장 중요한 박물관 중의 하나로 들어가게 된다.

베니쉬 앤 파트너, 하이솔라 연구소 건물

슈투트가르트, 1987

건물에서 튀어나온 철제 거더, 뒤틀린 층, 바람이 지금 막 들썩 들어 올린 듯이 보이는 지붕, 그리고 골함석에서 목재, 철재, 유리, 콘크리트에 이르는 재료들의 혼합체. 또한 아마 모든 것보다도 가장 모순되게 여겨지는 것으로서 이 혼란스런 건물은 정확한 과학인, 태양열 장치들을 연구하는 용도라는 것이다. 그러나 자연과학 세계는 이전에 그랬던 것과는 달리 20세기 말에는 확고한 기반이란 없다. 미해결된 모순들이 단순한 설명보다 진실에 더 접근해 있으며, 바로 이 점 때문에 독일 해체주의 건축의 대표로 잘 알려진 귄터 베니쉬가 뚜렷이 모순된 진실을 채택하게 된다. 해체주의적 구축은 경계가 모호하게 존재하지만, 중력을 부정하지는 않는다. 사실 이 건물은 실제로 서있으며, 이는 더욱 명확히 중력의 법칙을 말해준다. 해체주의의 공개적인 충돌들은 각 현상들의 개체성과 전체로서의 연관성을 강조한다. 베니쉬에게 해체주의는 개인화된 사회의 이미지였으며, 즉 건물 속의 민주주의였다.

건축가들이 가끔 그러하듯이, 게리도 장차 자기의 모든 건축에 적용하려는 혁신적인 힘을 보여주기 위해 자신의 주택을 이용하였다. 1978년 미국 캘리포니아 산타 모니카에 세운 자택은, 정말로 색다른 건축 유형이었으며 모더니스트들이 제시한 엄격하고 이성적이며 백색 큐브 같은 모델과는 어떤 방법으로든 들어맞지 않았다. 또한 게리의 건물은 포스트모더니스트들이 매우 성공적으로 전개시켰던, 고전이나 르네상스로부터 인용한 모델과도 들어맞지 않았다.

이 주택이 만들어 내는 낯선 인상은 출입구로 향한 계단에서 시작된다. 계단은 일정한 각도로 밀린 듯 배치된 콘크리트 사각형 판들이, 목재 출입문 앞 두 장의 목제 플랫폼을 지지하는 일종의 포디움podium이 되고 있다. 출입 부분 너머로는 특이한 와이어 메시로 된 철창이 솟아 있고, 반면에 평범한 출입문 옆으로는 두드러지게 직각과는 먼 매우 표현적인 모서리 창문이 있는 골판류의 구조물이 있다.

합리적인 구법으로 내력과 비내력 부재들이 명확히 배치되어야 할 모든 것들이, 서로 전혀 어울릴 것 같지 않은 값싼 건축자재들로, 마치 카오스 상태처럼 뒤범벅되고 용해되어 있다. 게리 주택은 건축형태에 대한 격렬한 도전과 관습적인 시각을 완전히 깨부수는 미학적인 불가능성의 조합을 목적으로 하고 있다. 초기의 이

격렬한 작품은 이후 게리 건물의 전형이 되었다. 각 요소들은 기존 구법에는 전혀 속하지 않고, 마치 분해되고 뒤섞이고, 다시 새로운 그리고 우연한 방법으로 다시 재조립된 듯하다. 구성주의Construction의 차분한 기능성이 해체주의Deconstruction로 전환되었다.

구성주의 − 해체주의 Construction - deconstruction

1980년대와 1990년대의 해체주의 건축들은, 1920년대의 모더니즘 건축과 러시아 구성주의 예술(34쪽 이하 참조)의 영향 없이는 생각해 볼 수 없다. 그들의 이상적인 건축 비전들은 실제로는 비록 제도판을 벗어나기 어려웠지만, 앞선 젊은 건축가들이 이를 다시 받아들여 건물로 실현시켰다.

게리의 프로젝트나 또는 다른 건축가들, 예를 들어 피터 아이젠만의 작품에서도, 건축의 새로운 방향을 찾으려는 절박한 의도에서, '건물−대지building-site'의 특성을 결정하고 건물재료를 기존에 얽매이지 않고 자유로이 사용하고 있다.

모더니즘은 전통에 대해 냉담하여 극복하기보다는 등을 돌렸으며, 포스트모더니스트들이 매우 성공적으로 전통을 받아들일 때, 해체주의 건축가들은 또 다른 방식으로 건축역사를 접하고 있었다. 해체주의 건축가들은 색다른 격리 효과를 내는 방법으로, 건축 자체의 완전성을 박탈

프랭크 O. 게리, 캘리포니아 항공우주박물관
로스앤젤레스, 1984

록히드 F104 스타트파이터 전투기가 출입구 위에 걸려 있어 방문객들은 이 건물이 항공우주와 관련 있음을 단번에 알 수 있다. 또한 항공우주라는 볼륨이, 프랭크 O. 게리가 이 작은 대지에 정의하려 했던 대로, 즉 모서리들이 대각선이나 원형으로 단이 진 피라미드로 구성되어, 정해진 형태가 없어 보인다. 건물 외부에서는 작은 박물관으로 사람들에게 인식되지만, 내부는 거대한 전시물 각각이 상호작용하는 공간이 충분하다. 외부에서 보기에 제각각인 볼륨들이, 내부에서는 상호 침투하는 우주공간의 단면들이 되며, 이를 통해 방문객들은 램프 위를 지나며, 갤러리들을 쳐다 보고, 브리지를 건넌다. 항공우주박물관에서 건물프로젝트의 내부 필연성은 외부형태에서 논리적으로 추론될 수 있으나, 이것이 게리의 모든 건물의 경우는 아니다. 예를 들어 샤이언데이 Chiat-Day 광고회사건물은 외부에서 보기에는 뒤집어 세운 쌍안경처럼 보인다. 게리의 형태 게임은 보통 사람들이 알 수 있을 정도의 인식 기능만을 충족시킬 뿐이다.

하였다. 즉 비완전성disturbed perfection이 결과적으로 해체주의 건축만의 형태적 특성이 되었다. 또한 부분적으로 분해되고, 부분적으로 표현적인 건축은 사회가 가져야 할 방향성의 결여에 대한 건축형태 표현이었으며, 지구촌을 이루며 실재하는 수많은 부분들의 신성한 감성을 만드는 거의 불가능한 시도였다.

해체주의자들이 처음으로 국제적으로 알려지게 된 것은, 필립 존슨과 마크 위글리가 1988년 MOMA에서 개최한 '해체주의 건축Deconstructivist Architecture' 전시회를 통해서이다. 이 전시회에는 게리와 피터 아이젠먼Peter Eisenman, 코프 힘멜블라우COOP Himmelblau, 버나드 츄미Bernhard Tschumi 등의 작품이 전시되었다. 전시회 이후로 해체주의가 전 세계적인 스타일로 흐름을 만들어 내는 데에는 오직 시간만이 문제였으며, 곧바로 설계사무소와 건축학교 모두를 점령하기 시작하였다.

기능과 형태들을 그 구성 요소들로 나누고 (de-construction 해체하고), 이 요소들을 다시 거대한 구조 – 사회나 도시 – 로 포괄하는 것 그리고 이를 분석하는 것은, 해체주의 건축가들의 작품이나 해체주의의 선구자였던 프랑스 철학자 자크 데리다Jacques Derrida의 글 표현 속에서 나타나고 있다. 데리다는 파리 라 빌레트 공원 프로젝트에 참가한 건축가 중, 버나드 츄미나 피터 아이젠먼과 긴밀히 작업하였다.

로스앤젤레스에서 전 세계로: 프랭크 O. 게리
From LA to the world: Frank O. Gehry

프랭크 게리가 1984년 완성한 캘리포니아 항공우주박물관으로, 미국의 해체주의는 일반인에게 데뷔하게 되었다. 경사진 벽면들, 다양한 재료들, 상호관입하는 볼륨들은 건축물을 조각품으로 만들었다. 마치 주 출입구 위를 날아오를 듯한 록히드 F104 스타트파이터Startfighter 전투기는, 이 건물이 항공우주박물관임을 매우 쉬운 어조로 또한 아주 분명히 알리고 있다. 그러나 또 다른 기능도 있다. 전투기는 박물관 파사드에 역동적인 요소를 주며, 이는 평범하지 않은 박물관 볼륨의 대각선 배치를 반영하고 있다. 그러나 건물 부분들이 각기 교차하며 잘라지고 갑자기 시선이 열리게 하는 놀랄 만한 수법에도 불구하고, 게리의 항공우주박물관은 이미 산타 모니카 자택에서 보여준 기존질서의 거부와 예기치 않은 신선함 등을 많이 잃고 있다. 게리 자택과 비교해 볼 때 이 박물관 작품은 사슬에 묶인 개와 같다. 골함석과 와이어 메시와 같은 재료의 놀라운 사용과 게리 자택에 적용된 대지 감각에서 보여준, 명백히 프로젝트 같은 그리고 실험적인 태도가 이제 다소 수그러졌으며, 박물관의 기능적 요구에 더욱 굴복하고 있다.

지난 20년 동안에 게리는 세계에서 가장 각광받는 건축가가 되었으며, 그 증거로써 게리

토마스 슈피겔할터, 외코하우스Ökohaus
브라이자흐, 1989-91

이 건물은 산타 모니카의 게리 주택이나 귄터 베
니쉬의 슈투트가르트 하이솔라 연구소를 떠올리
게 하지만, 그렇게 재미있거나 아니면 해체주의
자의 목표를 강조하지도 않는다. 배럴 지붕은 빗
물저장소이기도 하다. 집열판은 채양이 되기도
하고, 태양광 패널은 전기를 만들어 내는 외에도
입구를 규정하기도 한다. 이 자급자족적인 주택
은 송전선망에서 전기를 끌어올 필요도 없으며,
자연에서 공짜로 공급하는 이상의 물도 필요치
않다. 다른 설치물들도 끊임없이 해체주의적 형
태언어로 짜여 있다. 환경친화건물을 만들기 위
해 여기에 끌어넣어 적용한 많은 기술자원 만큼
이나, 사용하기에 생태적으로 건전한 것인지는
명확하지 않다. 그러나 명백한 것은 생태학적 문
제의 고려가 21세기 건축에 중요한 요구사항이
될 것이라는 사실이다.

의 건축물들이 온 지구상에 흩어지게 되었다. 바일 암 라인Weil am Rhein에서 게리는 비트라 디자인 박물관Vitra Design Museum을, 프라하에서는 춤추는 한 쌍의 모습을 닮은 상업건물(101쪽 사진 참조)을, 그리고 1997년 빌바오에서는 서로 엉켜있는 고래 같은 모습의 구겐하임 박물관Guggenheim Museum을 만들어 냈다.

이탈리아의 합리주의 전통
RATIONALIST TRADITION IN ITALY

차분한 마음으로 With the cool hearts

가끔 지나치게 열정적인 포스트모더니즘의 흥분이나 아주 진지한 해체주의의 유희와는 대조를 이루는 합리주의 전통Rationalist tradition이 있다. 당연히, 1970년대와 1980년대 건축을 완전히 휩쓴 혁명적인 돌풍이 손대지 않은 채 남겨 놓은 것은 거의 없다. 그러나 합리주의자들은 그 같은 혁명을 그들만의 방식대로 다루어, 문화적으로나 지역적으로 전통에 뿌리박힌 건물과 도시에 대한 완고한 개념을 강하게 유지하고 있었다.

예를 들어 테라니가 그 기초를 만들었듯이, 전통 속에 머문 사람들이 처음이자 영원히 이탈리아 건축가들이라는 사실은 놀랄 만한 일이 아니다. 적어도 관념적인 이유만이 아니라 신건축

운동을 위해 개종했던 독일 동지들과는 달리, 모더니즘과 전통의 상호작용과 교차 번영에 아무런 모순도 발견할 수 없었다는 사실은, 1920년대와 1930년대 이탈리아 합리주의자들의 특징이었다. 바로 이 점 때문에 합리주의가 20세기 이탈리아 건축에서 전통적인 근간이 되었으며, 부분적으로는 기념비적인 건물을 추구했던 파시스트들이 있긴 하였지만, 오늘날까지도 이 전통은 깨지지 않고 있다.

1960년대 이래로 이 같은 건축 흐름을 가장 잘 대표하는 건축가는 알도 로시Aldo Rossi였으며, 그의 건축물들은 수년 동안 전 세계에서 감상되고 있다. 그의 작품들에는 엄격하면서도 기념비적인 특성이 있으며, 또한 장식적이면서도 즐거운 요소도 있다. 이런 방법으로 로시의 훌륭한 건축물들은 거의가 따뜻하고 온화한 장날 남쪽 광장의 분위기를 감싸고 있는 듯한 감정을 주고 있다.

1969년에 로시는 밀라노에 갈라라테제 아파트Gallaratese apartment building와 아케이드 설계를 시작하였고 1973년에 마침내 끝을 냈다. 그는 일정한 사각형 개구부와 끊임없이 줄지어 늘어선 단조로운 콘크리트 판들로 구성되는 파사드를 과격하게 만들어 냈다. 1971년에 로시와 지안니 브라기에리Gianni Braghieri는 모네나에 있는 산 카탈도San Cataldo 묘지 설계경기에 당선되었고,

1980년에 건설되기 시작하였다. 남쪽 햇빛이 강하게 떨어져, 납골당의 유리 없이 비어 있는 창문들이 만들어 내는 그림자들은 화가 데 키리코 De Chirico의 멜랑콜리를 불러일으킨다.

로시 작품 속의 유희적이며 기념비적인 요소들playful and monumental elements의 해석은 밀라노의 호텔 두카Hotel Duca 재건축 및 증축 프로젝트(1988-89)와 베를린 IBA에 출품(1987)한 아파트를 비교해 보면 명백히 알 수 있다. 호텔 두카 저층부 파사드는 돌출된 벽돌과 유리창으로 반복되는 수직 띠를 사용하여 분명히 분절되고 있으며, 이는 건물의 상층부에도 반복되고 있다. 그러나 상층부 파사드는 화강암과 유리 대신에 붉은 벽돌로 통합되고 작은 창문들이 나있어 건물의 수직 방향과 마주친다. 그 결과 상층부는 필라스터에 상당한 무게로 놓여 있게 되고, 필라스터를 기둥으로 보이게 하고 있다.

로시는 호텔 파사드에 형태상 큰 변화를 주려고 몇몇 탁월한 수단들을 사용하였으며, 베를린 복합주거에서는 이런 수단들을 더욱 광범위하게 사용하였다. 여기에서도 역시 유리와 벽돌 같은 서로 다른 건물자재를 사용하고 있음을 알 수 있다. 그리고 로시가 벽돌 벽과는 다른 색의 띠를 사용하여 파사드에 어떻게 균형을 주고 있는지 알 수 있으며, 이는 건물선에서 약간 후퇴시킨 계단실 타워로 수직성을 강조한 것과 비교된다. 이 계단실은 또한 경사지붕으로 덮여 있고 이 경사진 지붕은 베를린에서는 흔한 유형을 유희적인 요소playful element로 따온 것이다.

서로 다른 재료들과 과장된 색에도 불구하고, 로시 건물의 기본 형태는 엄격히 직선적이다. 경사지붕 같은 고유한 요소들을 쓰는 것처럼 도시 공간의 역사적 비례에 맞는 부가적인 요소들이 건축에 표현되어 있으며, 이들은 건물의 일상적인 외형을 깰 뿐만 아니라, 역사적 인용으로도 이해될 수 있다. 그러나 그것은 역사주의자들의 어떠한 함의historicist connotation가 아니며, 무어나 보필의 건물에서 보이는 어떠한 종류의 카피copy도 아니며, 대신에 그 내용에서 독립성을 유지하고 있다.

과거와 현재의 종합 Syntheses of past and present

로시가 자신의 프로젝트로 실현하려고 하였던 베를린 IBA의 기본 목표 중의 하나는, 제2차 세계대전으로 손상된 상흔들(66-67쪽 참조)로부터

알도 로시, 코흐스트라세 아파트 빌딩
베를린 국제건축전시회, 1987(위 사진)

호텔 두카
밀라노 1988-91(왼쪽 사진)

두 도시의, 두 개의 건축과제 – 그럼에도 불구하고 같은 형태, 즉 건물의 주요 몸체는 가로를 향해 있고, 기단과 중간부, 지붕으로 분절되고, 엄격한 파사드에 창문 그리드가 있다. 베를린과 밀라노의 이 건물들은, 일찍이 1966년 이탈리아 건축가 알도 로시가 그의 책 『도시의 건축 L'Architettura della Citta』에서 말한 논문의 '건축'적 표현이었다. 이에 따르면 도시는 일반적으로 가치 있는 건축유형들의 질서들로 구성되어 있으며, 따라서 각 시대마다 새로운 건축을 만들어낼 필요가 없다. 다만 필요한 것은 최근의 요구를 조명하여 전통적인 규범을 합리적으로 해석하는 일이다. 11년 후에 알도 로시는 건축과 도시계획 사이를 다음과 같이 유추하였다. "건물은 도시 내 사이트들의 재생산이다. 이에 따르면 각 복도들은 가로이며, 각 내부 정원은 광장이다. 주거설계에서 나는 거주공간의 기본 유형을 다루는데, 이는 도시의 건축발전이라는 긴 과정 속에서 나타난다."

도시를 재건하는 것이었다. 이는 베를린만의 특별한 문제는 아니었다. 1980년대에는 프로젝트 대상 건축물 대지 주변의 역사적인 재료를 다루는 문제를 크게 인식하고 있었다. 마찬가지로 도시 자체의 배치에서도 이러한 인식이 있었다. 이는 역사적 건물 스타일을 재인식하게 하였던 포스트모더니즘의 은혜이기도 하였다. 그러나 알도 로시 같은 건축가들은 도시의 역사적 의미와 기능적 발전에 대한 가능성을 이론화하는 데 이를 반영하였다.

카를로 스카르파의 1960년대 박물관 건축은 옛것과 새것을 종합하는 길을 인상적으로 보여주었다(76쪽 사진 참조). 그러나 그때로부터 20년이

제임스 스털링 경 SIR JAMES STIRLING

'스타일의 거장Master of Styles'은 《도이체 바우차이츠 슈크리프트Deutsche Bauzeitschrift》지가 낸 영국 건축가 제임스 스털링(1926-92) 사망 부고의 표제어였다. 그러나 스털링은 단순히 오늘날에는 잊혀진 쓸모없는 기둥이나 깨진 페디먼트를 익살스럽게 만들어 낸 창조자가 아니라, 그 이상이었다. 그는 포스트모더니즘의 주역으로서, 20세기 건축 패러다임 변화의 기반을 마련하였다. 그의 건물은 경직화된 모더니즘의 반증이었다. 그가 예일대학교 교수로 있을 때 케빈 린치Kevin Lynch, 찰스 무어와 함께 개발한 이론들은 모더니즘에서는 무시된 가치들이었던, 감성을 표현하는 건축의 힘은 물론이고, 역사와 건물 주변들의 관계들을 다시 생각해보도록 이끌었다.

제임스 스털링 경, 1980년경

건축역사상의 아이콘들을 인용하는 것이 재평가되기 시작하였다. 포스트모더니즘이란 용어가 만들어지기 한참 이전인 1959년에서 1963년 사이에, 스털링과 제임스 고원James Gowan이 레스터대학교의 공과대학을 설계하였다. 탑 모양의 건물 전체 형태와 캔틸레버로 뻗은 계단강의실은, 당시 많이 복제된 사진이었던, 러시아 구성주의 건축가 콘스탄틴 멜니코프가 1928년 설계한 모스크바의 루사코프 노동자 회관(35쪽 사진)과 완전히 복사판이었다. 꼭지가 잘려나간 모양의 주두가 있는 기둥은, 1971년 영국 밀턴 케인스의 올리베티 건물에서 처음 나타났으며, 제임스 스털링 경과 마이클 윌포드가 같은 해 설립한 설계회사의 트레이드마크가 되었다. 이는 1939년 프랭크 로이드 라이트가 위스콘신 라신에 있는 존슨 왁스 회사의 본사건물(16쪽 사진)에서 사용한 버섯모양 기둥의 가장 단순한 인용이라고 할 수 있다.

스털링의 슈투트가르트 국립미술관(1977-84)은 역사적 인용들의 아상블라주assemblage이다. 여러 색깔의 조적은 피사의 중세 성당을 불러일으키고, 각 실들의 배열과정은 네오바르크와 일치한다. 스털링

은 해체주의를 덧씌운 출입구와 고딕의 포인티드 아치, 어렴풋하게 고전적인 열주가 있는 보도, 그리고 베를린 알테스 무제움의 쉰켈의 로툰다를 유적처럼 참고로 한 주변에 바우하우스 디테일들을 조합하여, 가치 있고 다채로운 콜라주를 만들고 있다. 베를린 과학센터Berlin Wissenschaftszentrum 계획에서 스털링은 건축 역사상의 모든 건축 유형의 목록들을, 즉 십자가형 바실리카, 그리스 스토아, 중세의 종탑, 고대 반원형 극장 등을 함께 조합하고 있다.

포스트모더니즘의 유행을 걸친 다른 건축가들과 달리, 스털링은 여러 스타일들을 제멋대로 절대 마구 쓰지 않았다. 베를린 과학센터 외부는 건축적 '의미significance'로 가득 차 있지만, 건물은 일치되는 실제 용도의 사무실로 완전히 채워져 있다. 과학센터의 바실리카는 실제로는 다름 아닌 화장실과 관리인 숙사로 되어 있다. 연청색과 분홍색으로 줄눈 진 건물이 주는 진짜 메시지는, 형태와 기능의 통일이라는 근대주의 패러다임에 대한 순수한 반론이었다.

1985년 런던 테이트갤러리 별관 오프닝에서, 스털링은 모더니즘의 또 다른 이상인 '구조를 그대로 드러낸다.'를 비판하였다. 파사드는 조적조의 줄눈 그리드와 회반죽 표면만을 드러낼 뿐, 내부의 철근콘크리트 구조와는 아무런 관계가 없다. 갤러리 내부는 J. M. W. 터너의 작품을 자연광 속에서 전시하는 데 집중하고 있는 반면에, 외부는 주변건물과 조화되도록 애쓰고 있어, 자아도취된 모더니스트들이 언제나 무시하였던 비합리적인 생각이 더 이상 아님을 보여주고 있다. 또한 강한 색채와 극적인 클로어윙Clore Wing의 출입구는, 터너의 그림만으로는 절대 얻을 수 없는 대중들의 관심을 끌고 있다. 모더니스트들이 언제나 거부하였던 오락적인 가치가 이상이 되었다.

스털링은 자신의 중요한 경험과 관련된 것을 즐겼는데, 그것은 학생 때 방문한 팔라디오의 빌라 로툰다의 경험이었다. 회반죽이 기둥에서 벗겨지고 있었다. 대리석인 척 하던 그 무엇이 '단지' 벽돌임이 드러났다. 그러나 그 사실이 건축형태의 질을 과연 바꿀 수 있었을까?

스털링과 윌포드 파트너쉽, 그리고 젊은 베를린 건축가들인 발터 네겔리와 렌초 발레부오나가 참여한, 스털링의 마지막 건물인 1992년 완공된 멜숭겐의 브라운 공장건물에서도 볼 수 있듯이, 후자는 스털링이 늘 가장 관심을 가졌던 것이었다. 굽이치는 피페비젠 계곡에 꼭 맞게 거대한 건물이 매우 독립적인 수많은 볼륨들로 구성되어 있다. 이 건물군들은 그곳에서 만들고 있는 플라스틱 제품 생산방식을 보여줄 뿐만 아니라, 건물 그 자체가 건설된 방법을 보

다양한 색채들: 런던 테이트 미술관의 클로어 윙(왼쪽 사진). **멜숭겐의 브라운 AG 공장의 곡선이 진 행정동(오른쪽 사진)은 주변 언덕의 지형에 대응되고 있다.**

여주고 있다. 예를 들어, 대지 뒤를 따라 연장된 지붕 덮인 주차공원의 콘크리트 벽은, 액체성질의 원자재를 안정된 상태로 보이게 하는 방법처럼 거푸집 철망에 싸여 있다.

분명히 멜숭겐의 건축역사에서 인용한 것이 있으며 그러나 그것들만 있지는 않기 때문에 건축적인 특질을 만들어 내고 있다. 이 제조공장은 페터 베렌스의 세기적인 베를린의 AEG 기계공장을 떠올리게 할 뿐만 아니라, 주변경관으로 열린 곡선 처리된 구조가

마치 그리스 극장의 연극처럼 구성되어 있는, 슈투트가르트의 신 뷔르템베르크 국립미술관Neue Württembergische Staatsgalerie은 스털링의 함축의미가 풍부한 콜라주 건축 중 최정상이다.

제공하는 기막힌 전망이 인상을 좌우한다. 행정동을 지지하는, 모서리를 잘라 뒤집어엎은 듯한 콘들은 확실히 르 코르뷔지에를 생각나게 하며, 무엇보다도 탈중심적 힘의 배분을 보여준다. 색채가 풍부하고 경사진 창문의 문설주에 대해 수많은 전례들을 들 수 있겠지만, 가장 중요한 효과는 오피스 근로자의 책상에 도달하도록 빛을 비추어 영감을 주는 흐름을 만드는 것이다. 평범하게 일상적으로 건축과업을 처리할 때 과연 이만큼 공간적 특질을 자아낼 수 있을까?

지난 지금, 형태와 건축의 요구들이 그때와는 정말 많이 바뀌었다. 그러나 이러한 변화에도 불구하고, 기본적인 질문은 여전히 똑같이 남는다. 즉 단순히 옛것을 베낄 것인가 아니면 역사가 깃든 환경 속에서 뭔가 새로운 것을 창조해낼 것인가?

베네치아Venezia라는 도시는 이 방면에 특별한 사례를 보여준다. 물 위의 도시는 그야말로 도시계획의 걸작이며, 그리고 가장 중요한 기념비는 역사적 기념물의 보존에 헌신하는 열정적인 부서의 책임감이다. 1980년대에 베니스에서 아주 드물게 수행되었던 신축건물 프로젝트는, 비토리오 그레고티Vittorio Gregotti가 담당했던 주거 개발이었으며 카나레지오Canareggio 지역에서 행하여졌다. 여러 요인들이 이 프로젝트에서 고려되었다. 즉 대지와 그 위에 지어지는 새로운 건물의 크기와 비례를 결정하는 요인이 될 수 있는, 대지와 기존 건물의 위치에서부터, 베니스 주거건물의 특정 역사적 개발에 이르기까지 여러 요인들이 고려되었다. 예를 들어, 건물의 사적 영역과 공적 영역의 분리를 유지하는 전형적인 베니스만의 전통이 있었는데, 이 때문에 각 아파트는 각각 개별적인 출입구가 있어야 했으며, 공동이용 계단으로 연결 – 이는 다른 곳에서는 당연한 일이었지만 – 되어서는 안 되었다.

그레고티의 건물은 보존 측면의 여러 요구에도 불구하고, 이러한 특별한 조건들을 모두 준수하였을 뿐만 아니라, 더욱이 역사적 환경 자체와는 잘 어울리지 않는 합리적이고 모던한 형태언어도 채용하고 있으며, 대신에 역사적 맥락을 많이 존중하고 있음을 보여주고 있다. 그레고티는 경사지붕과 목제 로지아wooden loggias, 그리고 내리닫이 창문들sash windows 같은 베니스적인 건축요소들을 채용하였으며, 동시에 이들 요소들에게 현대적 외관을 부여하고 있다. 단순하게 모방한 외피나 고딕풍Gothic-influenced 아치창문, 또는 베니스의 저택에서 따온 다른 모티브들을 사용하여 아파트에 그럴 듯한 위엄을 제공하려는 기조에 대항하였으며, 또한 주거건물로서 단순한 기능에는 어긋나지만 건물을 더욱 돋보이고 의미가 있도록 해체주의적deconstructive 요소나 또는 낯선 효과들alienating effects도 채택하였다.

티치노 파 THE TESSIN SCHOOL

산으로 둘러싸인 건축적 조경

Architectural landscape with mountains

알도 로시나 비토리오 그레고티와 같은 독자적인 합리주의 건축가들, 그리고 전통적 요소들과 현대적 요소들을 함께 아우르려는 이들의 시도는, 모두 이탈리아어를 쓰는 스위스 티치노 주의 토양에서 열매 맺었다. 아득한 옛날부터 스위스의 마지오레 호수Lake Maggiore 북안과 루가노 호수Lake Lugano 주변은 온화한 기후와 아름다운 풍광 때문에 부유층 빌라의 입지로서 선호되었다. 특히 제2차 세계대전 이래로 티치노 지방의 독특한 풍경이 모더니즘의 극히 일반적인 조악한 건물로 가득 차자, 1960년대 말부터 건축가들이 이에 강력히 도전하기에 이르렀다. 1960년대와 1970년대의 고전적인 모더니즘classical Modernism의 위기와 나란히, 이 지역은 자신만의 건축적 방향인, 티치노 파the Tessin school의 경향을 보이기 시작하였다. 이 티치노 파는 최근까지도 수

마리오 보타, 단독주택

스위스 바칼로, 1986-89

도로에 면해 있는 세 모서리가 있는 건물의 측면은 닫혀 있다. 대신에 계곡에 면한 파사드는 열려 있으며 두 개의 아치가 서로 연결되어 있고, 정면으로 반원형 테라스가 있다. 보타의 모든 건물처럼 바칼로 주택도 거의 성스러운 내부 방들을 전경 속의 확실한 위치에 결합하고 있다. 젊었을 때 르 코르뷔지에와 루이스 칸과 일한 보타는 이런 효과를 명백하고 무한한 기하형태로부터 얻었다. 그 결과는 벽돌을 사용하기 때문에, 위엄 있게 보이면서도 또한 애매하다. 전체로 보아 건물은 완전히 기념비적으로 보이는 반면에, 각 벽돌은 조적공이 한 손에 쥘 수 있는 크기이기 때문에, 인간적인 크기를 잃지 않는다. 벽돌은 주택의 발생과 풍화의 시각적 증거를 제공하기 때문에, 그리고 고전시대부터 합리주의 시대에 이르기까지 쓰여 왔기 때문에 보타의 건물 또한 역사적 차원을 얻고 있다.

많은 공공건축물과 개인 건축물들을 책임지고 있다. 그들은 지역적인 건축물을 대신하여 기념비적인 건축을 계획하고, 풍광의 특성을 고려하고 또한 사용자의 개별요구들을 참작하고 있다.

티치노파의 가장 유명한 건축가는 남부 스위스 출신의 마리오 보타Mario Botta인데 그는 일찍이 루이스 칸 사무소에서 일하였으며, 스위스 태생으로 20세기 가장 영향력 있는 유럽 건축가인 르 코르뷔지에와도 함께 했었다. 특히 보타의 초기 작품들에서, 필로티 위에 건물을 얹는다거나 콘크리트를 사용하는 것은 오로지 두 스승의 영향임이 명백하다.

마리오 보타는 단독주택 분야에서 아마도 자신의 최고 걸작을 만들었으며, 그가 원이나 직사각형, 정사각형 같은 기본 기하형태에만 국한하여 형태언어를 사용하고 있음에도 불구하고, 그는 계속해서 새롭고 놀랍고 화려한 해결안을 내놓고 있다. 이는 고전적인 모더니즘 스타일의 규

이소자키 아라타, 오차노미즈 빌딩,
1984-87

이소자키 아라타가 설계한 환한 푸른색 큐브의 새 오차노미즈 건물이, 토쿄 중심부에서 이를 둘러싸고 있는 역사적 건물군들과 의도적으로 대조를 이루며 우뚝 서있다. 사무공간뿐만 아니라 이 건물에는 커다란 대중 집회 홀과 실내악 연주실을 갖추고 있다. 밝은 색으로 테두리 져 엄격한 질서로 파인 사각형 창문들과 기념비적인 콜로네이드 같은 최상층 개구부와 함께 고층 빌딩의 파사드는, 새로운 건물의 독립성을 강조하고 있으며 또한 역사적 건물들과 연결되고 있어, 역사적 건축물의 자주성 또한 그대로 유지되고 있다.

범적인 박스(큐브)로는 나타낼 수 없으며, 오직 마리오 보타의 기본 기하형태의 감각적인 조합과 외벽의 보이드와 솔리드의 분명한 대비 결과 때문이다. 보타 건축물의 또 다른 특징으로는 재료를 다양한 색채로 파사드에 사용하는 것이다. 주로 붉은색과 노란색 벽돌을 조적공법을 달리하여 쌓아 매우 독창적인 결과를 내고 있다.

보타의 둥근 건물round buildings들은 극히 이상적인 건물의 이미지를 떠올리게 하는데, 고전 Antiquity 이후로 전통적인 건축이론이 가진 주제들을 강하게 반영하고 있다. 지성적이지만 감각적인 창조과정의 확실한 결과는 설득력이 있으며, 보타의 어떤 파사드도 전혀 지루하지 않으

며, 기념비적인 요소도 강력하면서도 한편으론 휴먼스케일이 있다. 보타의 형태적 수단은 많지만, 보타는 이를 자제해 적용하고 있다. 보타는 과잉한 것이나 파사드를 압도하는 어떤 것도 피함으로써, 채택한 수단의 효과에 집중되도록 하고 있다.

보타의 가장 매력적인 단독주택 중의 하나가 바칼로Vacallo에 있는 주택(97쪽 참조)이다. 삼각형 건물은 후면에 아름다운 벽돌 파사드가 있는데, 파사드는 주변 환경과 완전히 단절되어 있다. 그러나 교차하는 두 아치로, 계곡을 바라보는 쪽으로 건물은 흥미롭게 개방되어 있다. 이 이중 아치 앞으로는 부드럽게 곡선 진 반원형 테라스가 있어, 아치의 테마를 불러일으키고 이를 또한 주변의 풍광으로 넓히고 있다.

일본 JAPAN

명상으로서의 건축 Architecture as meditation

1980년대 보타의 티치노 전원주택과 그레고티의 베니스 카나레지오 소형 집합주거는 역사적인 것과 현대적인 것이 신중하게 짜여 있어 건축적으로 최고의 품질에 이르고 있다.

일본 건축가 안도 타다오Ando Tadao도 그의 건축물에서 매우 유사한 길을 걸었다. 그는 전통건축의 원칙, 즉 일본 전통주택의 크기나 형태 등을 매우 의식적으로 따랐기 때문에, 유럽이나 미국의 동료들보다는 완전히 다른 요구조건들을 충족해야만 하였다.

그리고 안도의 건축이 처음 보기에는, 문화적 역사적 전통과의 교감에서 나온 결과물로 여겨지지 않고, 반면에 보는 이에게 놀랍게도 매우 모던한 느낌을 준다. 그 이유로는 적어도 안도가 선호하는 건물재료가 콘크리트라는 사실 말고도, 20세기 어느 건축가도 또한 르 코르뷔지에조차도 안도처럼 콘크리트를 아주 완벽하게 사용할 줄 아는 사람은 거의 없다는 사실이다.

엄격한 비례와 공간감을 높이려는 신중한 빛의 사용, 그리고 완전히 금욕적인 재료의 사용 등은 안도의 건축이 미스 반 데어 로에의 금언인 'less is more'에 완전히 들어맞는다고 생각된다. 그러나 안도의 건축과 비교해 볼 때, 미스 반 데어 로에는 거의 사치스럽다. 즉, 잘 다듬은 값비싼 화강석, 매우 비싸게 빛나는 대리석, 그리고

안도 타다오, 키도사키 주택
토쿄, 1982-86

이 3가구 주택은 일본의 일반 주택기준보다는 비교적 넓으며, 사적인 공간과 공동거주 공간들로 짜 맞추어져 있다. 콘크리트 벽이 주택을 주변 가로에서 분리하고, 12미터(40피트) 큐브인 2층 주택의 중심으로 바로 유도하는 둥근 벽을 통해 접근한다. 안도에게는 일상적인 일이지만, 형태와 재료의 선택이 극히 절제되어 있고, 처음 보기에 건축은 수수해 보인다. 그러나 건물을 따라가다 보면, 이러한 절제가 형태와 재료를 어떻게 고상하게 하는지를 느끼게 되기 시작한다. 건물 표면의 특성에 대해 아주 예민하게 느낄 수 있다. 마치 추상화처럼 색채의 뉘앙스와 빛의 효과들이 합쳐져 독특한 공간 경험을 제공한다. 커다란 판유리를 끼운 창문부분들은 세심하게 배치한 식재들과 함께 외부공간과의 관계를 설정하며, 공간 경험을 더욱 강화시킨다.

매우 품질 좋은 철강재는 정말로 화려하다. 안도는 그런 재료들을 전혀 쓰지 않았고, 콘크리트와 유리블록만을 조합하여, 어렴풋한 빛이 있는 이시하라 주택의 유리 벽돌처럼 거의 신비스런 분위기를 가진 공간 효과를 만들어 내고 있다.

안도가 쓰는 극한적인 콘크리트 마감 정도와 거친 외벽면은, 예를 들자면 효고 현 아시야 시의 고시노 주택Koshino house처럼 안도 건축물에 매우 독특한 외관을 만든다. 고시노 주택은 1977년에서 1981년까지, 그리고 1983년부터 1984년까지 2단계로 지어졌다. 고시노 주택은 안도의 주택이 전통 일본주택에 뿌리를 두고 있을 뿐만 아니라, 강하게 근대건축의 영향을 받고 있다

는 증거이기도 하다. 대지의 배치는 매우 추상적인 구성을 유지하고 있지만, 내부 디자인은 거의 고전적이며 그러나 명백히 기념비적인 분위기가 있다. 색채와 소리가 넘쳐나는 이 세상에서, 안도의 건물은 매우 한적한 느낌을 준다. 만일 안도의 재료 언어와 비례에 잘 맞춘 파사드와 내부 공간에 마음을 동조시킨다면, 명상적이며 평정한 느낌을 갖게 될 것이다.

프랭크 O. 게리의 즐거운 해체주의 경사진 벽도, 또는 알도 로시의 잘게 나눠진 도시 주거도, 안도의 건물만큼 주의를 끌지는 못한다. 처음 보기에는 수수하고 검소해 보이지만, 실제로는 표현이 정말 풍부하다.

안도 타다오, 유리블록 주택(이시하라 주택)
토쿄, 1977-78

건물은 두꺼운 콘크리트 벽으로 주변세계와 격리되어, 거주자에게 매우 독립적인 영역을 만들어주고 있다. 유리블록 벽은 주택 내부에 빛 공간 효과를 만들어 내 다양한 빛의 변화에 반응하고 있다.

안도 타다오, 고시노 주택
효고 현 아시야 시, 1979-81, 1983-84

국립공원의 경관 속에 파묻어 놓은, 서로 평행하는 제치장 콘크리트의 직사각 형태로, 고전적인 공간 형태를 다루어 얻은 명인다운 결과물이다. 안도는 채광 슬릿과 벽의 커다란 개구부를 사용하여 거친 재료들을 극복하는 미학적 수단을 발견하였다. 두 번째 건물도 도로에는 면하지 않으며, 첫 번째 건물보다 2년 후에 세워졌고, 일부 공간은 지하에 위치해 내부공간은 위로부터 빛을 받는다.
고급 개인 주택인 고시노 주택은 모더니즘의 형태언어와 일본 조경의 미를 동시에 구현하고 있다. 뒤쪽으로 경사져 내리며 예기치 않은 경관을 바라 볼 수 있는 대지에, 또한 이를 의도해 설계된 듯한 지점에 주택이 서있다.

현대 그러나 영원한
CONTEMPORARY BUT ETERNAL

미래를 내다보며
1990-2000

**A forward glance
1990-2000**
Architecture for the millennium
새로운 밀레니엄을 위한 건축

변화가 전제조건이 되다 Change as precondition

1989년 베를린장벽이 붕괴하며, 20세기 초강대국 사이의 낡은 갈등은 마침내 묻혀버리는 듯하였다. 그토록 오랫동안 갈구해왔지만 예상치 못하던 평화를 즐기며 이제는 긴장을 풀 수 있게 되었음을 모든 사람이 느끼는 듯하였다.

그러나 동서진영으로 양극화된 것이 과거의 일이었다면, 1990년대 초반의 새로운 출발이라는, 무한정으로 낙천적이며 행복한 감정은 싹 사라져 버렸다. 대신에 새로운 불확실성에 자리를 내주었고, 선과 악Good and Evil이라는 진부한 문구가 – 한때는 어울렸지만 – 더 이상 새로운 세계질서와 어울리는 의미가 아니라는 사실에 길들여지게 되었다.

의미심장하게도, 옛 유고슬라비아에서 발생했던 내전civil war은 겨우 구축된 새로운 세계질서가 얼마나 깨지기 쉬운지를 보여주었다. 그리고 예를 들어 아프리카나 남동아시아 등 세계 곳곳에서, 다가올 불과 몇 년 사이가 어떻게 변할지 정확히 예측하기가 얼마나 어려운지를 보여주었다. 마침내 동서 갈등이 종식된 이후에도 수많은 전쟁 지역은 줄어들지 않고, 단지 다른 장소에서 또다시 발생할 뿐이었다.

그렇지만 1990년대는, 특히 새로운 세기를 맞는다는 관점에서 특별한 도전들이 일어났다. 여러 사회문제들과 수많은 인종 갈등이 획기적인 전환을 요구하였고, 경제적으로 앞선 나라들이 이미 시도하고 시험하였던 경제 사회구조를 급속히 변화되는 세계환경에 적용하려고 하였다. 완전히 새로운 그리고 많은 사람들에게는 놀랄 만한 도전 때문에 1990년대는, 바라던 휴식의 시기가 아니라 변화와 새로운 방향의 10년이 되었다.

내일의 세계를 위한 오늘의 건축물들

Buildings of today for the world of tomorrow

우리가 20세기를 대표하는 사건들이 과연 무엇이었는가를 볼 수 없듯이, 또한 현대의 시각에서 어떤 건축작품이 다가올 미래에 걸작이 되는지는 역시 알 수 없다. 이러한 평가에는 우리로도 억지로 해 볼 수 없는 긴요한 간격이 필요하다.

이러한 일정한 간격이 없다면, 오늘날 건축에서 가장 중요한 경향이라 여겨지는 것이 사실 잘못된 흔적이며, 잠시 생겨나 유행한 시대정신의 한 산물일 수도 있고, 최근 50년 동안에 거의 언급되지 못하는 것일 수도 있는 위험에 빠질 수 있다. 어느 누구도 우리가 이끌리는 방향을 알지 못하며 이는 건축의 경우도 마찬가지이다.

그러나 어느 건축이 과연 현대의 걸작품으로 지속되는지를 결정하기에는 피치 못할 장애가 있음에도 불구하고, 현재 진행되는 경향을 지적하

1990 10월 3일 독일이 지난 45년간 지속된 분단 끝에 통일되었으며, 제2차 세계대전 이후 최초로 전국을 아우르는 선거를 치름.

1991 걸프전에서 미국이 이끄는 군대가 이라크 점령군을 쿠웨이트에서 철군시킴. 유럽 공동 외교안보와 단일 통화와 경제정책을 수립하는 마스트리흐트 조약Maastricht Treaty이 체결됨.

1992 UN환경개발회의(지구정상회담)이 리우에서 열림. UN은 사라예보의 고통을 경감하려고 물자 공수와 평화유지군을 지원함. 후천성면역결핍증 HIV 환자가 전 세계적으로 1,000만 명으로 추산됨.

1993 모스크바에서 권력투쟁이 일어나, 옐친이 국회를 해산함. 이스라엘과 PLO 간의 평화협정 체결. 빌 클린턴이 미국 42대 대통령으로서 집무 시작. 마스트리흐트 조약이 발효되어 '유럽공동체European Community'가 '유럽연합European Union'으로 대체됨. 인간

배아가 처음으로 복제되었고, 이 실험은 세계적인 공포를 불러일으킴.

1994 넬슨 만델라가 남아프리카공화국 최초의 흑인 대통령에 당선되어. 아파르트헤이트가 종식됨. 독일 과거사를 할리우드식으로 제기한 스테판 스필버그 감독의 〈쉰들러 리스트〉가 상영됨. 영국 해협을 지나는 유로터널이 개통됨.

1995 미테랑의 뒤를 이어 쟈크 시라크가 14년간의 프랑스 대통령으로 취임. 터키가 쿠르드족과 전쟁을 벌여, 국경 주위의 그들을 괴롭힘. '멀티미디어'가 올해의 단어로 선정됨. 크리스토와 쟌느-클로드 설치예술가들이 베를린 국회의사당을 천으로 감쌈.

1996 중앙아프리카에서 피난민들이 심각한 궁핍으로 고통받음. 르완다와 부룬디의 내전 이후, 갈등이 동부 자이레로 확산됨. 보스니아에서 의회선거가 엄격한 보안 속에 최초로 치러짐. '광우병BSE'으로 영국의 쇠고기와

가축 수출이 금지됨.

1997 영국이 홍콩을 중국에 반환. 알바니아 내전 발발. 페루 리마 주재 일본대사관을 점거한 투팍 아마루 반군이 유혈 진압됨. 영국 노동당의 새 당수였던 토니 블레어가 영국 수상이 됨. 파리에서 나토-러시아 정상회담이 열려, 바르샤바조약 탈퇴국가들이 나토에 가입할 수 있게 됨. 헤일-밥 혜성이 지상에서 육안으로 관찰할 수 있게 됨. 패션디자이너 베르사체가 총상으로 사망. 다이애나 왕세자비와 동반자 도디 알 파예드가 파리에서 교통사고로 사망. 테레사 수녀가 87세 나이로 선종. 이탈리아에서 지진피해가 발생하

여, 지오토와 치마부에가 그린 아시시의 유명한 프레스코화가 부분 손상됨.

1998 인도네시아 대통령 수하르토가 30년간의 통치 끝에 그를 반대하는 강력한 시위에 굴복하여 하야함. '천상의 목소리' 프랭크 시나트라가 로스앤젤레스에서 사망. 제10회 테크노 페스티벌인 'Love Parade'가 베를린에서 열림.

1995년 베를린 Love Parade의 젊은 테크노 팬들

프랭크 O. 게리, 나티오날레 네덜란덴 보험회사 건물

프라하, 1995

하나는 유리로, 다른 하나는 석재로 된 두 개의 타워는 프랭크 게리가 네덜란드 보험회사를 위해 설계한 것이며, 마치 춤추는 한 쌍을 표현하고 있는 듯하다. 이 두 원통은 할리우드의 전설적인 뮤지컬 배우들인 진저 로저스와 프레드 아스테어 커플을 빗대어 '진저와 프레드Ginger and Fred'라는 대중적인 별명을 얻었다. 이는 게리의 건물들이 어떤 연상을 불러일으킴을 증명하고 있다.

활기찬 이미지는 그 건물의 형태나 공간 같은, 건축의 삼차원을 압도한다. 안과 밖으로 경사진 창문들이 파도치는 파사드 이면에는 정상적이고 규칙적인 층들이 완벽하게 숨겨져 있다. 게리의 다른 건물과 마찬가지로 이 건물도 실세계의 가상현실 경향을 충분히 반영하고 있지만, 장 누벨의 작품과는 달리, 특정한 기술들을 사용하거나 제기될 문제들을 지적하지는 않는다.

기는 가능한 일일 것이다. 프랭크 O. 게리와 같은 해체주의나 알도 로시의 합리주의와 같은 1980년대의 경향들은 오늘날에도 지속되고 있으며, 건축의 변화 요구에 따라 계속 전개되고 있다.

만일 미래 사회의 발전과 관련된 기본적인 의문을 가질 수 있다면, 마찬가지로 건축의 미래 형태에 대한 해답을 발견할 수 있을 것이다. 19세기와 20세기 건축역사에서 얻은 바는 사회와 건축은 서로 영향을 주고받는다는 교훈이다. 사용자의 사회적·문화적 요구를 무시한 채, 건축 그 자체만을 위해 존재하는 건축은, 결코 재정 지원을 받지 못하고 오랫동안 건축이 있을 자리도 얻을 수 없다.

가상현실 시대의 건축
ARCHITECTURE IN THE VIRTUAL AGE

이미지의 힘 The power of images

주거건물과 오피스 건물들, 공장과 박물관 등은 여전히 건축의 가장 중요한 과업들이다. 그러나 전 세계적으로 상승하고 있는 공사비cost는, 건물이 어떻게 보일지 또는 건물이 어떻게 실현될지에 영향을 미칠 수밖에 없다.

공사비 항목은 다른 업무도 마찬가지이지만 건축 업무를 합리화하는 데 점점 중요해지고 있다는 것은 피할 수 없는 사실이다. 20세기 건축의 지도 원리였던, 표준화standardization와 대량재생산mass-reproduction은 전체 계획에서 창문 하나에 이르기까지 모든 것에 계속 적용되고 있

다. 오직 몇몇 건축가나 건축주만이 이러한 제한 조건 아래서 고품질의 건축물을 건설할 수 있다. 가장 유리한 환경 속에서도, 표준화된 '보통 average' 건축들은 우리 도시의 모습에 커다란 자국을 계속 남기고 있다. 건축형태의 하이라이트나 뛰어난 디자인, 그리고 모든 디테일에서 질 높은 최종결과물은 필연적으로 점점 멀어지고 있는 것 같다.

컴퓨터가 발명되어 건축을 합리화하는 데 결정적인 구실을 하게 되었다. 마치 전화나 자동차와 마찬가지로 컴퓨터 없는 우리 생활은 생각할 수도 없다. 컴퓨터 건축가는 아직 과학적 픽션이지만, 건축가 업무 중 상당부분이 컴퓨터로 지원되는 디자인 프로그램으로 이미 수행되어 왔고, 건물 대지의 상세한 계획뿐만 아니라 빌딩 프로젝트의 통계들이 이미 '컴퓨터 동료'들의 도움으로 산출되고 있다.

대규모 프로젝트에서 제시된 프로토타입 prototype 건물들을 가상현실로 검토virtual tour하는 것이, 지루한 스터디 모델과 축적된 도면들을 대신하고 있다. 어느 한 순간에 컴퓨터는, 보는 이를 정원과 사무동을 지나 아직 계획단계에 있는 도시지역을 건너고, 실제로 아직 설치되지 않은 수많은 실내공간들을 여행하게 해준다. 되도록 짧은 시간 안에 보는 이 앞에서 미래의 건축이 세워지고, 막강한 이미지로 관심 있는 비전문가들을 유혹한다.

하이테크 건축high-tech architecture은 계획원리 같은 것을 구체적인 실체로 가장 적절하게 바꿀 수 있으며, 사실 1970년대부터 노먼 포스터나 리

장 누벨, 갈레리 라파이에트

베를린, 1993-96

건물이 비물질화immaterialize된다. 알 수 있는 모든 것들이 반짝이는 특수강철과 파악되지 않는 재료들 뒤로 사라졌다. 네 개의 네온 튜브와 미러 글라스는 천장을 '얼어붙은 하늘frozen sky'로 용해하고 있다. 대각선 지지체가 확장되는 구조는, 두 겹의 유리 파사드라는 무지갯빛 쉘 뒤로 사라진다. 프랑스 백화점의 독일 지점인 갈레리 라파이에트 내부는, 중심을 이루는 이중 유리 콘이 사라지는 듯하며, 홀로그램과 미러 글라스들 때문에 만화경이 된다. 여기에서는 실재를 바라볼 수 있도록 투명한 수단으로 쓰인 과거 유리의 존재처럼 유리가 쓰이지는 않았다. 대신에 유리는 백화점 방문객들의 여러 이미지를 만들고 있으며, 가상의 대중들을 만들어 내고 있다.

그러나 여기에서 모순이 시작된다. 이 건물이 서비스하는 영업은 물질적인 사업이다. 또한 사람들이 느끼는 것은 단순히 볼 수 있는 것 이상의 것이다. 그러나 이곳의 시각적인 효과는 다른 감각들을 모두 맹점이 되게 한다.

처드 로저스의 건물에서 이미 나타났고, 세계 건축 무대에서 다음 세기를 이끌게 될 것이다. 인터넷이 전 세계로 퍼지고 그 모든 위험이 표면화될지라도, 하이테크 건축은 이미 현재에도 가능한 일이지만 여전히 매력 있을 것이다.

유리의 시학(詩學) Poetry in glass

건축역사에서 유리가 특별히 성공적으로 발전하기 시작한 것은 1851년 조셉 팩스턴의 크리스털 팰러스Crystal Palace(7쪽 사진 참조)부터이다. 브루노 타우트Bruno Taut의 유리주택Glass House(19쪽 사진 참조)에서 미스 반 데어 로에의 신 베를린 국립미술관Neue Berliner Nationalgalerie(59쪽 사진 참조)에 이르기까지, 또한 빌라에서 상업건물에 이르기까지, 다재다능한 유리 파사드는 정말로 많이 응용되고 있으며, 아직도 그 매력을 잃지 않고 있는 재료이기도 하다.

프랑스 건축가 장 누벨Jean Nouvel은 이미 풍부한 현대 유리 건축의 목록에 새로운 그리고 거의 시적인 측면을 더하고 있다. 그는 파리의 아랍세계연구소Institut du Monde Arabe(IMA)(1981-87)로 처음 세계의 주목을 받았다. 아랍세계연구소는 세느 강 제방 위에 있으며, 장 누벨의 평가에 따르면, '완전히 현대적인 건물'이다.

아랍세계연구소는 일찍이 1980년대 미테랑 대통령의 '그랑 프로제Grand Projet'의 하나로서 건립되었다. 과거 식민지였기도 하지만 특히 19세기와 20세기에 프랑스는 아랍 문화와 여전히 가까운 관계를 맺고 있다. 아랍세계연구소는 파리에서 아랍문화를 보여주는 독특한 전시장소이며, 박물관과 특별전시공간, 도서관, 문서센터, 강의 홀, 레스토랑 등이 있으며, 1980년대 현대 박물관 빌딩 목록 중의 하나가 되고 있다. 이 장 누벨 건물의 특별한 매력은, 아랍 전통요소와 연결하는 방법이다. 예를 들자면 옛 모스크의 지주 홀의 기억을 유리로 된 하이테크 건축으로 표현하고 있다.

유리 요소들을 잘 균형 잡히게 단계별로 사용하여, 건물외부에서조차 건물에 놀랄 만한 미학적 긴장감을 주고 있다. 유리 건물의 투명성을 통해 계속 열려가는 시선은, 조합된 구조요소들과 겹쳐지면서 복합되고 있다. 건물형태와 재료의 우아함에도 불구하고, 건물 전체는 반사되거나 차단되는 빛 때문에 매우 풍부한 변화를 표현해내고 있다.

아랍세계연구소의 남쪽 파사드 디자인은 특히 매력 있다. 누벨은 아랍건축에서 흔히 쓰이고 있는 다양한 기하형태들을 선택하여, 빛에 따라 열리거나 닫히는 27,000개 렌즈로 구성된 현대적인 햇빛 가리개(조리개)에 이를 적용하였다. 이 조리개들은 유리 파사드에 설치되어 기능적으로는 태양광선을 조절하지만, 건물 내부에 빛과 그늘의 환상적인 연출을 가능하게 하고 있다. 햇빛 가리개의 기하 그리드 형태에는 또 다른 기능이 있는데, 다양하게 변화하는 형태언어는 아랍과 유럽이라는, 두 문화의 제휴 산물로서의 건물을

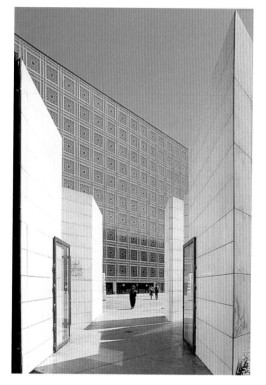

암시하고 있다.

유리라는 비물질적immaterial 건물재료를 다루는 장 누벨의 또 다른 전문가적인 사례로는, 베를린 라파이에트 백화점Galeries Lafayette(1993~96)을 들 수 있다. 이 백화점은 독일 통일 이후 베를린 중심부 재건축과정에서 1990년대에 프리드리히 가Friedrichstrasse에 세워진 얼마 안 되는 야심찬 상업건축물 중의 하나였다.

이 상업건물의 핵심은 백화점인데, 이름 그대로 유명한 파리 라파이에트 백화점의 베를린 지점이었다. 서구의 소비자 문화에서 백화점은 그야말로 매우 도전적인 건물이다. 사용자의 욕구를 부추기기 위해 어떤 종류의 매력을 주어야 할까? 건축이 이 도전에 어떻게 부응해야 할까? 이에 한 가지 해답을, 슈퍼마켓에서의 평범한 쇼핑을 반쯤은 드라마틱한 경험으로 바꾼 건물들을 설계한 SITE가 1970년대에 이미 던진 바 있다(82쪽 사진 참조).

그러나 누벨은 다른 길로 나아갔다. 그는 대도시 건축을 우아함과 빛, 유리, 그리고 투명성으로 특징지었다. 이 건물의 한 가운데, 지층 레벨에서 밑면들이 서로 만나는 두 개의 유리 원뿔glass cones로 구성하여, 한 원뿔은 위로 갈수록 뾰족해지고 다른 원뿔은 마치 지면을 뚫는 듯하였다.

이 유리 원뿔이 만들어 내는 감명은 압도적이며 매우 놀랄 만한 미학적 충격이며, 건물 내부 중정courtyard의 완전히 새로운 해석으로서, 백화점 건축역사의 가장 중요한 요소가 되고 있다. 물론 유리가 지배하고 있는 이 공간에는 필연적으로 유리 엘리베이터가 있다.

건물 외부조차도 누벨의 기발한 착상이 계속되어, 파사드를 곡면의 유리벽으로 피복하고 코너부분도 미끄러지듯 둥글게 하여, 백화점 주변의 화강석이나 석회암 벽면들로 둘러싼 모든 건물들에 대항하는 듯하다. 또한 누벨은 지붕부분도 매우 적극적으로 손을 대어 순수한 평지붕이나 전통 경사 기와지붕을 쓰지 않고, 그 대신에 빗면이 유리로 된 지붕을 창조하여 누벨 고유의 건축언어를 만들어 내고 있다.

하이테크 표현 High-tech expression

엔지니어는 늘 건축에서 혁신적이고 선도적인 세력이었다. 그러나 19세기 말에 사람들이 에펠탑과 시카고 최초의 마천루에 맞닥뜨렸을 때, 엔지니어들의 이런 작품들이 과연 '진정한real' 건축에 속할 수 있는지에 대해 논쟁을 벌였으며, 이 논쟁들은 오랫동안 지속되었다. 그렇지만 엔지니어의 기능적 · 미학적 공헌 없이 20세기 건축 역사는 상상할 수도 없다.

그러나 엔지니어링과 현대미술이, 예를 들어 산티아고 칼라트라바Santiago Calatrava의 구조물과 조각처럼, 건축물 안에서 서로 손을 잡고 있다. 칼라트라바는 스위스에 거주하는 스페인 건축가이며, 그의 작품은 뉴욕현대미술관MOMA에서도 볼 수 있다.

장 누벨, 질베르 레제네, 피에르 소리아, 아랍세계연구소 Institut du Monde Arabe
남쪽 파사드(왼쪽 사진), 계단실(오른쪽 사진), 파리, 1981~87

처음 보기에 남쪽 파사드는 복잡하게 짜인 아라비아의 격자 스크린처럼 보인다. 사실 이것은 모터로 작동되는 수천 개의 크고 작은 블라인드로 구성되어 있다. 이 블라인드들은 햇빛의 강도에 따라 건물로 빛 투과를 달리하며, 빛과 그림자를 조정한다. 아랍세계연구소는 아랍문화에 초점을 맞추는 관찰 장치가 되었다. 정신적이고 상징적인 동양세계가 합리적으로 편향된 서양 세계와 합쳐지고 있다. 하이테크적 요소들이 그 자체로 1970년대에 편입되긴 하지만, 여기서는 적어도 예술적인 목적에 맞추어 쓰이고 있다.

산티아고 칼라트라바, 파사렐라 데 우리비 타르테Pasarela de Uribitarte
네르비오 강의 인도교, 빌바오, 1993

칼라트라바의 인도교는 접근하기만 하여도 다가올 경험을 알려준다. 인도교는 우아하게 굽이치는 두 개의 램프로 들어 올려 있다. 그러나 조각 같은 이 구조의 최고 부분은 다리가 매달린 포물선이다. 이 구조물의 모든 것에는 장력이 작용하는데 이 힘의 흐름은 숨겨져 있어, 강에 걸쳐 있는 다리 그 자체는 전혀 팽팽하게 보이지 않으며, 아주 완만하게 곡선을 이루고 있다. 칼라트라바의 형태언어는 유기적인 원형들을 생각하게 하며, 그러한 감각적인 어조를 더욱 강조하고 있다. 이쪽 강안에서 저쪽 강안으로 매일 건넌다는 일상 행동을, 어떻게 정확하게 경험으로써 표현할지를 이 건축가는 알고 있었다. 낫 모양인 대담한 이 다리는 스페인의 위대한 건축가들인 안토니 가우디와 에두아르도 토로하 그리고 프랑스인인 귀스타브 에펠(8쪽 참조)의 전통 속에 있다.

곡선을 이룬 다이내믹한 형태는, 그 표현에서 에로 사리넨의 뉴욕 TWA터미널(73쪽 사진 참조)을 어렴풋이 생각나게 하지만, 여전히 칼라트라바 작품 테마가 되고 있다. 선처럼 가느다란 콘크리트 선재Filigree concrete가 마치 리브 스팬처럼 그의 공간을 지지하고 있으며, 카나리 군도Canary Islands 중의 하나인 스페인령 테네리페Tenerife 섬에 설계한 전시관(1992–95)처럼 운동감으로 가득한 성격을 극도로 활기차게 부여하고 있다.

칼라트라바의 표현적인 건축을 보는 사람들은 거의 다 살아있는 생명체를 유추하게 된다. 생선의 척추뼈와 척추뼈에서 일정 각도로 경사져 뻗친 뼈들을 생각나게 하거나, 선사시대 동물의 등에 솟아난 아치모양의 볏을 떠오르게 한다. 가장 유명한 사례는, 1991년에서 1995년 사이에 칼라트라바가 건설한 발렌시아 지방의 알라메다Alameda 버스 정거장 건물이며, 여러 레벨에서 콘크리트 선재들로 지지되는 타워링 아치towering arch가 우뚝 솟아 있다. 같은 모티브들을 칼라트라바의 상세한 다리 디자인에서도 찾아볼 수 있다.

미래로 향하는 화살 An arrow into the future

역동성Dynamism은 바일 암 라인Wein am Rhein에 있는 비트라Vitra 소방서를 처음 대할 때 받는 인상이다. 이는 런던에 거주하던 이라크 출신 건축가 자하 하디드Zaha Hadid가 1993년에 실현하였다. 바일 암 라인은 선택된 대지였다. 해체주의의 할아버지 격인 프랭크 O. 게리가 비트라 디자인 박물관을 지어 유럽 건축에 혁신적인 요소를 짜 넣은 곳이기도 하다. 그리고 이곳 라인 강 상류에 영국 태생 건축가 니콜라스 그림쇼Nicolas Grimshaw가 이미 활약하여 비트라 가구 공장을 지었다.

하디드의 건물은 마치 주변 풍경에 화살을 쏘는 듯하다. 건물 복합체에서 돌출된 콘크리트 캐노피는 놀랍도록 가늘고, 곧게 경사진 기둥 숲 위에 놓여 있어 건물에 매우 극적이며 표현적인 제스처를 주고 있다. 원래의 기능에도 불구하고 기념비적인 느낌을 준다. 경사진 벽과 서로 가로지르는 벽들, 그리고 서로 얹혀 있는 볼륨들은 건물에 독특하고 무한한 표현의 힘을 주고 있다. 조감하여 보면 건물은 종이비행기처럼 보여서 우아하고 항공 역학적으로도 보이며, 또한 눈

자하 하디드, 비트라 소방서
바일 암 라인, 1993

제치장 콘크리트의 경사진 날이 서로 가르고 있다. 거대한 유리판이 소방서를 전시관으로 바꾼다. 전면 캐노피를 이루는 극히 뾰족한 콘크리트 슬래브는 마치 떠있는 듯하다. 이 캐노피를 지지하는 경사진 철기둥들은 구조의 논리를 거부하고 있다.

영국을 중심으로 활동하였던 이란 태생의 해체주의 건축가인 자하 하디드는, 러시아 구성주의에 강하게 영향받았다. 프로젝트의 핵심을 이보다 더 잘 표현한 것은 아마 없을 것이다. 장력(긴 장감)은 소방서의 일상적인 경험이며, 또한 이는 이 건물의 핵심요소로서, 불과 싸우는 가구공장의 소방서를 수용하고 있다. 이 조각 같은 건물의 유별난 점 때문에 기념비적이기도 하며, 오히려 기능은 부수적이 된다. 그래서 실제로 이 소방서는 본래 기능을 잃고, 바일 암 라인의 유명한 건축공원에서 조각 같은 박물관이 되었다.

에 띄는 경사진 벽은 선박과 같은 생각을 불러일으킨다. 개방된 부분과 폐쇄된 부분이 서로 교차하면서도, 또한 전통적인 형태 규범을 따르고 있다. 구축적constructive이며 창조적인 힘을 최대한 퍼부어, 산티아고 칼라트라바의 작품처럼 개성 강한 이 건물은 마치, 조각의 수준까지 오른 듯하다. 이 건물은 서로 맞물린 평면들 때문에 형태 구성이 당황스럽기도 하고, 알루미늄에서 부드러운 콘크리트와 판유리로 된 띠창에 이르기까지 다양하게 마감 재료를 선택하여 매우 이질적으로도 보인다.

건물은 비트라 가구공장의 소방 시설을 위해 기둥 없는 콘크리트 공간을 제공하며, 또한 식당과 매점, 위생공간, 운동실을 갖추고 있다. 근래에는 원래의 기능을 잃어버리고 바일 암 라인 건축공원the architecture park in Weil am Rhein의 중요한 한 부분이 되어, 비트라 회사에서 수집한 의자들의 전시공간이나 특별행사를 위한 공간으로 쓰이고 있다.

하디드의 소방서 건물은 많은 찬사를 받았으며, 1920년대 러시아 구성주의의 건축 비전과 미스 반 데어 로에의 바르셀로나 파빌리온의 공간 효과와도 비교된다고 당차게 말해지기도 한다. 그러나 그러한 흥분에도 분별은 남아 있다. 하디드는 매우 표현적인 소방서를 만들어 내었고, 그 인용과 현대적인 표현 형태로 아방가르드에 머물게 한다. 하디드의 건물은 실제로 해체주의의 이정표 이상이지만, 도시의 예기치 않은 부분에서 첨단 유행의 보배처럼 여전히 그 자태를 보이고 있다.

단순함의 미학
THE AESTHETICS OF SIMPLICITY

표현보다는 절제 Reduction instead of expression
예술적 강렬함이 가끔 넘쳐나는 자하 하디드나 프랭크 O. 게리 같은 신표현주의 · 해체주의 건축가들의 건물이나 프로젝트와, 두 명의 스위스 바젤 건축가인 자크 헤르초크Jacques Herzog와 피에르 드 므롱Pierre de Meuron의 작품 사이의 차이는 그리 크지 않을 수도 있다. 두 스위스 건축가는 런던의 옛 뱅크사이드Bankside 발전소에 신 테이트 갤러리the new Tate Gallery를 건설하는 일을 계약했을 때 전 세계적으로 주목받았다. 이 두 건

자크 헤르초크, 피에르 드 므롱, 돌의 집
리구리아, 타볼레. 1988

"적을수록 좋다less is more"는 일찍이 1920년대 미스 반 데어 로에의 견해였다. 오늘날에도 '새로운 단순성new simplicity'을 선호하는 건축가들이 강한 금욕주의asceticism 속에서 눈에 띄고 있다. 미스와 마찬가지로, 스위스 건축가인 자크 헤르초크와 피에르 드 므롱은 명확한 사각형태와 단순한 공간 기하학으로 작업하고 있다. 그러나 이들은 더욱 다양한 재료들을 쓰고 있고, 재료들을 더욱 다양성있게 그리고 더욱 더 감각에 호소하도록 쓰고 있어, 이들만의 특징을 만들고 있다. 건물의 재료들은 자연재료들이다. 아래 사진의 괴츠 미술관은 제치장 콘크리트와 별도로 가공처리하지 않은 합판과 젖빛 유리로 구성되어 있다. 타볼레 주택(왼쪽 사진)에서는 슬레이트처럼 보이는 지역산 석회암으로 만든 건식 석조 벽으로, 근대건축의 내력구조인 콘크리트 골조 사이를 채우고 있다. 주택은 언덕 위 자연경관 속에 홀로 서 있으며, 올리브나무와 포도나무 숲에 이어 파석재가 깔린 테라스와 함께, 건축의 철저한 추상성과 새로운 진지함을 나타내고 있다.

축가는 한때 합리주의자 알도 로시의 제자였지만, 그들의 작품은 완전히 로시와는 달랐다.

리구리아Liguria 타볼레Tavole에 1982년에서 1988년에 걸쳐 돌의 집Stone House를 건설할 초기부터 이미 이들은 단순하지만 미학적인 기본 개념을 제시하고 있었다. 건물은 단순한 직사각형 블록에 전면으로 퍼골라 같은pergola-like 구조물이 있는 형태였으며, 콘크리트 프레임을 완전히 노출시켜 구축하였고, 자연석으로 벽을 채워 넣었다infill. 이 건물의 구조적 단순함이 상당히 미학적 매력을 더하는데, 이는 서로 다른 특성을 지닌 재료들의 종합에서 나온다. 건물은 매우

자크 헤르초크, 피에르 드 므롱, 괴츠 콜렉션 Goetz Collection
뮌헨-오베르푀링. 1993

요 쿠넨, 네덜란드 건축회관Nederlands
Architectuurinstitut
로테르담, 1993-95

볼륨들이 집약되고 상호 관입되는 요 쿠넨의 로
테르담 네덜란드 건축회관은, 여러 작은 건축 유
관 기관들도 포함하고 있다. 시각적인 긴장이 가
득 차고 20세기 모더니즘의 다양한 양식 자원을
의식적으로 다룬 현대건축의 한 예를 보여주고
있다. 건축회관의 주 건물은 기다란 자료관 앞에
서 솟아나, 확장되는 건물 부분을 가린다. 퍼골라
같은 구조물이 돌출되어, 위협적인 뾰족한 철제
기둥 위에 놓여 있다. 인상적인 만큼이나 비기능
적인 이 다이내믹한 구조 안에는 유리로 거의 뒤
덮인 직사각형 전시부문이 들어 있다. 특히 저녁
에는 조명 때문에, 이 부분은 내외부가 바뀌어 보
이고 주변 수면으로 비춰지고 있다.

다른 표면 구조들의 시각적 효과가 대조를 이루
면서 그 생생함이 나타난다. 이에 더해 두 종류
의 재료는 건축역사상의 각기 다른 시기를 나타
낸다. 즉 콘크리트는 모더니즘의 내력 재료이며,
반면에 자연석 벽의 가공하지 않은 암석들은 수
백 년을 과거로 거스르는 전통을 나타낸다.

대지 위 건물의 특정 기능에 맞게, 형태와 재
료를 진지하게 사용하는 것이 헤르초크와 드 므
롱 작품의 주요 주제이다. 완전히 다른 형태이
지만 미학적 효과가 비슷한, 1993년 뮌헨-오베
르푀링에 지은 괴츠 미술 컬렉션Kunstsammlung
Goets 건물에서도 이 주제를 발견할 수 있다.

여기서도 건물의 몸체는 엄격히 수직방향으
로 겹쳐 놓은 직사각형 블록이다. 타볼레의 '돌의
집Stone House'처럼, 즉 콘크리트와 나무, 반투명
유리 등 재료들을 놀랍게 쓰고 있다. 만들어 내
는 색채효과는 독특하고, 매우 섬세하며 또한 내
성적이어서, 매우 내향적인 외관임에도 불구하
고 건물에 거의 화려함에 가까운 경쾌함을 주고
있다.

도서관과 홀이 있으며, 반투명 유리 때문에
약간 희미한 녹색 빛으로 구별되는, 완전히 유리
로 둘러싼 1층 위로는, 그 자체로 3개의 전시실
이 있다. 전시실은 두 층의 소나무 프레임과 그
사이를 밤나무 패널이 채우고 있다. 이 나무들을
사용하는 방법에서도 건축가들의 예민한 차별
화 감각을 발견할 수 있다. 부드럽고 거의 백색
인 밤나무가 나타내는 가벼운 색채 효과에, 다소
검은 소나무 프레임이 서로 대조를 이루며, 매듭

knots의 존재로서 더욱 구조적이며 거친 효과를
주고 있다. 이 목재 직육면체는 두 층의 반투명
유리 띠 사이에서 샌드위치가 되어 있다. 이들은
건물내부 전시실에 빛을 제공하며 또한 외부로
는 건물의 조화를 이룬 비례를 완성한다.

뮌헨의 괴츠 갤러리에서 헤르초크와 드 므롱
은 전시되는 예술품 자체에 종속되는 듯한 매우
내성적인 건축 스타일을 만들어 내고 있다. 그리
고 각 재료들을 놀랍고 월등히 매력적으로 사용
하여 가장 경제적인 방법으로, 극히 예술적인 건
축이 되는 효과를 만들어 냈다.

1995년 바젤 소재 스위스 재해보험기금 사옥
the Swiss Unfallversicherungsanstalt 증개축에서, 헤르
초크와 드 므롱은 기본 구조basic structure라는 건
축어휘를 사용하여, 기존건물에 유사하게 수직으
로 증축 배치하였다. 특히 이 프로젝트에서 주목
할 만한 것은 기존 빌딩을 다루는 방법이었다. 즉
다양한 유리창문들로 건설되었던 옛 건물을 투명
유리 파사드로 단순히 덮고 있다. 이 방법으로 옛
건물은 외부에서도 계속 보여지게 되어, 크게 변
경되지 않은 듯 보인다.

그런데 이 방법은, 여러 종류의 유리를 사용
하였기 때문에 건물 위로 세워진 새로운 레이어
가 방해받는 부수적인 효과를 만들어 냈다. 즉
투명 정도가 달랐으며 뒷면에 놓인 옛 파사드와
겨우 희미한 분절만을 만들어 냈다. 설치된 패널
의 반사, 투시, 왜곡과 선 블라인드와 지지 프레
임 때문에 생긴 그림자들은, 건물의 역사적 요소
와 현대적 요소 사이에 매우 즐겁고 지적인 게임

을 만들어 냈고, 이 모두를 새로운 전체로 형성
하고 있다.

마찬가지로 헤르초크와 드 므롱의 전형적인
진지함은 이 스위스 재해보험기금 사옥의 증개
축에서도 역시 발견된다. 주목할 만하게도 동시
대 대다수 건축가들의 활발한 아이러닉한 표현
과는 아주 대조되고 있다.

엄격하지 않으면서 실용적인

Practical but without severity

많은 해체주의자의 건축적 환상이 일으키는 형
태적 선동이, 헤르초크와 드 므롱의 작품과 상관
이 적듯이, 마찬가지로 포르투갈 건축가인 알바
루 시자Alvaro Siza의 작품과도 무척 거리가 있다.
이는 시자나 헤르초크 등이 매우 흥미 있는 건물
을 만들어 내지 못한다는 것을 의미하지는 않는
다. 생각을 불러일으키게 하는 매우 흥미 있는
현대건축을 만들어 내는 시자의 능력을 보여주
는 가장 좋은 예는, 그의 고향 포르투Porto 서쪽
의 경사진 대지에 세워진 백색 직사각형 건물군
으로, 건축대학 건물로 구성되어 있다. 1986년에
서 1995년 사이에 건설되었고, 건물들은 주변이
녹지로 둘러싸여 비교적 외지고 평온한 대지에
건설되어 있다.

4개의 직사각형 볼륨들은, 분명히 고전 모더
니즘 전통의 은혜를 받고 있으며, 처음 보기에는
서로 닮아 보인다. 그러나 자세히 살펴보면, 그
뒤로 놓인 서비스 에어리어와 함께 서로 매우 다
르다는 것을 알게 된다.

표준화된 건물 부위들을 쓰고 있음에도 불구
하고, 형태의 다양성은 매우 놀랄 만하다. 큰 사
각형 창문과 수평 띠창들은 파사드에 '얼굴faces'
을 만들고, 햇빛을 가리기 위해 건물로 후퇴시킨
경사지붕이나 테라스 위로 돌출된 지붕 등, 삽입
하거나 돌출시킨 부분들로 다시 이 얼굴을 강조
하고 있다. 건물들 사이의 캠퍼스 구내에 있는
복도와 대형 유리공간은 - 더욱 폐쇄적인 외부
와는 대조적으로 - 학부 건물을 개방시키고 경
쾌한 성격을 주고 있다.

그러므로 포르투의 건축대학에 재학 중인 학
생들은 그들의 대학 건물들을 바라보는 것만으
로도, 건축의 가능한 형태들을 충분히 인지하게
된다. 그러나 이러한 건축언어의 다양성은 일관
성이 떨어지게 되어 위험할 수 있지만, 알바루
시자 같은 대가는 이를 어떻게 피할지 알고 있었
다. 계획 중의 각 부분들은 조화롭게 짜 맞추어
지고, 느슨하지만 유기적으로 전체로 응집되어
아름다우면서도, 제도실에서 강의실, 전시실, 사
무실, 그리고 부득이한 카페테리아에 이르기까
지 필요한 학교시설 모두에 공간을 충분히 제공
하고 있다.

알바루 시자 건축의 기능주의는 결코 단조롭
지 않다. 사실 명백한 엄중함severity이 깊은 사고
를 통해 형태와 내용의 명료함clarity으로 변하고
있으며, 바로 이 점이 알바루 시자를 현 시대의
가장 중요한 건축가 중의 한 사람으로 자리매김
하게 한다.

다니 카라반, 발터 벤야민 기념물

포르-부(스페인), 1994

1940년 9월 26일 철학자이자 작가였던 발터 벤야민이 나치 치하에서 도피하여 포르-부에서 생을 마감하였다. 이 사건을 기념하려고 이스라엘 예술가 다니 카라반이 대지예술land art에서 쓰는 수법대로 계획하여 기념물을 디자인하였다.

벤야민의 일생 여정과 그의 주요 저작 중 하나의 제목(Passagen)과 일치하게, 작품은 3가지 '경로'로 구성되어 있으며, 각 경로는 각기 다른 지점을 가리키고 있다. 3번째이자 마지막 경로는 바위를 폭파하여 만든 경사진 터널로 구성되며, 그 터널의 벽은 녹슨 철판을 걸치고 있다. 경로는 한 장의 유리로 갑자기 끝나며, 그 너머로는 바다가 포효한다. 탈출구는 오직 절망적인 심연뿐이다.

풍부한 암시와 극히 절제된 표현수단 때문에, 포르-부에 있는 기념물은 다음 밀레니엄시대 건축 발전의 단초가 될 수 있었다.

조각과 건축
SCULPTURE AND ARCHITECTURE

역사에 대한 새로운 미학

The new aesthetic of history

지난 1980년대와 1990년대에서 가장 논쟁을 일으킨 예술가 중의 한 사람은 다니엘 리베스킨트 Daniel Libeskind(베를린, 로스앤젤레스)이다. 실제 완성시킨 작품이 아주 적은데도 불구하고, 그의 작품들은 매우 열정적인 논쟁을 불러일으켰다.

리베스킨트의 매우 과격한 형태언어와 그의 건물을 둘러싸고 있는 역사적이고 정치적인 맥락에 관여하는 그의 엄청난 지적 강도intellectual intensity는 많은 사람들의 흥미를 끌었으며, 그의 잠재적인 고객을 포함하여 대다수 다른 사람들을 놀라게 하고 있다.

주로 독일에서 몇몇 건축설계경기에 당선되었지만, 그때까지 리베스킨트가 드물게 완성시킨 건물 중의 하나가, 유태인 박물관the Jewish Museum - 또는 베를린 박물관의 유태인관the Jewish department of Berlin Museum이었다. 이 박물관은 1999년 1월에 개관되었다. 1980년대와 1990년대의 잘 알려진 박물관들과 이 박물관의 관계는 오로지 '박물관'이라는 사실뿐이다. 제임스 스털링과 마이클 윌포드의 슈투트가르트 포스트모던 스타츠갈레리(96쪽 사진 참조)처럼 즐겁게 역사적 인용에 뒹굴지도 않았으며, 또한 장 누벨의 아랍세계연구소(103쪽 사진 참조)처럼 고상한 우아함도 없다.

리베스킨트는 박물관을 통해 베를린에서의 유태인 삶의 역사를 나타내려고 하였다. 리베스킨트는 스스로 건물을 은유적인 상징으로 성격 지우고, 텅빔void을 둘러싼 박물관으로 규정하였다. 바로 그 '텅빔'은 학살Holocaust로 상실된 유태인 삶을 의미하고 있다.

지하로 옛 바로크식 박물관 건물과 연결되어 있는 유태인 박물관은, 바일 암 라인에 있는 자하 하디드의 비트라 소방서와 마찬가지로, 화살이나 또는 지그재그로 번쩍인 번개 광선을 생각나게 한다. 이것은 리베스킨트에게 매우 의미있는 것으로서, 해체된 다비드의 별로 볼 수도 있으며, 이는 한때 베를린 거주 유태인들의 생활 중심이었던 장소들과도 연관된다.

리베스킨트가 도달하려는 목표는 작품을 통해 지성을 구축하려는 것만큼이나 높았다. 그의 테마는 매우 어렵고 난해하며, 따라서 그의 건축은 투박하고 이리저리 헤매게 하며, 텅 빈 코너공간이나 높은 콘크리트 벽 때문에, 이를 보고자하는 관람객이나 사람들은 완전히 배제되며, 아주 복잡한 건축형태의 조각이라는 성격을 띠게 된다.

이러한 복합성에도 불구하고, 아니 이러한 복합성 때문에, 급격하고 독특하게 그리고 강렬하게 역사적인 장소를 강조하고 있는 다니엘 리베스킨트의 유태인 박물관은, 장차 1990년대뿐만 아니라 20세기의 가장 중요한 박물관 건축물 중의 하나가 될 것이다.

반응 – 물리적으로 안치된 기억

Reactions - physically enshrined memory

1980년대가 여러 박물관들을 건립하여 문화를 떠

들썩하게 축하하며 역사를 회고하였다면, 1990년 대는 과거의 기억을 더욱 사려 깊게 기념하는 10 년이었다고 아주 적절히 이야기할 수 있다.

역사나 사람들, 사건 모두가 관련된 기억들에 대해 기념탑, 전시회, 기념물로써 관여하는 것이 1990년대의 중심 테마였다. 그 이유는 늘 그러하듯이 매우 잡다하다. 의심할 여지없이 세 가지 시간대의 끝 – 90년대 말, 20세기 말, 밀레니엄 말 – 에 다가간다는 것이, 이미 온 것과 아직 오지 않은 것들을 반영한다는 프로세스에 중요한 구실을 하였다. 또한 제2차 세계대전 종식 50주년처럼 중요한 기념일의 그림자들도 그 자국을 남겼다.

최근의 건축들이 기념비적인 조각monumental sculpture으로 해석될 수 있는 것도 결코 우연은 아니다. 특히 다니엘 리베스킨트의 작품이 그러하였는데, 그의 복잡한 형태언어는 그의 작품을 계획된 대지의 역사와 완전히 사려 깊게 관련을 맺게 한다. 그러나 건축이 조각과의 대화에 뛰어든 것과 똑같은 방법으로, 현대의 수많은 조각들이 건축과 분명한 연관성을 보이고 있다. 여러 경우에서 보면 건축과 조각의 경계가 허물어지는 시점에 왔다고 할 수 있다.

건축형태로 메시지를 표현한 가장 인상적이고 아마 가장 많은 생각을 불러일으키는 기념물 중의 하나가, 발터 벤야민Walter Benjamin을 추모하기 위한 '통로Passage'이다. 이는 이스라엘 미술가 다니 카라반Dani Karavan이 1994년에 프랑스와 스페인 국경선에 있는 조그만 스페인 항구인 포르-부Port-Bou에 만든 것이다.

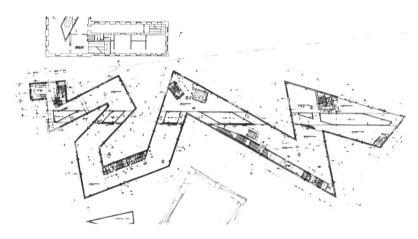

유태인 철학자이면서 작가였던 발터 벤야민은 베를린 태생으로, 1940년 나치의 폭정을 피해 인생에서 가장 깊은 절망 속에서 이곳으로 도피하였다. 다니 카라반은 극도의 감성과 시각적 수단으로 이 사건을 건축형태의 기념물로 표현하였다. 높이 2.35m(77ft)인 거칠고 붉은 쇠벽 사이로, 역시 쇠로 만든 87계단으로 구성된 매우 좁은 통로를 내었으며, 이 계단은 고요한 전면 포구의 지면으로부터 경사져 내려가게 되어 있다. 계단 위 끝은 지붕으로 덮여 있으며, 그 아래는 하늘을 향해 개방되어 있다. 계단은 어느 곳으로도 이끌지 않는다. 맨 아래는 그저 파도치는 바다이며, 이는 도피 중의 비행기가 어느 곳도 향할 수 없다는 사실을 알아차린 벤야민이 느꼈을 절망감의 심연인 것이었다.

역사, 특히 1933년에서 1945년 사이에 모든 도덕적 법률을 비웃었던 나치 치정하의 역사에 몰두한 미술가는, 파리에 거주하는 독일인 미술가 요헨 게르츠Jochen Gerz였다. 그는 작품 속에서 카라반의 기념물보다 보는 이의 적극적인 참여를

다니엘 리베스킨트, 유태인 박물관
베를린, 1989–98

유태인 박물관은 해체주의자 중 가장 지성적인 건축가인 리베스킨트가 실현할 수 있었던 최초의 설계 작품이었다. 박물관의 윤곽은 다비드의 별 일부를 나타낸다. 이 생명선을 따라 풍부한 우회로를 만들어, '부재emptiness'의 직선 띠를 따라가게 하여, 학살로 사라진 유태인의 문화를 알리고 있다. 종이 패턴 그대로 아연강판 파사드에 정확하게 잘려진 창문들 하나하나는, 생명체들이 한때 살았던 실제 장소들을 정신적으로 연결하고 있다. 비록 다니엘 리베스킨트의 설계가 오직 선들로만 구성되어 있지만, 여기서는 매우 인상 깊은 건축이 되고 있다. 비록 복합적인 학문적 배경을 가졌다 하더라도, 처음 방문자들은 이해하기 어려울 것이며, 의식에 던지는 건축의 강한 충격이 이 건물이 전하는 메시지이다.

니콜라스 그림쇼, 웨스턴모닝뉴스의 편집국과 인쇄공장

플리머스, 1993

하이테크 디자인은, 처음에는 주로 혁신적인 구조물 디테일을 표현하는 방법이었지만, 오늘날에는 건축의 모든 요구들을 충족시키고 있다. 이러한 발전에 니콜라스 그림쇼가 주요 공헌자이다. 그가 설계한 웨스턴모닝뉴스 건물에는 편집국과 인쇄공장이 같은 지붕 아래 수용되어 있고, 적절한 근로 환경을 제공하고 있다. 건물은 미디어 기업에 요구되는 투명성을 내부에서나 외부에서 갖추고 있다. 플리머스의 언덕 위에 위치하고, 뱃머리 같은 독특한 형태 때문에 건축물은 랜드마크가 되고 있으며, 엄니 같은 철제 지지대들이 전체가 유리인 파사드를 잡고 있다. 이는 해양도시였던 역사와의 연관을 만들어 내며, 동시에 서비스산업의 중심으로서 경제적 재탄생을 상징하고 있다.

요구하고 있는데, 그도 역시 건축형태architectonic라는 수단을 사용하여 이끌어내고 있다.

게르츠의 가장 중요한 프로젝트 중의 하나가 자르브뤼켄 슐로스플라츠Schlossplatz에 있는 1993년 기념물the 1933 memorial이다. 제2차 세계대전 이전에 독일에 존재하였던 모든 유태인 묘지의 이름들을 2,146개의 보도 포장석 아래 새겨 넣었다. 또 다른 기념물은, 1995년에 준공된 브레멘 질의서Die Bremer Befragung(the Bremen questionnaire)인데 베저Weser 강에 걸친 다리에 마치 전망대viewing platform처럼 튀어나와 있다. 새겨진 명판이 통행인에게 기념하는 내용이 무엇인지 그리고 테마가 무엇인지를 상상하도록 하고 있다. 그가 건축형태로 나타낸 가장 구상적인 조형물은 그의 부인인 에스터 샬레프-게르츠Esther Shalev-Gerz와 함께 독일 함부르크에 실현한 반파시즘 기념비Monument against Fascism(1986–93)이다. 이 기념비는 표면을 연판으로 덮은 높이 12m(40ft)의 직육면체 기둥으로, 점차 지하로 가라앉게 되어 있다. 완공된 후 수년 동안 이곳을 방문하는 사람

들이, 기둥이 완전히 지하로 가라앉기 전에 파시즘에 대한 의견을 연한 연판 위에 새겨 넣을 수 있도록 하였으며, 가라앉은 후에는 이 기록들이 보관되도록 하였다.

리베스킨트가 감성에 호소하는 건축으로 역사에 참여하기를 불러일으킨 것처럼, 카라반과 게르츠도 건축 형태의 조각물architectonic sculptures들을 통해 관객들을 그들의 주제에 연루시키고 있다. 오직 작품 속으로 관람자들이 이끌리게 하여 그 작품들을 이해할 수 있도록 하고 있다. 현대 예술가나 조각가들은 역사적 사건이나 사람들에 강하게 관여하는 자세를 취하고 있으며, 이는 양자 모두의 예술형태들이 미래로 나아갈 방향을 가리키고 있다.

21세기의 건축
ARCHITECTURE IN THE 21ST CENTURY

신중하게 자원 다루기 Handling resources responsibly

건축은 좋은 건축good architecture을 목표로 하기 때문에 고전Antiquity 이래로 실험적이었다. 각 실험들은 새로운 것들을 개척하였으며, 당시대와 관련된 문제들의 해답을 찾으려고 하였다. 유리로 만들어진 팩스턴의 크리스털 팰러스Crystal Palace, 철강재로 구축된 에펠탑, 프랑스와 엔네비크의 초기 콘크리트 구조체, 이 모두는 20세기까지 그 결과들이 이어진 건축 실험들architectural experiments이었다.

20세기 말에 인류가 직면한 가장 중요한 문제는 우리 세계의 환경적인 차원이 극적으로 바뀌고 있다는 사실이다. 건축도 우리 앞에 놓인 새로운 요구에 실행 가능한 해답을 찾아내야만 한다. 우리가 천연자원을 다루는 방법 자체가 바로 우리 미래를 좌우하게 된다. 이는 다시는 재생하여 쓸 수 없는 연료를 신중히 사용해야 할 뿐만 아니라, 커다란 오염이나 환경 파괴를 유발시키는 연료 사용을 심각히 고려하는 자세를 가져야 함을 의미한다. 또한 북반구 국가들이 충분히 갖고 있다고 생각하는, 마시는 물처럼 흔한 것들을, 이제는 더욱 검소하고 책임 있게 다루어야 하며, 생명에는 매우 값진 것이라는 원래 가치대로 소중히 다루어야만 한다.

수많은 환경생태적인 요구들ecological demands에 대해, 건축이 줄 수 있는 해결책들은 다양하

고 많다. 우선 일반 목재벽이나 석재벽과는 달리, 주택에서 외부 공기 중으로 유출될 많은 양의 에너지를 가둘 수 있는 단열벽을 설치하는 것처럼 지구환경부하earth measure를 줄이는 것부터 시작할 수 있다. 그래서 열의 소비량이 줄어들면, 그것은 자연자원을 보호하는 것과는 또 달리, 석유나 기타 연료에 돈을 적게 지출하려는 소유주나 세입자들이 재정적으로 절약할 수 있게 한다.

주택의 배치를 햇빛이나 각종 빛의 자연적인 특성에 맞추어 다룬다면, 에너지 소비를 획기적으로 줄이는 또 다른 방안이 될 것이다. 특히 태양 복사열은 쓸모 있다. 솔라 패널solar panel은 집과 용수를 데우는 데 쓰일 복사열을 수집한다. 햇빛도 광전압 전지들photovoltaic cells을 사용하여 전기를 만드는 데 쓰일 수 있으며, 주택 내 공급해야 할 빛의 상당부분을 이로써 충당할 수 있다.

최근에 이런 목적을 달성한 수많은 실험 건물들이 에코하우스eco-house, 저에너지low-energy 또는 에너지 절감 주택energy-saving house이란 이름으로 쏟아져 나오고 있어, 다수의 방문객들을 계몽하기를 넘어 한편으론 혼란을 주고 있다. 그러나 주택이 충족해야 할 모든 환경생태적 요구조건들은 – 이를 지원하는 사람들에게 막대한 비용을 요구하지만 – 건축적으로 반드시 나쁜 영향을 주지는 않는다. 이런 사실은 조각 같은 건축sculptural architecture이 전문인, 토마스 슈피겔할터Thomas Spiegelhalter가 브라이자흐Breisach에 설계한 주택(94쪽 사진 참조)을 보면 완벽히 알 수 있다. 그의 해체주의적이고 기술미학적인 형태언어가 환경생태적인 기능과 모범적인 모습으로 결부되어 있다.

포치는 급탕설비를 지원하는 솔라패널로 꾸며져 있고, L자 모양의 바람과 햇빛 가리개는 건물의 형태에 역동성을 주는 동시에, 주택의 광전압전지의 모듈이 되고 있다. 지붕의 물통은 건물외관의 심오한 기술미학을 강조하기도 하지만 또한 빗물을 저장하는 데 쓰이고 있다.

건물은 최신 사용패턴들과, 새로운 밀레니엄의 길을 가리키는 극히 현대적인 형태언어들이 종합된 모습을 나타내고 있다. 환경의 미래에 대한 건축가들의 책임은 결코 과대평가될 수 없다. 그러나 이 책임은 21세기의 새롭고 놀랄 만한 건축적 해결을 이끌어갈 건축가에게는 정말로 도전이 되고 있다.

새 세기의
첫 10년
2001-현재

**The first decade
2001-today**
Architecture in the 21st century
21세기의 건축

새로운 밀레니엄 A NEW MILLENNIUM

많은 사람들에게 새로운 밀레니엄의 시작은 매우 예민한 사건이었으며, 기대와 희망을 불러일으켰던 순간이었다. 그러나 이 특별한 일자는 또한 공포와 욕망으로 점철되기도 하였다. 과연 새로운 시대는 무엇을 가져왔는가?

전 세계적인 카운트다운에 이끌려 그리스도 탄생 후 세 번째 밀레니엄이 시작되었다. 밀레니엄이라는 요란한 선전에도 불구하고, 현대 통신 기술, 특히 인터넷 덕분에 문화 간의 차이를 꾸준히 감소시키는 방향으로, 세상의 발전은 이미 정해진 것 같았다. 캐나다 미디어 과학자인 마셜 맥루한Marshall McLuhan은 일찍이 1960년대에 이미 세계는 '지구촌Global village'화되어 갈 것이라고 말한 바 있다. 회의론자들은 이런 발전의 문제점을 지적하였다. 결국 옛 유고슬라비아에서 1990년대에 발생한 피비린내 나는 전쟁은 미해결된 민족과 종교 갈등이 만들어 낼 수 있는 극적인 결과를 보여주었다.

또한 2001년 9월 11일이 되었다. 월드트레이드센터(WTC) 쌍둥이 빌딩의 테러였다. 이 건물들은 1973년에 미노루 야마사키Minoru Yamasaki가 설계한 것으로, 테러리스트들은 2,000여 명이 넘는 목숨을 앗아갔다. 전 세계 수백만 관중이 각자 TV 스크린을 통해 서양세계의 상징과도 같은 건축물의 공격을 시청하였다. 자유세계의 취약성을 극단적으로 노출시킨 공격이었기 때문에 그 충격은 오늘날까지도 깊게 자리잡고 있다.

테러리스트들이 단순히 어떤 건물을 공격한 것이 아니라, 415미터(1,361피트) 높이의 월드트레이드 센터의 고층 타워를 공격하였을 뿐만 아니라, 뉴욕의 스카이라인을 결정하는 상징물을 파괴한 것이었다. 오피스빌딩으로서의 실제 기능을 제쳐두고라도, 월드트레이드센터는 세계적으로 알려진 바와 같이 건축의 2차원적 상징으로서도 재차 존재가치가 있던 아이콘이었다. 수많은 엽서와 포스터를 장식하였으며, 또한 '꿈의 공장' 할리우드에서 만든 많은 영화들의 배경이 되곤 하였다.

아이콘 세우기 CONSTRUCTED ICONS

아이콘이란 특정 그림을 가리키는 그리스어 에이콘(□i□□□ eik□n 'image')에서 유래된 낱말이다. 그리스 정교회의 전통에 따르면, 금으로 도금된 배경으로 재현되는 성상을 이르는 고귀한 종교화를 의미한다. 한편 건축계에서 아이콘의 건설이 모더니즘의 발명품은 아니었다. 즉 그 이야기가 구약성서에 구술되어 있는 바벨탑처럼, 건설이 시작된 초기부터 존재하였다. 수많은 건축 아이콘들이 1990년대 끝무렵부터 증가하기 시작하였다. 이런 건축 아이콘으로서 영감을 던진 것은 1997년 스페인 북부도시 빌바오Bilbao에 프랭크 O. 게리Frank O. Gehry가 건설한 구겐하임 미술관이었다. 큐비즘에서 영향받은 듯한, 은빛으로 어른거리는 건물 구성요소들은 건물의 독특

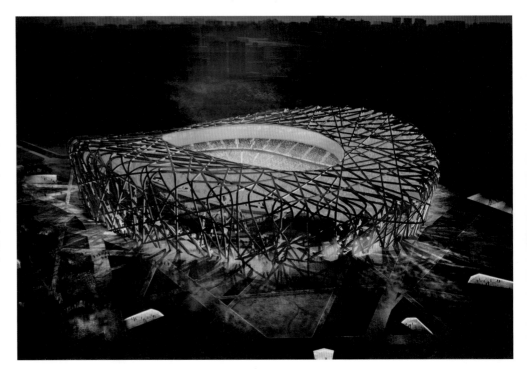

헤르초크 & 드 므롱, 국립 스타디움

베이징, 2003-2007

2008년 베이징 올림픽 경기를 개최한 스타디움은, 바젤의 스타 건축가인 헤르초크와 드 므롱이 설계하였으며, 거대한 새둥지처럼 보인다. 서로 엮여 짜인 구조를 스타디움 파사드에 표현하려고, 헤르초크와 드 므롱은 약 40,000톤의 조립식 강철부재들을 사용하였다. 거대한 철제 빔들이 모든 방향으로 포개져 있다. 70미터(230피트) 높이의 스포츠 콤플렉스 내부는 91,000명에 이르는 관중석을 확보하기 위해 다시 복잡한 콘크리트 구조로 구성되어 있다. 풍부한 색채로 조명되고 플라스틱으로 마감된 뮌헨 알리안츠 아레나에 이어, 헤르초크와 드 므롱은 그들의 3번째 스타디움을 완성하였으며, 인상 깊은 영상효과를 보여주고 있다. 이 스타디움은 이들이 전 세계적으로 가장 혁신적인 건축사무소로서 입지를 강화하는 데 도움이 되었다.

자하 하디드, 롤랜드 마이어, 페터 막시밀리안 베호를, 파에노 과학센터
볼프스부르크, 2001-2005

자동차 도시라는 전경 속에 세워진 파에노 과학센터는 경관상 유기적으로 흐르는 형태의 모험을 보여주고 있다. 창문 부위들은 제치장 콘크리트로 마감된 건물 몸체에 불규칙하게 배치되어 있어, 외부에서는 일반적으로 층을 구별해 볼 수 없다. 방문객이 과학 모험 광장의 내부로 건너올 때의 테마는 파에노의 스타일만큼이나 독특하고 다양하다. 상상과 호기심을 불러일으키는 건축과 전시의 개념이 서로서로 잘 맞고 있다.

한 외관을 만들어 내고 있다. 이 미술관의 선풍적인 성공 때문에, '빌바오 효과Bilbao effect'를 전 세계가 주목하게 되었다. 매끄러운 유리의 세련미나 콘크리트의 회색조, 또는 유기적으로 곡선이 진 또는 확실하게 각진 '아이콘 유형icon-type'들이, 게리의 미술관 덕분에 건축에서 재빠르게 부각되고 있다. 미디어 지향적이며 시장 지향적인 접근과 조각적이며 조형적인 건물형태로의 접근으로, 이 미국의 스타 건축가는 도미노 효과처럼 충격을 연이어 주고 있다. 상징적으로 의미 있는 건축이 상업이나 도시의 마케팅 도구로 성공적으로 쓰일 수 있음을 증명하고 있다. 그리고 대도시에 이어, 이 '빌바오 효과'는 작은 지방 도시에까지 다다르게 되었다. 예를 들어 브란덴부르크Brandenburg의 코트부스Cottbus 시에는 스위스 건축가 자크 헤르초크와 피에르 드 므롱이 설계한 매우 인상적인 새 도서관이 세워지게 되었다. 또한 이 스타 건축가들은 폭발적으로 성장하고 있는 중국의 수도 베이징에 새 올림픽 스타디움을 설계하였다. 장관을 이루는 극적인 건축으로 세계적으로 경쟁하는 도시에 특별한 매력을 주려는 의도가 그 바탕에 깔려 있다. 그리하여 투자자나 관광객의 돈을 치열하게 경쟁하는 다른 장소와 비교해, 확실한 이점을 도시에 보장하려는 의도였다. 막대한 양의 돈과 이미지의 개선 여부가 종종 이에 달려 있다. 아이콘들이 더욱더 건설되어 전 세계로 퍼져나갈수록 혼란의 위험은 더욱더 커진다. 그것이 리버풀, 비엔나, 토쿄 또는 두바이에 있는 주택일까? 아니면 그라츠나 맨체스터 또는 서울에 있는 미술관일까? 그리고 그 건축가는 노먼 포스터, 프랭크 O. 게리 또는 렘 콜하스일까?

다양한 스타일로 건립되는 건물들

Constructed variety

새로운 밀레니엄의 첫 10년은 다양한 건축스타일로 특징지을 수 있다. 컴퓨터 이용 디자인은 불과 몇 년 전만 하더라도 오직 건축가의 상상 속에서나 아니면 기껏해야 도면상으로만 존재하였을 자하 하디드나 프랭크 O. 게리의 과감한 건축들을 실현 가능하도록 해주었다. 조각적인 개성은 제쳐두고라도, 건축가들은 새로운 재료나 뛰어

피터 쿡, 콜린 푸르니에, 쿤스트하우스
Kunsthaus
그라츠, 2002-2003

그라츠는 독특한 지붕 경관 때문에 유네스코 세계유산으로 등재되었다. 오스트리아 남동부 슈타이어마르크 주의 주도이지만, 그라츠는 특이한 현대적인 형태에 노출되어 있다. 이 형태는 특별히 쿤스트하우스 아트 갤러리에서 나타나며, 강력한 생물형상의 '버블'처럼 보이며, 코 모양의 돌기들이 돋아 있다. 파사드를 이루는 플렉시글라스 안에는 램프 튜브재가 있어 마치 '미디어 파사드'처럼, 야간에 빛을 발하는 메시지를 그라츠로 내보낼 수 있다. 건물 내부의 아트갤러리는 기둥 없는 커다란 전시공간이며, 도시와는 아무런 연결이 없어 전시되는 물체에 완전히 집중할 수 있다.

노먼 포스터, 스위스 레 타워 Swiss Re Tower
런던, 2000-2004

런던에서 가장 아름다운 마천루이며, 그 독특한 형태는 런던의 스카이라인에서 특별한 구실을 하고 있다. 높이가 180미터(590피트)에 이르지만, 영국 대도시에서 가장 높은 건물은 아니다. 공기 역학적 구조처럼 보이는 스위스 레 타워는, 대중들에게는 '오이Gherkin'라고 알려져 있으며, 마름모꼴 패턴과 투명한 유리와 푸른색 유리가 교대로 바뀌는 표면이 건물 외부의 특징이다. 따라서 5,000개의 파사드 조각들은 제각각의 형태를 띠고 있다. 노먼 포스터는 이 건물이 친환경적 구조가 되도록 노력을 기울였다. 이 노력들을 스위스 레 빌딩에서 볼 수 있기 때문에, '그린 초고층green high-rise'으로 불리고 있다. 여러 겹을 댄 유리 파사드는 에너지 요구량을 확실히 줄이고 있음을 보증한다. 그 결과 이 건물은 다른 구조물의 롤 모델이 되고 있다.

데이비드 치퍼필드 아키텍츠, 에른스팅 서비스센터, 본사건물
쾨스펠트–레테, 1998–2001

영국 건축가 데이비드 치퍼필드가 에른스팅 계열의 회사를 위해 설계한 이 서비스센터는, 놀랍게도 기념성monumentality과 수월성effortlessness을 연결시키고 있다. 규칙 없이 구성된 이 구조물은 쾨스펠트 성당에 부속된 토지 가장자리에 있으며, 크게 세 부분으로 나누어져, 오픈된 안마당들 주변에 놓여 있다. 녹색 정원 마당과 치퍼필드의 콘크리트 2층 큐브가 조화를 이루며 극적인 앙상블을 만들어 내어, 새롭고 고급스런 면으로 영업 존의 존재를 보상하고 있다. 전면부에 너른 유리가 있어 최고로 개방된 평면의 사무공간이 쾌적한 업무 분위기를 만들고 있음을 증명하고 있다.

존 파우슨, 성모 마리아 수도원
Our Monastery Lady
체코 노비 드부르, 1999–2004

단순화된 구조물을 열심히 작업하기 때문에, 존 파우슨은 미니멀리즘의 거장으로 불리고 있다. 그를 거장으로 등극케 한 건축물은 보헤미아 지방 노비 드부르에 있는 시토수도회 수도원이었을 것이다. 여기서 파우슨은 수사들을 위해 바로크 건물에 증축을 더하였다. 불필요한 디테일을 배제하고, 성당과 회랑을 빛의 효과만으로 매력있게 만들었다. 그러므로 정적인 공간과 선택된 건축재료들만으로 파우슨의 건축은, 12세기 시토수도회 수도원 건설을 위해 클레르보의 성 베르나르가 공식화한, 단순성과 효용성 그리고 검약함의 원칙을 현대적으로 해석하였다고 할 수 있다.

난 배치, 기본적인 해결로 표현할 수 있는 개성적이며 특성 있는 스타일을 추구하고 있다. 이는 특히 박물관이나 교회같이, 공공성을 띠며 접근해야 하는 건축물에서 시도되고 있다. 또한 동일한 건설 과업이라도 그 해결안은 서로 달라질 수 있다. 이탈리아의 거장 렌조 피아노는 스위스 베른에 2005년 개관된 폴 클레 센터Paul-Klee-Center를 건축적인 웨이브architectural wave로 창조하였다. 이 건축적인 웨이브는 주변 경관에 통합되고 있다. 한편 마인라트 모거Meinrad Morger와 하인리히 드겔로Heinrich Degelo는 화려하고 동시에 금욕적인 검정 큐브형태로 인상적인 박물관 건물을 리히텐슈타인의 바두츠Vaduz에 건설하였다. 뮌헨에서는 슈테판 브라운펠스Stephan Braunfels가 완전히 기본 기하형태에 전념하여 설계한 현대 미술관modern Pinakothek 건물 덕분에, 막스포어슈타트Maxvorstadt 지역이 곡선지게 계획된 옛 시가지와 연결되고 있다. 한편으로 신성한 건축물로는, 미국 건축가 리차드 마이어가 키에사 델 지우빌레오Chiesa del Giubileo를 로마에 설계하며 새로운 밀레니엄을 맞이하였는데, 이 교회는 마치 꽃잎이 막 열리려는 하얀 꽃과 같은 인상을 보는 이에게 주려는 듯, 건물의 하얀 측벽 날개 부분들이 서로 겹쳐 있다.

집중 CONCENTRATION

이렇듯 건설적으로나 형태적으로 화려함과는 반대로, 몇몇 유럽과 일본 건축가들은 금욕적이며 순수한 건축에 사로잡혔다. 이들은 건물의 기본 원칙과 명백하게 느낄 수 있는 하중과 지지의 분배에 신중하게 집중하고 있다. 그리하여 20세기 합리주의 전통을 따르는 차분한 건축들을 종종 만들어 내고 있다. 이 건물들은 처음 보기에는 너무나도 예사스럽기 때문에 오히려 기존 환경에 질서를 줄 만하다. 차분한 질서 때문에 건물들은 도시의 일상을 위협하는 다양한 시각적 · 청각적 인상 – 우리 주의를 끌려고 갈망하는 대단히 자극적인 광고 메시지 – 에 대한 안티테제가 되고 있다. 이러한 대표적인 건축물들 때문에 몇 안 되는 요소만으로도 잘 조화를 이룬 미니멀리즘minimalism 건축이 드러나게 된다. 고품질의 재료에 집중하거나 명확한 기하형태에 한정한다 하여 반드시 '빈약'하다거나 따분한 건축이 되지는 않는다. 그러므로 영국 건축가 데이비드 치퍼필드David Chipperfield나 존 파우슨John Pawson의 설계는, 형태에 집중하는 것이 차분함이나 장엄함과 상통하는 미학적 화려함으로 이끌 수 있음을 보여주고 있다. 관찰자가 건축 디테일이나 공간의 중요성을 민감하게 느낄 수 있는 기능적인 건물을 만들어 낼 수 있다. 따라서 이 건축물들은 놀랄 만하게 매우 감각적인 효과를 만들어 내며, 20세기 모더니즘 건축의 근원까지 환원한다는 마음가짐이 그 근저에 존재한다. 일반적으로 19세기 말 화려한 장식의 다양성으로 특징되는 건축 스타일에서, 그 당시 많은 건축가들은 의도적으로 벗어나려고 하였지만, 오늘날까지도 건축적인 집중과 평정이라는 마음가짐은 그 영광을 잃지 않고 있다.

지역의 힘 POWER OF THE REGIONS

두바이건 뉴욕이건 베를린이건 간에, 대형 쇼핑몰에서 취급하는 상품의 종류는 세계 어디서나 비슷하다. 폴로셔츠나 자동차, 컴퓨터 또는 보석이건 간에 동일한 회사 제품을 세계 어디에서나 살 수 있다. 한편 러시아나 중국, 인도 그리고 동남아시아 일부에서는, 고도 경제성장한 거대 산업 국가들과는 일정 거리를 두어, 균형을 찾으려는 지역이 넘쳐나고 있다.

그러나 세계화globalization는 아직 광역도시의 중심부나 거대도시에 그 흔적들을 남기고 있다. 헤지펀드나 다국적 금융그룹에서 흘러나온 자금들이 아무런 자본 경계가 없는 듯 세상으로 퍼져나가고 있다. 그러므로 많은 곳에서 경제구조뿐만 아니라 문화와 환경에 변화가 일어나고 있다. 이런 개발은 심지어 외딴 산간 마을에까지 이르고 있다. 이는 렘 콜하스 같은 건축가가 사치품 제조업자를 위해 매력 있는 플래그십 스토어flagship store를 설계한 것으로도 확실히 알 수 있다. 세계화는 비록 매력 있는 상품들의 범위를 넓히는 데 기여하였지만, 한편으론 도시와 지역 사이의 통합이나 상호 교환 가능성을 의미하기도 한다. 그러므로 특정 장소의 특성이나 그 문화가

위협받고 있으며, 이와 함께 전통이나 수세기 동안 발전해온 건축 구조들이 위험에 처해 있다.

그러므로 어떤 지역에서는 건축가가 세계화되는 세상의 획일성에 대해 반발하고 있다. 이들은 한 지방이나 지역의 전통을 집중적으로 다루며, 새롭게 설계되는 건축물에 전통 디자인이나 토착 재료들을 쓰고 있다. 그 결과 기존 건물이나 스타일의 모방을 그만두고 지역에 뿌리를 두는 독자적인 건축이 생겨났다. 1980년대에는 스위스 티치노Ticino 지방이 이 경향의 중심지였으며, 20세기 마지막 10년에는 그 초점이 변화되었다. 디트마르 에버를레Dietmar Eberle와 카를로 바움슐라거Carlo Baumschlager나 헬무트 디트리히Helmut Dietrich와 무흐 운터트리팔러Much Untertrifaller 같은 이들의 건축사무소에서는 그동안 지역적 건축을 꾸준히 추구하고 있었으며, 오스트리아의 포어아를베르크Vorarlberg는 선두주자 중의 한 곳이었다. 그래서 바움슐라거와 에버를레은 안락한 분위기를 손쉽게 만들어줄 뿐만 아니라 아주 까마득한 옛날부터 알프스 지방에서 건물자재로서 선호되었다고 치부되는 재생 가능한 천연재료인 목재를 자주 사용하고 있다. 또한 패널 벽구조panel wall construction와 전통가옥의 팔러parlor를 쓰고 있다. 그리고 바움슐라거와 에버를레은 제품 형태 그대로의 목재를 자신들의 건축물 파사드에 사용하여, 목재의 근대적 가치와 지

빌 아레츠 아키텍트 & 어소시에이츠, 대학 도서관

네덜란드 위트레흐트, 1998-2004

전자매체들의 발전에도 불구하고, 21세기 시작 이래로 도서관은 예외적인 건물 프로젝트에 속하였다. 위트레흐트에 있는 대학 도서관에서, 빌 아레츠는 전통적인 구성 작업을, 미니멀리스트로서 현대적으로 매우 강력하게 접근하고 있다. 파사드를 마감하는 판유리에는 갈대가 각인되어 있으며, 이것이 기본 개념이 되어 8층 건물 내부의 콘크리트 벽면에도 반복되고 있다. 반면에 도서관 내부의 부드러운 빨간 선형부재들은 때때로 거친 건축언어들과 딱 들어맞으며, 완전히 감각적으로 시선을 끌며, 인장력이 내장된 공간개념을 느끼게 한다.

마르쿠스 쉐러, 발터 안고네즈, 클라우스 헬베거, 캐슬 티롤 Castle Tyrol
이탈리아 메란, 2000-2003

캐슬 티롤의 경우, 1,000년 이상의 기간 동안 진화해온 석조 성곽 일원이라는 건축의 실체에 건축가의 도전이 놓여 있었다. 그래서 재건축 작업의 시작은 지면을 샅샅이 살펴보는 것이었다. 각각 다른 시대의 역사적인 건물 실체라는 형태상의 제약과 목재, 철재, 콘크리트를 사용한 매우 표현 넘치는 디자인임에도 불구하고, 마르쿠스 쉐러와 발터 안고네즈, 그리고 클라우스 헬베거는 오래된 건물과 현대 주립 박물관이라는 용도 사이에서 극적인 대화를 만들어 내는 데 성공하였다. 따라서 캐슬 티롤은 미래 세대를 위해 티롤 지역의 아주 특별한 기록을 보존할 수 있게 되었다.

프란시스쿠 & 마누엘 아이레스 마테우스, 알렌테주의 주택 House in Alentejo
포르투갈 알렌테주, 2000

프란시스쿠와 마누엘 아이레스 마테우스가, 장소에 주목하는 것이 자신들의 건축을 발전시키는 결정적인 원점이 되고 있다. 이를 포르투갈 남부 알렌테주 지역의 주택에도 또한 적용하고 있다. 아이레스 마테우스 형제는 물질화된 단순하며 눈부신 하얀 큐브를, 소나무와 올리브나무로 부드럽게 흔들거리는 경관 위에 심어놓았다. 주택 외관은 주택 내부의 복잡한 공간배치를 거의 전달하지 않는다. 경관의 조망은 건축과 주변환경을 강하게 연관시키려고 한다.

역에 뿌리를 두는 건축을 재발견하고 있다. 동시에 목조건축에 대한 수요는 숙련된 목공기술의 발전을 의미하며, 지역 수공업을 오래된 전통 방식대로 유지하고, 나아가 경제적 성공을 더 크게 이루게 한다. 포어아를베르크와 견줄 만한 발전이 지난 몇 년간 스위스 그리종Grisons 주 남부 티롤Tyrol의 북 이탈리아 지역에서 이루어졌으며, 또한 독일 남부에서 페터 & 크리스토프 브뤼크너Peter & Christoph Brückner가 설계한 건물들 역시, 전통 구조물과 연관하여 꾸준히 현대적이며 동시에 지역적으로 연결된 건축으로 번역되고 있다. 장소와의 상호작용이나, 그 특성이나 가능성들은 순수건축을 능가한다. 건축가가 특정 지역에 사는 사람들이나 그들의 습관이나 요구사항에 관심을 두면 둘수록 세계적인 경쟁 속에서 각자 지역을 강조할 수 있으며, 이에 더하여 독자성이나 특장들을 보존하는 데 기여할 수 있다. 이는 건축가가 전승되어 오는 역사적 구조물을 다루어야만 하며, 지역의 건축적 기념비들을 그 지역의 문화와 정체성을 나타내는 주요 건

물과 가구로서 이해하고 유지해야 함을 의미한다. 또한 동시에 남부 티롤 지방의 건축을 소개하는 책의 제목이기도 한, "이미 건축되어 있는 곳에 건축한다([to] construct on the constructed)"라는 것이 목표가 된다. 예를 들자면 성채나 요새뿐만 아니라 농가나 오두막에 이르기까지, 변화된 경제상황 때문에 더 이상 필요치 않은 그렇지만 문화적으로 중요한 건물들을 보존하는 프로젝트들을 기술하고 있다. 조심스럽게 재건축하고 보수함으로써 그 건물들은 현재 그리고 다가올 세대들에게 지역의 중요한 이정표가 되고 있다. 그러므로 남부 티롤이나 포어아를베르크, 그라우뷘덴Graubünden의 건축가들은 세계화에 맞서지 않고, 대신에 세계화된 현상설계에서 각 지역의 두드러진 특질을 강화하는, 매우 다양한 면모를 잘 부여하고 있다.

지속가능성 SUSTAINABILITY

지역 건축regional architecture의 가장 중요한 면은 기나긴 전통 위에서 지어진다는 것이다. 즉 세상 저편에서 에너지나 재정적 비용을 상당히 소비하며 운반해오는 대신에, 건축이 세워지는 지역에서 구할 수 있는 건축자재들을 쓰고 있다. 예를 들면 브뤼크너 & 브뤼크너Brückner & Brückner는 화강암을 집의 기초로 쓰고 있는데, 건립대지로부터 불과 수킬로미터 떨어진 곳에서 채석한 것이다. 그러므로 지역건축은 지속적인 건축sustained architecture의 원칙을 또한 따르고 있다고 할 수 있다. 유행어로 남용되고 있는 지속가능성sustainability은, 환경 친화적 건축물responsible building의 중요한 주요 주제임에도 불구하고, 점차 평판이 나빠지고 있다. 건축은 미래의 주거

릭 조이 아키텍츠, 데저트 노매드 하우스
Desert Nomad House
미국 애리조나, 2005

특징 있는 주거로 자신 있는 건축가인 릭 조이는, 입지에 뿌리를 둔 그 무엇을 끄집어낸다. 지역 환경을 다루는 작업에서 조이는 애리조나에 만연한 다소 극적인 기후조건 – 낮 동안의 불타는 열기와 밤의 한기 – 에 대응해야 했다. 그는 프로젝트마다, 거주자에게 쾌적하고 건강한 실내기후를 만들어주는 전통 건축재료인 진흙으로 작업하기를 선호하였다. 또한 그가 따르는 또 다른 건축 지침은 건물의 몸체를 태양을 향해 배열하는 데 있다. 그 결과 상당히 독창적이며 생태학적으로 최고 수준인 건축이 되며, 거의 시적인 특성을 지니지만, 반면에 경관의 특성을 존중하게 된다.

들을 만들어 낼 뿐만 아니라, 더욱 먼 미래의 쓰레기나 유해물 같은 건물들을 만들어 내기 때문이다.

지속가능성이란 개념은 원래 삼림학the forestry에 그 기원을 두고 있다. 바로크 시대에 해마다 같은 장소에서 자라날 수 있을 만큼의 땔감용 나무를 벌목하기 위한 목적이었다. 그러므로 지속가능성이란 내일의 눈으로 현재의 세상을 살피는 것을 의미한다. 전 노르웨이 총리 그로 할렘 브룬틀란Gro Harlem Brundtland가 1987년 UN에 제출한 보고서에서 이러한 관계가 결정적인 구실을 하였다. 보고서는 개발과 동시에 친환경적이어야 하는 개발 정책의 장기전망을 보여주고 있다. 즉 "지속가능한 개발을 한다는 것은, 현재 세대의 개발요구에도 만족하고, 그 개발욕구를 만족하기 위해 미래세대 또한 위험에 빠뜨리지 않는다는 것이다."

그러므로 재생가능한 지역 건설자재를 사용한다는 것만으로는 충분하지 않다는 사실이 명백해졌다. 더욱이 지속적 건축sustained architecture이라든가 '녹색 건축green architecture'은 그 이상의 것을 바라고 있다. 즉 물이나 열 그리고 빛의 에너지 절약 대책과 같은 다양한 요구들이다. 난방비를 최소화하는 것은 돈의 문제만이 아니라 기후변화 시대에 주택의 CO_2 균형 문제와도 직결된다. 그러므로 건물 시공이나 사용뿐만 아니라 건축자재의 생산에까지 되도록 적은 에너지를 소비하는 건물의 에너지 균형이 중요하다. 또한 주택이 주택 자체로서의 용도가 다하였을 때 적절하게 처리되어야 할 것이며, 최적의 경우 완벽하게 재활용될 수 있어야 한다. 이는 주택의 계

획이나 재료의 선택, 설비기술에 대해 건축가들을 아주 복잡한 도전에 놓이게 한다. 사실 오늘날 건축은 건축가와 통계나 에너지 공급시스템 전문가들의 긴밀한 협조 없이는 더 이상 가능하지 않다. 더욱더 건축은 전문가들의 협력 결과물로 나타나고 있다. 건물 입주자의 난방열과 전기 요구가 제한적이고, 에너지 손실을 줄이며, 에너지 생산이 적절하다면, 어떤 건물의 에너지 성능은 능률적이라고 생각할 수 있다. 가장 이상적인

베르너 조베크, R 128 주택
슈투트가르트, 2000

유리로 된 이 실험주택은 생태적이고 하이테크한 일상 건축으로, 1년에 걸친 통찰력 있는 연구가 더해진 결과이다. 언덕 위에 서 있으며, 거의 네모진 평면으로 구성되어 있다. 삼중 유리와 4층 철골조인 이 건축물은 태양에너지 시스템을 채용하여 배출물이 없는 제로 에너지 주택이다.

카를로 바움슐라거, 디트마르 에버를, 뮌헨 재보험사 Munich Re
뮌헨, 1999–2002

오늘날 뮌헨 재보험 사옥의 어른거리는 푸른색 유리 파사드 내부에, 1970년대 세워진 평범한 콘크리트 구조가 있다고는 어느 누구도 상상할 수 없다. 독일 포어아를베르크 주 건축가들의 값비싼 재생 작업은, 폐열 이용과 바닥 냉방을 위한 에너지 절약 혁신방법을 사용한 건축물의 가능성을 보여준다. 그 결과 최고 예술 단계에 이른 현대 건축물이 되었다.

경우는 소위 '제로에너지 주택zero-energy house'이다. 이 주택은 값비싸고 유한한 화석연료나 생태학적으로 해로운 연료인 석유나 천연가스 또는 석탄을 난방용으로 요구하지 않는다. 대신에 예를 들자면 태양전지에 저장된 태양에너지를 사용하며, 건물이 긴밀하게 시공되고 완벽하게 단열되어 있다면 북쪽 지역에서도 잘 작용될 것이다.

새로운 건물을 계획할 때의 기술이나 에너지의 최적화 말고도, 이미 이용 가능한 기존 건물의 변환이나 향상으로도 지속가능성에 중요하게 기여할 수 있다. 주택의 수명이 연장되며 에너지 균형이 향상되기 때문이다. 기념비적인 건축물들은 본래의 구조 자체는 그대로 유지되어야겠지만, 그렇지 않은 오래된 건축물에는 의무사항이 아니므로, 현재의 요구에 맞도록 단열 수단이 더해지거나 난방시스템이 개선된다. 그러나 기념비라 할지라도 예를 들어 이중유리창의 설치나 지붕의 단열을 통해 에너지 소비를 줄일 수

있다. 그러므로 이러한 건물들도 한편으론 역사적 의미에서 그리고 또 다른 한편에서는 에너지 균형을 개선하며, 지속가능성에 이중으로 기여할 수 있다.

사회적 건축 SOCIAL ARCHITECTURE

건축은 단순한 예술 그 이상이다. 그리고 건물 그 이상이기도 하다. 건축은 경관이나 도시를 형성하는 건물들의 모임이다. 건축은 일상생활의 도전들을 견디게 해주며, 사람들이 원활하게 공존할 수 있도록 도와줄 수 있다. 건축은 인간과 환경에 대해 커다란 책임이 있으며, 이는 지속가능하고 책임 있는 건축의 초점이 되고 있다. 그러므로 근대 시작 초기부터 건축가들은, 19세기 말 무렵처럼 이전 시대의 장엄한 대건축물을 주요 목표로 하지 않았다. 대신에 부유하지 못한 다수 계층을 위한 건물에 초점을 맞추었다. 노동자들이나 종업원들을 위해 건설과정을 산업화하고 적정화하여, 좋지만 값싼 주거가 되도록 노력하였다. 따라서 비위생적이고 습기 찬 주거들이 일조와 통풍으로 대체되었다. 이는 1920년대 베를린이나 프랑크푸르트의 근대 주거지역에 적용되었고 또한 세계대전 전 르 코르뷔지에의 주거단위에도 역시 적용되었다. 이는 비평의 대상이 될 수 있을 만큼 명백한 역행이었다. 그럼에도 불구하고 근대의 프로젝트는 그 대표작들의 창작행위와 시공 때문에 비평적으로 보이긴 하였지만, 20세기의 커다란 성공담으로 치부되었다. 또한 사회

시게루 반, 지통 주택 Paper Tube House
고베, 1995

대부분의 집들은 영구적으로 지어지며, 완전히 수명이 다할 때까지 유지된다. 이와는 대조적으로, 일본 건축가인 시게루 반은 종이처럼 수명이 짧은 건물재료로 실험하기를 즐긴다. 종이를 사용해 시게루 반은 건축의 시점을 넓혀, 이 일상재료들의 새로운 용도를 만들고 있다. 예를 들어 자연재해 같은 비상시에는 매우 재빠르게 새로운 임시 숙소들을 세워야만 한다. 이런 것이 가능하도록 시게루 반은 자신의 종이 주택으로 어떻게 가능한지를 보여주었다. 세상 어디서나 얻을 수 있는 재료들로 구성되어 있다. 음료수 상자들은 지통이 딛고 서는 기초가 된다. 이 종이건축은 치명적이었던 1995년 고베 대지진으로 주택을 잃은 주민들의 경제적인 임시 숙소로서 그 가치를 보여주었다.

적 건축social architecture − 인간과 환경에 책임 있는 건축 − 이라는 개념은 절대로 끝나지 않는다.

일단 건설되어진 세계는 오랫동안 아주 다양한 모습으로 사회적 구조물social structure이 되고 있다. 이는 도심에서 지하철로 불과 몇 정거장 떨어지지 않은 파리 근교에서 일어난(2005년) 폭동이 여실히 보여주고 있다. 이들은 세계와 단절되어 있었다. 그 세계는 서로가 거의 접촉은 없지만 상호 의존적인 세계였다. 각 지역에 사는 거주민들의 사회적 차이는 매우 달랐으며 또한 거주하는 건축도 아주 달랐다.

이러한 건축의 다양성은 아라비아 반도에서 그리고 확장 일로에 있는 아시아 거대도시에서도 나타나고 있다. 수많은 건물 프로젝트들이 시행되고 있고 모든 도시가 성장 일로에 있다. '외부인 출입제한 주택지gated communities'가 더 많이 생겨나고 있으며, 서부 세계뿐만 아니라 자기 충족적이며 자체 경비를 하는 고소득자나 부자들의 도시거주지역에서도 나타나고 있다. 한편 런던이나 베를린 그리고 다른 도시들의 중심부에는 포스트모더니즘을 좇아, 신역사주의new historicism의 화려함으로 치장되고 있으며, 포스트모더니즘을 넘어 과거 시대의 건축적 상징들로 복귀하고 있다.

부자와 빈자 사이의 차이가 큰 것이 주거건축인데, 인구 대다수를 위한 주택건설이라는 또 다른 도전이 보이고 있다. 개발도상국은 상황이 제3세계와 마찬가지인데, 거주환경을 최적화하여 거주조건을 개선하려 하고 있다. 서구세계는 거주자 대부분이 이미 상대적으로 높은 복지수준에 다다랐기 때문에, 사회적 건축이 더 이상 기본 욕구의 충족을 의미하지는 않는다. 그럼에도 불구하고 스페인의 수도 마드리드에서와 같이, 대규모로 사회복지주거의 건설이 되풀이되고 있다. 그 밖에 프랑스 뮐루즈Mulhouse에서도 실험적인 주거지 건설이 새로이 시도되고 있다. 뮐루즈에서는 이미 150년 전에 경계가 구획되고 출입구가 세워진 새로운 실험주택단지가 나타났다. 백주년을 맞아 장 누벨과 다른 건축가들은 새로운 거주단지 건설을 의뢰받았으며, 그중에는 일본 건축가 시게루 반Shigeru Ban, 프랑스 건축가 안느 라카통Anne Lacaton과 장 필립 바살Jean Phillipe Vassal 등이 있었다. 라카통과 바살은 그들의 프로젝트를 매우 도발적으로 설명하였으며, 또한 녹색 주거green house 개념의 뮐루즈 실험을 '비건축

빅Biq., 스타터스보닝겐Starterswoningen
네덜란드 호프도르프, 2004-2006

이 주거단지의 주택들은 어린아이 그림과 같은 단순함을 생각나게 한다. 박공지붕과 일부는 황색이고 일부는 적색인 벽돌 파사드이다. 예를 들어 처음 소유하는 아파트처럼, 경제적인 거주공간을 갖춘 연립 또는 2세대 주택을 제시하고 있다. 5미터(16피트) 폭의 주택들은 90㎡(295 sq.ft.)로, 두 자녀를 둔 젊은 세대에게 칸막이가 가능한 거주공간을 줄 만큼 충분히 크다.

non-architecture'이라고 표현하였다. 이들은 실내를 널찍한 방들로 만들어 내면서, 콘크리트 부재나, 대형 유리단면과 투명한 폴리카보네이트 판과 같은 산업생산재를 일부러 사용하고 있다.

주거 프로젝트들을 더욱 확실히 실행함에 더해, 사회적 건축은 오랜 시간 동안 성장해온 도시구조는 물론 근린사회의 사회구조도 보존하도록 노력해야 한다. 전 세계에 걸쳐 모든 건축가들은 21세기 시작 이래 우리 세계의 지속가능성에 중요하게 기여한다는 마음 설레는 도전에 직면하고 있다. 자신들의 건축을 통해 건축가들은 무엇인가 이전과는 다른 것을 추구하고 도발하고 창조하고자 한다. 더욱이 자신들의 건축이 경제적이며 생태적일 뿐만 아니라 문화적인 면, 그리고 사회적인 면들을 통합할 것이라고 기대한다. 세계화된 세상이 개인적인 관심 때문에 단편화되지 않을 때에만 이 건축가들의 공헌은 확실해질 것이다.

안나 헤링거, 아이크 로스워그, 메티 학교
Meti School
방글라데시 루드라푸르, 2005

루트비히 미스 반 데어 로에의 이루 말할 수 없는 지혜가 놀랍게도 루드라푸르의 학교건축에서 새로이 입증되었다. 현지에서 얻을 수 있는 재료들인 진흙과 대나무로 된 수상작품인 이 건물은, 지역에 뿌리를 둔 그리고 사회적 책임을 다하는 건축 프로젝트로서, 미학적으로도 풍부하게 매력 있는 사례임이 증명되었다.

용어 해설 Glossary of Terms

가공석 hewn stone
자연석을 가공한 석재.(→ **석재**stoone 참조)

개선 아치 triumphal arch
고대부터 있던 건축형태로, 하나 또는 그 이상의 대형 아치들로 구성되고 구상적 형태로 많이 장식되어 있다. 원래는 로마의 통치자를 기념하여 세웠으며, 르네상스나 바로크, 고전주의 시대에도 발견된다.

거대 도시구조 megastructure
('메가mega-'란 그리스어로 거대함을 뜻한다.) 이전 시대의 도시가 역사적으로 또한 소규모로 발전한 데 비해, 산업시대에는 도시구조가 거대하게 확장 또는 확대되었다. 1960년대 이래로 이상향으로 제시된 도시계획 개념들은 모두 하이테크한 고층건축물들을 묘사하고 있다.

거푸집 formwork
액체상태의 콘크리트를 부어넣으려고 일시적으로 조립한 속 빈 구조물이나 틀. 콘크리트가 굳은 후에는 거푸집을 제거한다. 굳은 콘크리트 자체는 거푸집의 흔적을 나타내며, 때로는 나무판재로 만든 거푸집인 경우 나뭇결이 표현된다.

건식 석벽 dry stone wall
몰탈과 같은 접착제 없이 석재들을 서로 맞물려 쌓아 올린 전통 벽체.

건축 기술 architectural engineering
고대 이래로 건물들은 특정 기술지식으로만 시공할 수 있었다. 19세기에는 철도 역사나 교량 또는 에펠탑처럼 완전히 철로 된 건물들이 관련된 건축 기술을 나타내었다. 20세기에는 건축 기술이 새로운 정점에 이르렀으며, 특히 스포츠 스타디움(→**피에르 루이지 네르비나 프라이 오토** 참조)에서 그러하다.

건축물 후퇴: 셋백 set-back volumes
변화 있는 파사드를 만들려고 건물 볼륨을 계단식으로 후퇴시키는 것. 건축물 후퇴는 도시 가로에 햇빛과 바람을 주기 위해 미국 마천루 역사에서는 일찌감치 필수였다.

고대 antiquity
초기 유럽문화의 전성기였던 두 시대, 즉 (기원전 4, 5세기가 절정이었던) 고대 그리스와 고대 로마(기원후 1, 2세기)의 두 시기를 총칭한다. 고전건축이라고도 한다.

고딕 Gothic
중세예술의 모든 지류를 포함하는 양식의 총칭. 최초로는 1140년경 파리 근교 일드 프랑스 지역에서 확인되었다. 고딕의 주요 특징은, 우뚝 솟은 기둥 다발들과 포인티드 아치이다. 유럽 각국에 따라 고딕은 다양한 형태를 띠고 있다. 이탈리아에서 르네상스가 1400-1420년경에 시작된 반면에, 독일에서는 후기 고딕 전통이 16세기까지 계속되었다. 18세기 초에는 영국과 독일 그밖의 나라에서 네오고딕neo-Gothic 양식이 나타나기 시작하였다.

고전주의 classicism
18세기 말과 19세기 초 유럽과 북미에서 고대 건축의 고전 형태들로 회귀하려는 경향.(→**쉰켈** 참조)

골조 skeleton
건물의 내력지지 요소 중의 하나로, 종종 규칙적인 그리드 형태를 띠며, 철골이나 철근콘크리트, 목재로 만들어진다.

공기조화 climatization
건물의 흡기와 배기의 균형을 적절하게 조절하는 기술 시스템. 전시품들을 항온 항습으로 유지해야 하므로 특히 박물관에서 중요하며, 마찬가지로 많은 사람들을 수용하는 건물들, 예를 들어 공공 홀이나 마천루에서도 중요하다.

공동 주택건설 계획 housing schemes
조직적이며 대규모적인 새로운 주택건설로, 19세기 말 시작되었으며, 과거 시대의 싸구려 임대아파트를 대체하였다. 네덜란드에서 시작하여 독일이 뒤를 이었다. 주택난을 완화하고 저소득층의 거주환경을 개선함이 목적이었다. (→**크라머, 데 클레르크, 타우트, 바그너** 참조)

구성주의 Constructivism
러시아 초기에 타틀린과 엘 리시츠키가 제시한 예술이론으로, 건축을 필요한 최소 기능(→**기능** 참조) 요소까지로 한정하여 순수한 구축을 추구하였다.

구적법 stereometry
기하 입체의 체적을 측정하는 방법.

구축 tectonic
완전한 건물을 만들기 위해 독립된 각 부분들을 하나로 축조하는 것.

국제 양식 International Style
1927년 슈투트가르트 바이젠호프지들룽 전시회의 작업들을 눈여겨 보고, 1932년 뉴욕 근대미술관 전시회에서 칭송하였던 모더니즘 건축을 위해, 헨리 러셀 히치코크와 필립 존슨이 만든 용어이다.

그리드 grid
사각형 망으로, 이에 따라 가로를 배치하였고, 마천루의 창문 패턴에도 종종 쓰였다.

근대건축국제회의 CIAM(Congrès Internationaux d'Architecture Moderne)
르 코르뷔지에와 지그프리트 기디온의 영도 아래 1927년 결성된 근대 전위건축가들의 국제포럼이다. 이 회의는 매우 이상적이고 형식적이었으며, 매번 다른 주제를 다루었다. 그리하여 에른스트 메이가 이끈 1929년의 제2차 CIAM에서는 '최소 거주 단위'를 보고서로 채택하였고, 그로피우스가 연사 중의 하나였던 1930년 브뤼셀 회의에서는 '합리적 건설방식'으로 이어졌고, 제4회 CIAM(1933)은 '기능적 도시'에 몰두했다. '아테네헌장'은 르 코르뷔지에 개념의 특징을 잘 드러내고 있다. 아테네헌장은 근대도시를 거주, 업무, 위락, 교통 등 주요 기능에 따라 분할함이 전제가 되고 있다. 국제 양식에 대한 비판 증가와 브루탈리즘의 출현을 배경으로, 제10회이면서 마지막 CIAM이 1959년 오텔로에서 개최되었다.

기능, 기능주의 function, functionalism
설리번("형태는 기능에 따른다.")으로부터 포스트모더니즘에 이르기까지 모더니즘 건축의 평면 및 입면디자인 원칙. 건물의 기능이 디자인을 지배해야 하며, 또한 되도록 경제적이어야 한다는 이 개념은, 주로 산업건축물에서 찾아 볼 수 있었지만, 또한 주거건축에도 적용되어, 장식처럼 화려하다고 여겨지는 요소들이나 단지 과사용의 방 공간들을 배제하였다. 바우하우스가 주축이 된 기능주의는 20세기 건축을 구축하는 주요 원칙이 되었다. 최근의 건축운동인 포스트모더니즘이나 해체주의는 기능주의 건축의 한 면만을 강조하는 극적인 태도가 특징이다.

기둥 column
불룩한 형태(엔타시스)가 특징인 원통형 지주. 기둥은 하부 구조와는 완전히 구분되는 주초base가 있으며, 기둥 상부이며 엔타블레처와 기둥을 연결하는 주두capital가 있다.

기둥 오더 order of columns
고대로부터 발전되었으며, 지역이나 역사적 기원이 다른 다양한 기둥을 포함하는 건축 체계이다. 주요 오더로는 도리아, 이오니아, 코린트, 콤포지트 오더가 있으며, 기둥이나 주두, 엔타블레처의 각기 다른 취급방식에 따라 구별된다.

지주 pedestal
어떤 물체나 조각, 기둥들의 대좌나 토대.

기초 base
건물이나 조각의 바닥부분(→ **지주**pedestal 참조).

네오고딕 neo-Gothic
고딕에서 형태들을 차용한 역사주의 양식으로, 1820년경 독일에서는 국가양식이 되었다. 왜냐하면 실제로 고딕은 프랑스에서 시작되었으나, 오랫동안 고딕이 독일에서 기원하였다고 믿었기 때문이다.

네오로마네스크 neo-Romanesque
거대한 볼륨과 반원 아치 등 로마네스크 양식이 역사주의 건축에 재등장한 것으로, 특히 헨리 홉슨 리처드슨이나 브루노 슈미츠의 건축물이 그 예이다.

네오르네상스 neo-Renaissance
이탈리아 르네상스의 형태들이 다시 나타난 역사주의 양식으로, 고트프리트 젬퍼나 쉰켈이나 클렌체의 작품에서 보인다.

네오바로크 neo-baroque
바로크에서 그 형태가 유래된 역사주의 양식으로, 샤를르 가르니에Charles Garnier가 파리 오페라좌를 재건축할 때(1861-75) 처음 썼다.

노블 오더 noble orders
개선 아치나 피라미드, 돔과 같이, 원래 지배자나 특정 중요인물에 속한 건축물이나 건물의 일부를 의미한다. 또는 형태들이 기둥의 오더처럼, 고결한noble 질서로 구성된 것을 말한다.

다각형 polygon
여러 면이 있는 기하형태로, 종종 건물의 평면형이 되었으며, 또한 이상도시의 배치에도 쓰였다.

대칭 symmetry
건물이나 정원을, 다른 쪽을 한 쪽이 거울에 비친 것과 같도록 계획하는 방법. 특히 르네상스나 바로크, 고전주의 시기에 두드러졌다.

데 스테일 De Stijl
피트 몬드리안의 영향 아래 1917년 네덜란드에서 결성된 예술가 그룹으로, 그중에는 테오 판 두스뷔르흐, 헤리트 토마스 리트펠트, 야코뷔스 요하네스 피테르 아우트 등이 포함되어 있다. 이들은 전통건축의 장식에서 벗어나 추상적abstract 형태언어로 응용미술이나 건축을 만들어 내고자 하였다.

도리아식 Doric
고대 그리스의 가장 중요한 3대 기둥 오더 중의 하나로, 주초 없이 플루트가 넓은 지주로 고정되고 그 위에 벌어지는 형태의 주두와 (여러 홈들로 장식된 엔타블레처 표면인) 트리글리프가 있는 프리즈가 얹혀진다.

도제 타일 ceramic tiles
점토를 구워 만든 타일로, 대부분 광택이 나고 채색되어 있다.(→**파이앙스**faïence 참조)

독일공작연맹 Deutscher Werkbund
1907년 독일 공예가, 기업가, 건축가들이 예술품을 국가적 차원에서 생산하고 경제성을 추구하며 산업화를 독려하려고 설립한 단체.

돌 상감 incrustation
고대에서 이미 등장했으며, 파사드를 만드는 이 외피 형태는 다양한 색의 조각돌로 되어 있다.

돔 dome
반구 형태의 지붕 유형으로 고대 로마 이래로 쓰여 왔다. 서구세계에서는 르네상스 궁전이나 성전건축에서 자주 눈에 띄며, 이슬람 건축에서는 지극히 일상적인 건물에서도 볼 수 있다.

디오클레티아누스 반원창 Diocletian window
열탕 창문으로도 알려져 있으며, 반원창이 두 수직재로 나누어져 있다. 고대 로마에서 처음 나타났다.

라파엘 전파 Pre-Raphaelites
19세기 중엽 영국의 화가 그룹으로, 윌리엄 모리스와 존 러스킨과도 연결된다. 이들은 당대의 아카데미즘 회화를 거부하고, 라파엘 이전(1483-1520)의 르네상스 회화를 모범으로 삼았다.

러스티케이션 rustication
라틴어 'rus'(시골)에서 유래한 rustic의 파생어이다. 석재를 육중한 블록들로 잘라내고 그 사이에 홈을 깊게 파 구별되어 보이게 하거나 초벽칠 플라스터로 석재 블록을 모방하였으며, 외벽에 거친 질감을 주고, 보통 외벽 하부면에 표현되었다.

로마네스크 Romanesque
1000년경부터 시작된 중세유럽 예술시기로, 각지에서 생겨나 고딕으로 발전하였다. 로마네스크의 육중한 형태와 원형 아치, 사각형 기둥은 고대 로마건축과 관련 있다.

로지아 loggia
지주로 둘러싸인 개방된 포티코나 홀.

르네상스 Renaissance
(이탈리아어 'Rinascimento'는 부활rebirth이란 뜻)
고대 미술에 기원을 둔 보물 같은 형태언어들이 15,16세기에 이탈리아 예술에서 재등장한 것을 말하며, 안드레아 팔라디오의 건축에서 절정에 다다랐다.

마천루(초고층빌딩) skyscraper
대도시의 제한된 대지에서 경제적 이용가능성을 최대한 추구하려고 1880년 미국에서 시작된 경향(시카고파)을 말하며, 근대건축 언어 개발과는 대부분 무관하였다. 1920년대와 1990년대에 세계에서 가장 높은 건물을 건설하려는 치열한 경쟁이 있었다.

말하는 건축 architecture parlanté
프랑스어가 원어인 이 말은 영어로는 'speaking architecture'인데, 형태가 그 기능을 나타낸다는 것으로, 선박회사 건물이었던 프리츠 회거의 칠레 하우스를 예로 들 수 있다.

모자이크 mosaic
바닥이나 벽에 설치한 추상적인 또는 구상적인 이미지로, 우수한 색채 발현효과가 매혹적인 평편하고 반짝이는 각석tesserae들로 제작한다. 다양한 모자이크 그림들이 고대에서 현재까지 만들어졌으며 특히 교회 같은 성스런 건축물에 자주 쓰였다.

목제 건축 wooden buildings
고대로부터 건설된 전통 건축방식으로, 목제 건축은 1990년대에 경제적이고 친환경적 이유로 다시 부활되고 있다.

무어 건축 Moorish architecture
이슬람 국가의 건축.

미래파 Futurism
제1차 세계대전 이전에 이탈리아에서 생겨난 근대예술운동으로, 미래에 대한 열망으로 고취되었다. (→ 미래파 건축의 예로 산텔리아의 작품을 참조할 것)

미술공예운동 Arts and Crafts Movement
응용예술분야에서 영향력 있던 운동으로, 19세기 중엽 영국에서 윌리엄 모리스, 필립 웹, 존 러스킨 등이 이끈 데에서 유래한다. 이들은 중세시대 수공예 전통으로 돌아갈 것을 지지하며 대량 산업생산을 반대하였다.

바로크 Baroque
(포르투갈어 'barocco'는 원래 조그만 돌이나 고르지 못한 모양의 진주를 일컫는다.) 이 말은 보석 공예에서 유래하였으며, 고전주의자들이 그 이전 시대를 경멸조로 (기괴하고 불룩하다는 의미로) 비판하는 데 썼다. 이 용어는 17, 18세기의 유럽 미술과 문화를 나타내며, 각 국마다 다양하게 전개되었다. 일반적으로 고대의 형태 규범에서 시작하여, 바로크는 다채롭고 호화스런 장식들을 개발하였으며, 종종 스터코를 사용해 특히 화려한 인상을 만들어냈다. 18세기와 19세기 초 고전주의자들은 바로크를 지나친 장식이라는 이유로 혐오하였다. 1860년경에는 네오바로크 neo-Baroque로 되살아났다.

박공(벽) gable
지붕 두 경사면 사이의 삼각형 표면. 성채와 같은 주요 건물의 박공벽은 훌륭한 조각들로 장식되었다. 깨어진 박공면(또는 깨어진 페디먼트)은 특히 르네상스나 바로크, 포스트모던 건축에서 찾아볼 수 있다. 경사진 두 면이 지붕 정점에서 만나지 않아 이지러진 형태이지만 건물의 정상부에 극적인 인상을 주게 된다.

박공지붕 saddle roof (→ 지붕 참조)

반원 아치 round arch (→ 아치 참조)

벨베데레 belvedere
이탈리아 원어인 이 말은 영어로 'beautiful view'인데, 원래는 다른 무엇보다도 (일반적으로 정원에 있는) 파빌리온을 가리키는 말이었으며, 이 파빌리온은 아름다운 경관을 보려고 세워졌다.

벽기둥 pilaster
벽 표면에 기둥을 부조로 재현한 것으로, 내부 기둥을 눈에 띄게 표현한 것이며, 또한 벽면을 수직으로 분절한다.

벽돌 brick (또는 연와clinker)
여러 색깔(보통은 적색이나 황색)로 만들어 불에 구워 굳힌 진흙 블록. 벽돌은 고온으로 열을 가하기 때문에 연와(煉瓦)clinker라고도 하며, 표현주의 건축에서 많이 쓰였다.

병합 아치 flattened arch (→ 아치 참조)

보전 conservation
이전 시대의 예술작품을 보존preservation하거나, 또는 보수restoration하려는 노력으로, 19세기부터 시작되었다.

브루탈리즘(야수파) Brutalism
르 코르뷔지에가 제시한 개념으로, 원래는 마감재로 치장하지 않은 제치장 콘크리트와 관련된 것이며, 스미슨 부부 등 영국건축가들이 채택한 개념이다. 브루탈리즘은 재료를 솔직하게 사용하고, 마감재로 덮지 않아 기능적인 관계가 바로 드러나는 건축을 지향한다.

브뤼케 파(다리 파) Brücke, Die
1905년 드레스덴에서 결성된 예술가 그룹으로, 카를 슈미트 로틀루프, 에리히 헤켈, 오토 뮐러, 막스 페히슈타인 그리고 루트비히 키르히너 등이 포함되어 있다. 이들은 고딕 전형과 원시주의 미술에 영향받아, 매우 표현적이며 강한 색채를 사용하였다. 회화에서 독일 표현주의 운동으로 성립되었다. (브뤼케는 독일어로 다리라는 뜻으로, 다리파라고도 표기한다.)

비례 proportions
어떤 볼륨과 건물 각 부분 속에 잠재한 스케일 관계.

사회주의 리얼리즘 Socialist Realism
구소련 스탈린 치하에서, 추상적인 구조주의의 이상적인 비전을 거부하고, 구상적인 당 노선을 표현한 예술 유형.

상인방 lintel
창이나 문 상부의 가로지르는 부재.

서까래 rafters
지붕의 (일반적으로 목제) 내력 부재.

석재 stone
전통 건축재료 중의 하나. 자연석을 그대로 또는 가공하여 석재로 쓴다.

스터코 stucco
건축 몰딩이나 외벽 치장에 쓰는 회반죽이나 시멘트 종류. 고대로부터 써 왔으며 다양한 건축양식에 이용되었다. 한편 모더니즘 건축가들은 스터코로 표현하던 역사주의의 장식을 거부하였다.(→아돌프 로스 참조)

스팬(경간) span
지지체 사이의 너비나 간격. 넓은 지붕 스팬(대경간)이 건축 기술로 가능해졌으며, 특히 스포츠 경기장 건물에 요긴하였다. (→ 네르비, 탄게, 오토 참조) 목재나 석재 같은 전통재료를 사용하기보다는 철이나 콘크리트를 사용하여 더욱 넓은 스팬을 만들 수 있었다.

시대 epoch
특정 양식style이나 그 양식의 특징 있는 장식이 발전된 역사상의 한 시기.

시멘트 cement
방수 건축자재로서, 소성 석회와 진흙을 섞어 만든 접합제. 콘크리트의 주요 성분이다.

시선축 axis(line of sight)
눈에서 시각 대상물까지의 직선(축). 보통 건물이나 정원은 이 시선 축 양쪽으로 대칭되게 배치되어 축성을 강조한다. 창축 window axis은 건물의 후면에서 전면 또는 한 측면에서 다른 측면을 연결하는 가상선이다.

시카고파 School of Chicago
윌리엄 르 바론 제니, 루이스 설리번과 같은 미국 건축가 그룹으로, 19세기말 시카고 재건사업에 참여하여 새 시대의 이정표가 되었던 마천루들을 건설하였다.

식물 문양 vegetal
식물 같은 형태로, 특히 아르누보의 장식 형태를 언급할 때 쓰인다.

신건축운동 Neues Bauen(New Building)
제1차 세계대전 후 독일의 근대건축 양상을 말하며, 특히 바우하우스에서 국제주의 양식을 발전시키는 일부분이 되었다.

신고전주의 neo-classicism
페터 베렌스의 작업처럼 고전주의는 1900년경 유럽에 재등장하였다.

신전 temple
비기독교의 성전을 말한다. 고대의 신전과 이를 둘러싸는 열주 회랑은 이후 건축의 모델이 되었다.

신조형주의 neo-Plasticism
입체파의 공간경험을 평면 회화로 번역한 피트 몬드리안의 회화에서 유래된 양식이다. 네덜란드 데 스테일 그룹이 이 개념을 건축에 도입하였다.

아르누보 Art Nouveau
프랑스에서는 '아르누보Art Nouveau', 영국에서는 '모던 스타일Modern Style', 독일에서는 '유겐트슈틸Jugendstil', 이탈리아에서는 '스틸레 리베르티Stile Liberty', 스페인에서는 '모데르니스모Modernismo' 등 여러 별칭으로 불렸던 건축운동을 총칭하는 말이다. 식물곡선을 풍성하게 표현한 평면 장식이 특징으로, 이전의 아카데미즘 예술을 완전히 거부하였다.

아르데코 Art Déco
1920년대와 1930년대의 예술양식으로, 1925년 파리에서 개최된 '국제 장식예술 및 근대산업 박람회Exposition internationale des arts décoratifs et industriels modernes'에서 명칭이 유래되었다. 이 스타일의 가장 큰 특징은 둥근 모서리이다.

아카데미즘 academism
아카데미즘은 교육 특성상 전통적 가치를 따랐으며, 예전에 예술학교 등에서 가르쳤다. 인상주의나 표현주의 또는 제체션과 같은 혁신적인 운동들이 보수적인 예술을 비난할 때 쓰는 말이다.

아치 arch
두 수직부재들을 연결하는 형태를 이루는 곡선진 상부 부재. 고대 로마시대 이후로 매우 다양한 유형이 있다. 각기 다른 종류의 아치들이 사용되면서 건축역사상의 특정 시대를 나타내고 있다. 즉 반원 아치는 로마네스크나 르네상스를, 포인티드 아치는 고딕을 특징짓는다. 또한 아치들이 병합되어 사용되는 경우도 많으며, 이 병합아치들은 반원 아치들의 단편들로 구성된다. 아치의 기능은 하중(예를 들어 볼트 지붕의 하중)을 하부로 분배하여 여러 지지체로 전달하는 목적이다.

아케이드 arcade
각주나 원기둥 등으로 받쳐진 연속 아치로, 그 자체로 서 있거나 벽에 부착되어 있다.

아테네헌장 Charter of Athens
(→ 근대건축국제회의CIAM 참조)

암스테르담파 Amsterdam School
영향력이 컸던 네덜란드 표현주의 건축운

동으로, 대표적 예술가로는 요한 멜히오르 판 데어 메이, 미켈 데 클레르크, 피터 크라머 등이 있으며, 이들은 매우 강하게 표현주의 건축물을 벽돌조로 지어냈다.

애틱 attic
코니스 상부의 돌출물로, 지붕의 이음새를 숨긴다. 종종 중앙부의 돌출된 볼륨을 강조할 때 쓰인다.

양식 style
어떤 시대를 특징짓는 형태 특성으로, 한 시대와 다른 시대를 구분 짓는 형태나 내용을 말한다. (예를 들어, 고대, 로마네스크, 르네상스, 고전주의, 역사주의, 표현주의, 모더니즘, 국제주의(또는 신건축), 포스트모더니즘, 해체주의 등)

엔타블레처 entablature
오더의 일부분으로 기둥 위 아키트레이브, 프리즈, 코니스를 포함한다.

역사주의 historicism
이전 양식(고전주의, 네오르네상스, 네오바로크, 네오로마네스크, 신고전주의)에까지 연관되는 건축 양식을 이르는 용어. 특히 1860년에서 1910년 사이에 두드러졌다.

연와 clinker
아주 고온에서 구운 벽돌로, 작은 구멍까지 소결되어 광택이 나고 방수되는 표면을 얻을 수 있다.

웨딩케이크 양식 wedding-cake style
스탈린 시대에 과도하게 장식된 건축을 일반적으로 일컫는 용어.

유겐트슈틸 Jugendstil (→아르누보 참조)

유기적 건축 organic building
신건축운동의 한 측면으로, 건물설계에 거주자의 요구를 우선 반영하였으며 종종 흐르는 형태를 띠고 있다. 유기적으로 설계하려는 시도를 프랭크 로이드 라이트나 에로 사리넨(TWA공항), 한스 샤로운의 초기 작품에서 이미 발견할 수 있다.

유리건축 glass architecture
유리는 존 팩스턴의 크리스털 팰러스 이래로 더욱더 건축에 도입되었다. 쾰른 공작연맹 전시회에서 브루노 타우트의 유리 파빌리온은 표현주의와 유리건축을 통합하고 있다. 온도나 햇빛 차단과 관련하여, 유리는 루트비히 미스 반 데어 로에나 또는 장 누벨 같은 1990년대 건축가의 작품 속 커튼월 구성에 중요한 재료였다.

유산보호 건축 Heimatschutzarchitektur (heritage protection architecture)
영국의 모델을 따라 1900년경에 뿌리를 두고 독일에서 시작된 운동으로, 지역의 전통과 조경에 적응되는 건축을 촉진하였다. 나치가 정치적 목적으로 사용하면서 이 개념이 손상되었다.

이상 도시 ideal city
고대로부터 늘 인간생활과 함께한 개념이다. 이상적인 사회, 경제, 정치 노선에 따라 도시를 건설함을 의미한다.

인상주의 Impressionism
19세기 중엽 프랑스에서 생겨난 회화운동으로, 아카데미즘 미술에 반항하여 순수 색채와 자연에 가깝게 풍경을 묘사하고 빛을 가득 표현하였다.

자연석 natural stone
벽돌이나 콘크리트처럼 인공으로 만든 물질에 반해, '실제' 돌이나 암석을 일컬으며, 또는 가공되지 않는 암석, 즉 가공석재의 반대 의미로도 쓰인다.

장식 ornament
라틴어 'ornare'(장식하다)에서 유래한 말이며, 건물 꾸밈이 목적인 특정 건축형태나 꾸며진 건물의 일부를 말한다. 각기 다른 시대마다 고유한 장식 형태들을 발전시켜, 해당 시대 양식의 한 특징이 되고 있다. (→시대epoch 참조)

절대주의(지고주의) suprematism
(라틴어 supremus는 지고(至高) 또는 절대를 의미한다.) 순수하고 극도로 추상적인 자신의 미술을 설명한 말레비치의 표현이다.

절충주의 eclecticism
한 건물에 여러 역사적인 양식들이 혼합된 형태. 역사주의 건축에서 특히 두드러지며, 포스트모더니즘에서도 볼 수 있다.

제체션 Sezession(영 Secession)
'분리'라는 뜻의 라틴어에서 유래되었고, 1900년경 아카데미즘 예술 경향을 탈피한 예술가 그룹에게 붙여진 명칭이다. 가장 중요한 집단은 비엔나 제체션으로, 유겐트슈틸 그룹(→올브리히와 호프만 참조)이다.

주두 capital
기둥의 최상부로서 그 형태는 고대건축에서 유래되었다. (도릭 또는 이오니아, 코린트, 콤포지트 등) 어떤 오더에 속하는가에 따라 그 형태가 달라진다.

주랑 colonnade
지주로 연결된 홀이나 복도. 줄지어 서있는 지주와 엔타블레처로 덮인 공간.

주철 예술 cast iron art
장식미술이나 건축에서 보이는 예술형태이며, 특히 19세기 프러시아(쉰켈의 크로이츠베르크 기념비: 베를린, 1818-21)의 주철 예술은 국가의 정체성에 크게 기여하였다.

지붕 roof
여러 형태가 있다. 경사 또는 박공지붕은 서로 기울어진 지붕면이 모여 마구리에 삼각형 박공면을 형성한다. 모임지붕은 지붕의 각 면이 경사져 내리며 좁은 모서리에서 만난다. 급경사 지붕과 달리 신건축운동은 평지붕 보급을 장려하여 건물들을 순수한 사각 형태로 한정하였다.

지주 pillar
건축의 수직 지지 요소. 여러 지주들을 조합하여 주랑colonade을 만들 수 있다. 벽면에 기둥을 박아 넣으면 벽기둥이 된다.

채움재 infill
목재나 철재 또는 콘크리트 구조체 사이의 벽을 채우는 자재(예를 들어 벽돌, 유리).

철골조 steel skeleton construction (→골조 참조)

철근콘크리트 reinforced concrete
또는 강화콘크리트라고도 한다. (→콘크리트 참조)

철제 건축 iron architecture
19세기부터 철과 강철은 건물의 내력부재로 널리 사용되었다. 이 구조는 충전재로 채워지거나 커튼월의 골조로서 이용되었다. 팩스턴의 크리스털 팰러스가 철제건축의 사례이며, 다른 건물과 마찬가지로 엔지니어가 설계하였으며, 그중 가장 유명한 것은 귀스타브 에펠이 파리에 세운 에펠탑이다.

추상주의 abstraction
1850년경 근대미술에서 시작된 경향으로, 예술작품 특히 회화에서 자연을 묘사할 때 형태를 단순화하여 표현하였다. 이 경향은 비구상 회화(추상회화)에서 절정을 이루었으며, 1910년경의 피트 몬드리안이나 카시미르 말레비치의 작품들을 예로 들 수 있다.

커튼월 curtain wall
비내력 파사드나 내력 구조 앞에 부착된 유리, 화강석, 플라스틱 부착면을 말한다.

코니스 cornice
건물 상부를 장식하는 수평 장식 돌출물.

콘크리트 concrete
내구성 있고 비교적 가벼우며 값싼 물질로, 모래, 자갈과 시멘트로 만들며, 이 재료들이 섞여져 돌처럼 딱딱해지며, 거푸집을 사용해 원하는 형태로 주조할 수 있다. 1879년 프랑스의 엔네비크가 철근콘크리트 형태로 완성하였다. 이는 철이나 강철 뼈대를 첨가하여 콘크리트의 내력특성을 강화한 것으로, 아주 너른 면적의 지붕을 짤 수 있게 되었다. 다양한 용도에 대응하는 콘크리트의 적응성 때문에 20세기 가장 중요한 건설자재가 되었다.(→페레, 르 코르뷔지에 참조)

큐비즘(입체파) Cubism
영어의 cube, 라틴어 'cubus'와 연관되며, 1907년 이후부터 피카소, 브라크, 들로네 등이 채택한 스타일로, 자연 형태를 기본 기하형태로 환원하고 있다. 이와 같이하는 건축운동으로는 프라하 큐비즘Prague Cubists이 있다.

테두리장식 border
직물 가장자리를 꾸미는 장식 천 조각. 또한 벽의 연결에도 쓰인다.

템피에토 tempietto
이탈리아어로 '소성당'을 말한다.

투영 projection
파사드의 최정면에서 형태를 투사하는 의미로서, 원래는 16, 17세기에 프랑스 성chateaux 건설에서 유래된 용어이다. 중간

투영과 측면 투영도 가능하다.

파사드 façade
라틴어로는 '파시에스facies'로 외부 형태를 의미한다. 주택의 '얼굴'로서, 보통은 전면 벽을 말하며 또는 가장 돋보이도록 의도한 벽면을 말한다. 파사드의 외관이나 분절로 특정 시대나 양식의 특징을 나타낸다.

파이앙스 faïence
투명(유탁) 유약을 바른 채색도기로, 르네상스 시대에 이런 도기의 생산 중심지였던 이탈리아 도시 파엔차Faenza에서 그 이름이 유래되었다.

팔라디오 양식 Palladian
후기 르네상스 건축가 안드레아 팔라디오가 발전시킨 건축양식으로, 고대의 고전주의 양식에서 유래되었다. 18세기에 널리 전파되었으며, 처음에는 영국, 그리고 미국과 독일에서 고전주의 운동의 맥락 속에서 전개되었다.

팝아트 Pop Art
'Popular art'에서 유래된 말로, 예를 들어 수프 캔이나 폴크스바겐 비틀 같은 일상용품들이 예술의 주제가 되며, 이것들을 놀라운 방식으로 강조하고 또한 매우 색다르게 표현한 1960년대의 예술운동을 말한다. 팝아트를 주도한 사람으로는 앤디 워홀과 로버트 로젠버그, 로이 리히텐슈타인이 있다.

퍼골라 pergola
지붕 덮인 유보도로, 보통 기둥이나 지주들을 줄지어 짜 넣고 그 위로 넝쿨식물들을 얹었다.

평지붕 flat roof (→지붕 참조)

포비즘(야수파) Fauves
포브Fauves는 프랑스어로 야만인을 뜻한다. 앙리 마티스가 대표인 예술가 그룹으로, 드레스덴의 브뤼케파 예술가들과 동시대이며, 생생한 움직임과 자연 탐구가 특징인 미술을 만들어 냈다.

포스트모더니즘 Post-Modernism
엄격하게 기능주의를 적용하고 기둥의 오더나 전통 장식형태를 금지하였던 고전적인 모더니즘에 반발하여, 1960년 후반부터 로버트 벤투리와 찰스 무어 작품에서 시작된 건축운동. 이들은 미국에서 (그리고 알도 로시의 작품처럼 이탈리아에서) 그간 엄금되었던 형태들을 즐겁게 되살려냈다.

포인티드 아치 pointed arch (→아치 참조)

포티코 portico
열주로 둘러싸고 그 위로 지붕이 덮인 현관으로, 고대 신전건축에서 볼 수 있다.

표준화 standardization
근대건축의 중요 목표 중의 하나가 건물의 구성요소나 부재 사이의 일관성을 확보하는 것이었다. 일관성이 확보되면 각 요소나 부재들이 서로 잘 들어맞고 최소 비용으

로도 매우 다양한 환경 속에서 쓸모가 있기 때문이다.

표현주의 Expressionism
20세기 초 예술운동으로, 주로 서유럽과 동유럽 미술(브뤼케파, 포비즘)과 건축(암스테르담파)에서 나타났다. 표현주의 건축의 가장 두드러진 특징은 운동감이나 색채, 그리고 종종 상세한 장식의 표현이었다. 건축자재로 주로 벽돌이나 연와를 썼다.

프리즈 frieze
보통 지붕이나 천장 아래 부분으로, 고대시대부터 구상이나 추상 형태로 장식하였다.

플루팅 fluting
기둥column 몸체에 난 수직 홈.

피라미드 pyramid
사각형 밑면과 정점에서 서로 만나는 네 변이 이루는 기하형태로, 네 면은 기울어진 삼각형이다. 역사 초기의 피라미드는 이집트 왕들의 무덤이었지만, I.M.페이가 설계한 루브르 박물관의 유리 피라미드 출입구는 20세기 아이콘이 되었다.

필로티 pilotis
건물을 지지하는 지주나 각주를 가리키는 프랑스어. 르 코르뷔지에는 필로티 위에 얹은 건물(빌라 사보아, 위니테 다비타시옹)들을 즐겨 사용하였다. 필로티는 지층을 개방할 수 있다. 또한 그러한 구조적 이유 때문에 예를 들자면, 지진 파괴로부터 보호될 수 있다.(→쉰들러의 로벨 비치하우스 참조)

하이테크 건축 high-tech architecture
1980년대부터 첨단기술로 보이는 건물들을 강조하여 이르는 말. 대표 건축가로는 노먼 포스터와 리처드 로저스가 있으며, 렌조 피아노와 함께 하이테크 건축으로 가장 잘 알려진 파리의 퐁피두센터를 설계하였다.

합리주의 rationalism
(라틴어 'ratio-'는 이성을 의미) 일반적으로 이성적 해결로 나아가는 20세기 건축이나 도시계획의 흐름을 말한다. 기능주의와 상당히 연관되며 신건축운동의 목표였다. 이탈리아 근대건축에서 'Razionalismo'도 이 건축경향(테라니 참조)을 이르는 말이다.

해체주의 Deconstructivism
이 운동은 1988년 필립 존슨과 마크 위글리가 뉴욕현대미술관에서 개최한 '해체주의 건축Deconstructivists Architecture' 전시회를 통해 알려졌다. 해체주의 건축은 엇지르거나 조각나고 심하게 기울어진 형태 때문에 모던 건축이나 포스트모던 건축과는 구별된다. 이들은 1980년대와 1990년대 서구세계에 (반드시 서구세계만은 아니었지만) 널리 퍼져있던 불안정감을 표현하였다. 해체주의 건축물을 볼 때의 첫 느낌은 놀라움인데, 이는 기술적으로 명백한 실현 불가능성이나, 뜻밖의 재료 사용 또는 낯설은 형태언어 때문이다. 이제는 국제적인 경향이 되었으며, 해체주의의 대표 건축가로는 게리, 리베스킨트, 하디드, 코프 힘멜블라우, 피터 아이젠만 그리고 베르나르 츄미 등이 있다.

인명 해설 Index of Names

진하게 표시된 페이지 번호는 관련되는 도판을 가리킨다.

(1963–68)을 실현하였다. **77**

루티언스, 에드윈 Lutyens, Sir Edwin
(1869–1944)
20세기 전반 가장 중요한 영국 건축가로, 예술공예운동에 기반을 두고 있다.
주요 작품 : 인도 총독 관저(뉴델리, 1930년 완공), 티에발Thiepval 전몰자 기념비(프랑스 아미앵 근처, 1927–32) 22, **51**, 65

르 코르뷔지에 Le Corbuser **(1887–1965)**
(본명은 샤를르 에두아르 잔느레 그리Charles Édouard Jeanneret Gris) 스위스에서 태어난 프랑스 건축가. 20세기 가장 위대한 도시계획가이자 건축가 중의 한 사람이 되었다. 재료(콘크리트)를 사용하는 측면이나 필로티를 선호하여 사용한 건축 양식면에서 매우 혁신적이었다.
주요 작품 : 빌라 사보아(파리 근교 포와시, 1929–31), 위니테 다비타시옹(마르세유, 1947–52), 노트르담 뒤 오 성당(롱샹, 1950–55) 16, 21, 23, 36-39, 44, 60, 63, **64**, 65, **66**, **69**, 70, 79, 96-98

리머슈미트, 리하르트 Riemerschmid, Rihard **(1868–1957)**
독일 건축가이며 공예가. 예술공예운동에 영향받았으며, 독일 유겐트슈틸 지도자 중의 한 사람이다. 10

리베스킨트, 다니엘 Libeskind, Daniel **(1946–)**
해체주의 경향의 베를린 유태인 박물관(1991–99)을 설계하였다. 이 박물관은 매우 독특한 종류의 기념건축물로서, 지형적이며 역사적인 함축이 복합적으로 짜여진 관계가 삽입되어 있다. 108, **109**, 110

리씨츠키, 엘 Lissitzky, El **(1890–1941)**
러시아 구성주의 미술가이면서 건축가. 그의 작품은 데 스테일이나 바우하우스에 지대한 영향을 미쳤다. **34**-35

리트펠트, 헤리트 토마스 Rietveld, Gerrit Thomas **(1888–1964)**
네덜란드 건축가이며 디자이너. 목제 가구 제작자. 그의 '붉고 푸른 의자'Red and Blue Chair'(1917)와 슈뢰더 주택(위트레흐트, 1924)은 데 스테일 운동의 개념을 전형적으로 번역한 것이다. 26, **32**-34, 44

마이어, 리차드 Meier, Richard **(1934–)**
가장 성공한 미국 건축가이며 뉴욕 파이브의 한 사람이다. 1970년대 초기의 마이어 건축은 1920년대 '백색 모더니즘White Modernism'의 전통과 관련 있다.
주요 작품 : 도시주택(헤이그, 1986–95) 90, **111**

마이어, 아돌프 Meyer, Adolf **(1881–1929)**
독일 건축가. 처음에는 페터 베렌스와 일했으나, 후에 발터 그로피우스와 협동하여 알펠트에 파구스 공장을 설계하였다.
주요 작품 : 플라네타리움(예나, 1925), 국제연맹본부(제네바, 1929) 19, **20**, 43

말레비치, 카시미르 Malevich, Kasimir **(1878–1935)**
러시아 화가로서 절대주의의 창시자이다.

그의 작품 '백색 배경의 백색 사각형White Square on a White Ground'(1918)에서 보듯이, 논리적으로 '순수한pure' 추상을 추구하였다. 34

매킨토시, 찰스 레니 Mackintosh, Charles Rennie **(1868–1928)**
스코틀랜드 건축가이면서 공예가. 가장 중요한 작품인 글라스고우 미술학교(1896–1909)는 각진 기하학적 형태언어로 유명한데, 미술공예운동과 아르누보의 영향을 모두 보여주고 있다. 11, 13, **14**

멘델존, 에리히 Mendelsohn, Erich **(1887–1953)**
독일 표현주의 건축가로, 1933년 이스라엘로 이주하였다. 상업건물 분야의 신건축운동을 이끈 대표인물이며, 무엇보다도 쇼켄 백화점 설계로 유명하다.
주요 작품 : 아인슈타인 타워(포츠담, 1920–24), 콜럼버스 하우스(베를린, 1929–30), 차임 바이츠만 하우스(텔아비브, 1948–52) 20, **26**, 27, 53

멘디니, 알레산드로 Mendini, Alessandro **(1931–)**
이탈리아 디자이너이면서 디자인 이론가. 특히 알레시, 필립스, 스워치 회사 등의 산업디자인 제품을 개발했으며, 1989년 이래로 동생과 함께 건축가로도 활동하고 있다. 111

멜니코프, 콘스탄틴 Melnikow, Konstantin **(1890–1974)**
러시아 구조주의 건축가. 처음에는 고전주의로 시작하였으나 근대 소련 건축의 가장 중요한 대표 건축가로 발전하였다. **35**, 96

모리스, 윌리엄 Morris, William **(1834–1896)**
영국 공예가이며 예술가, 이론가이며 개혁가이고, 예술공예운동의 창립자이다. 아르누보와 독일공작연맹에 절대적인 영향을 미쳤다. 10, 18

몬드리안, 피트 Mondrian, Piet **(1872–1944)**
네덜란드 화가. 모든 것을 원색과 기본 기하형태로 축소한 그의 그림은 데 스테일 예술가 그룹에 영향을 주었다. 26, 31, 32

무어, 찰스 Moore, Charles **(1925–1993)**
미국 건축가. 포스트모던 건축의 창시자 중의 한 사람.
주요 작품 : 무어 자택(오린다, 1962), 이탈리아 광장(뉴올리언스, 1974–78). **85**, 86, 87, 88, 95, 96

무테지우스, 헤르만 Muthesius, Hermann **(1861–1927)**
독일 건축가. 영국을 모델로 시골풍 주택을 주로 지었다. 예술공예운동에 영향을 받아 독일에 공작연맹을 설립하는 것이 목표였다.
주요 작품 : 미텔호프Mittelhof(베를린, 1914–15) 19

므롱, 피에르 드 Meuron, Pierre de
(→자크 헤르초크 참조)

미스 반 데어 로에, 루트비히 Mies van der Rohe, Ludwig **(1886–1969)**
독일 건축가이자 디자이너. 유리와 철을 사용해 절제된 기하학적 형태언어를 바탕으로 근대건축을 창조하는 데 탁월하였다.
주요 작품 : 바르셀로나 파빌리온(1929), 투겐다트 주택(브륀, 1930), 레이크쇼 드라이브 아파트(시카고, 1950–52), 신국립미술관(베를린, 1962–68) 14, 16, 17, 22-24, 33, 37-39, 44, 52, 57-59, 60-62, 74, 83, 84, 98, 102, 105

바그너, 마틴 Wagner, Martin **(1885–1957)**
독일 건축가이면서 도시계획가. 1926년에서 1933년 사이 베를린의 시정건축가로서 브루노 타우트, 한스 샤로운, 발터 그로피우스 등의 대형 주거 프로젝트를 실현하는 책임을 맡았다.
주요 작품 : 스트란드바드Strandbad(호변 욕장, 반제Wannsee, 1928–30, 리하르트 에르미슈와 공동작) 37

바그너, 오토 Wagner, Otto **(1841–1918)**
오스트리아 건축가. 그의 저서 『근대건축 Moderne Architektur』(1896)과 『대도시건축 Grossstadtarchitektur』(1911)으로 모더니즘의 길을 열었다. 바그너의 건축들, 우편저축은행(빈, 1904–06), 슈타인호프 교회(1903–06), 두 번째 바그너 자택(1910–12)은 일종의 선언서와도 같았다. 『바그너파 Wagner Schule』(1897–1916)라는 저술을 통해 널리 영향을 미쳤다. **14**, 28, 44

베니쉬, 귄터 Behnisch, Günter **(1922–2010)**
독일 건축가. 1972년 프라이 오토와 함께 뮌헨 올림픽 스타디움을 설계했다. 최근 작품들은 해체주의의 형태언어가 특징이다.
주요 작품 : 서독 국회의사당(본, 1992), 예술 아카데미(베를린, 1998–2000) **81**, **92**, 94

베렌스, 페터 Behrens, Peter **(1868–1940)**
독일 화가이며 건축가, 디자이너. 독일공작연맹(1907) 창시자 중 한 사람으로, 독일 근대건축운동의 지도자이며 선구자였다. 초기에는 유겐트슈틸과 신고전주의 경향을 보였으나, 1918년 이후 표현주의와 신건축운동으로 나아갔다.
주요 작품 : 다름슈타트 예술가촌(마틸덴회헤) 주택(1901), AEG 터빈공장(베를린, 1909), 독일대사관(상트 페테스부르크, 1911–12), 훼히스트 염료회사 본사(1920–24) 13, 17, 19, 22, **23**, 38, 39, 59, 96

베르크, 막스 Berg, Max **(1870–1947)**
독일 건축가. 브레슬라우 시정건축가로 일하였다. 21, 74

베를라허, 헨드리크 페트루스 Berlage, Hendrik Petrus **(1856–1934)**
네덜란드 건축의 가장 중요한 혁신 건축가. 암스테르담 증권거래소(1896–1903)의 정형화된 역사주의 양식을 극복하고, 20세기 전환기에 독일 건축가들에게 강한 영향을 주었다. 17, 25

벤투리, 로버트 Venturi, Robert **(1925–)**
미국 건축가이면서 도시계획가이고 이론가. 벤투리의 저작은 그를 포스트모던 건축의 창시자 위치에 올려놓았다. 저서로는 『건축의 복합성과 대립성Complexity and Contradiction in Architecture』(1966)과 『라스베가스의 교훈Learning from Las Vegas』(1972)이 포함되어 있다. 체스트넛 힐 주택(펜실베이니아, 1962)은, 국제주의 양식에서 거부하였던 전통건축 형태를 재미있게 그리고 다방면으로 사용한 초기 사례이다. 71, **84**

벨데, 앙리 반 데 Velde, Henry van de **(1863–1957)**
벨기에 건축가이면서 공예예술가, 개혁가였으며 독일 유겐트슈틸의 틀을 잡았다. 가장 중요한 건축구성작품으로는 폴크방 박물관의 실내장식(헤이그, 1901–02)과, 바이마르 장식미술학교(1906)가 있다. 독일공작연맹에 참가하여 수공예품(1914)을 생산하였지만, 산업화한 생산을 지지하였던 헤르만 무테지우스에 압도되었다. 12, **13**, 19, 33

보타, 마리오 Botta, Mario **(1943–)**
스위스 건축가. 티치노파의 가장 중요한 대표건축가. 강한 합리주의 건축가임에도 불구하고, 대지의 지형적 측면에도 탁월한 감수성을 보여주고 있다.
주요 작품 : 카사 로툰다(스타비오, 1965–67), 바칼로 주택(1986–89) **97**, 98

보필, 레비 리카르도 Bofill, Levi Ricardo **(1939–)**
스페인 건축가. 1963년 건축사무소 'Buro taller de Arquitectura'를 설립하고, 1970년대와 80년대 포스트모던 건축을 이끈 대표 건축가가 되었다. **86**, 95

비트루비우스 Vitruvius **(기원전 1세기)**
로마의 건축가이며 엔지니어. 그의 저서 『건축 10서ten books De Architectura』(기원전 31년경)는 르네상스에서 오늘날에 이르기까지, 고대 로마건축과 현대건축의 교류에 기본이 되고 있다. 37, 84

사리넨, 에로 Saarinen, Eero **(1910–1961)**
핀란드 태생 미국 건축가. 작품 중에는 제너럴 모터스 기술연구소(미시간 워런, 1948–56)처럼 국제주의 양식으로 유명한 건축물이 있으며, 또한 뉴욕 존 F. 케네디 공항의 TWA 터미널(1956–62)과 같이 표현적이며 유기적인 작품도 있다. 61, 70, **73**-75, 82

사리넨, 엘리엘 Saarinen, Eliel **(1873–1950)**
핀란드 태생 미국건축가. 헬싱키 중앙역사(1910–14)를 아르누보 양식으로 설계하였다. 1922년에는 시카고 트리뷴 사옥 현상설계에 참여하였다. 43, **44**, 61

사이트 SITE(Sculpture in the Environment)
1970년에 설립된 다분야에 걸친 미국 건축가 그룹. 베스트 체인을 위해 극적으로 연출된 슈퍼마켓 건축 시리즈로 흥미를 끌었다. 82, 91, 103

산텔리아, 안토니오 Sant'Elia, Antonio **(1888–1916)**
이탈리아 미래파 건축가. 도시와 산업건축에 대한 환상적인 디자인은 이탈리아 다음 세대 건축가들에게 지대한 영향을 미쳤다. 29

샤로운, 한스 Scharoun, Hans (1893–1972)

독일 건축가. 주거지계획(베를린 지멘스슈타트 1930)과 공동주거계획(베를린 샤를로텐부르크, 1930)은 그를 신건축운동의 지도자 중의 한 사람으로 위치시켰다. 매우 독창적인 평면은 샤로운이 유기적 건축 원칙의 신봉자였음을 보여준다.
주요 작품 : 독신자 주거Ledigenwohnheim(브레슬라우, 1929), 슈민케 주택(뢰바우, 1930–32), 필하모니(베를린, 1960–63) 20, **37**–39, 59, 73, **74**

설리번, 루이스 헨리 Sullivan, Louis Henry (1856–1924)

미국 건축가. 시카고파를 이끈 주요 인물. 개런티 빌딩(버펄로, 1894)이나 카슨 피어리 스콧 백화점(시카고, 1897–1904)처럼 건물 파사드를 엄격한 그리드로 분절하고 있다. 또한 기능적 요구에 따라 특별히 디자인하였으며, 이 때문에 설리번은 역사주의를 극복하고 20세기 기능주의 건축의 선구자가 되었다. 15, 16, 42, 44

세르트, 호세 루이스 Sert, Josep Lluís (1902–1983)

국제주의 양식으로 작업한 스페인 건축가. 1937년 파리 만국박람회의 스페인관은 고전주의적 기념성을 추구한 독일관과 소련관에 대한 안티테제였다. 54

쉬테–리호츠키, 마가레테 Schütte-Lihotzky, Margarete (1897–2000)

독일 건축가. 1926년 프랑크푸르트 시청 건축사무소에서 에른스트 메이와 일을 시작하였다. 공공 공동주거를 계획하면서 오늘날 시스템키친의 선구가 되었던 소위 '프랑크푸르트 키친'을 개발하였다.
주요 작품 : 브리안스크 학교(우크라이나, 1933–35) **38**

쉰켈, 카를 프리드리히 Schinkel, Karl Friedrich (1781–1841)

독일 건축가. 프러시아 고전주의의 가장 중요한 제창자(노이에 바흐Neue Wache : 베를린, 1818–1821, 고대박물관Altes Museum : 베를린, 1822–28). 그러나 프리드리히베르더 교회FriedrichSwerdersche Kirche(베를린, 1821–1830)에서는 네오고딕을 선택하기도 하였다. 또한 영국 산업혁명에 영향받아 주철 장식 같은 근대기술을 일찍이 수용하였으며(크로이츠베르크Kreuzberg 기념비 : 베를린, 1818–1821), 건물형태를 합리화하고 단순화하고 있다(바우아카데미Bauakademie : 베를린, 1836). 24, 59, 62, 90

슈페어, 알베르트 Speer, Albert (1905–1981)

독일 건축가. 히틀러 치하 국가사회주의당의 책임건축가 지위에 올랐으며, 신역사주의풍의 기념비적 건축물을 과장된 스케일로 건설하였다. 건설 총감독으로서 베를린을 게르마니아의 수도로서 거대 스케일로 개조할 계획을 세웠으나, 제2차 세계대전 과정에서 좌절되었다.
주요 작품 : 총독 관저(베를린, 1938–39), 뉴렘베르크 나치 당대회장(1934–37) 52, **53**, 54, 55, 57, 86

스미스, 알리슨 Smithson, Alison (1923–1993)
스미스, 피터 Smithson, Peter (1928–2003)

영국 건축가들. 미스 반 데어 로에의 영향을 받았으며, 브루탈리즘을 이끈 대표 인물들.
주요 작품 : 헌스탄톤중학교(노퍽, 1954), 이코노미스트 빌딩(런던, 1963–67) 62, 69, 78

스키드모어, 오윙스, 메릴 SOM: Skidmore, Owings & Merill

최초에 루이스 스키드모어(1897–1962), 나다니얼 오윙스(1903–1984), 존 O. 메릴(1896–1975)이 모여 설립한 건축사무소로, 고층 오피스빌딩을 전 세계에 계획하였다.
주요 작품 : 레버하우스(뉴욕, 1952) 61

스털링, 제임스 프레이저 Stirling, James Frazer (1926–1992)

영국 건축가. 초기에는 브루탈리즘에 속했지만(레스터대학 공학연구소, 1959–63), 후에 포스트모더니즘을 유희적으로 이끄는 대표가 되었다.
주요 작품 : 슈투트가르트 국립미술관(1977–84, 마이클 윌포드와 공동작), 테이트 갤러리의 클로어 윙(런던, 1980–85) 86, 90, 91, **96**, 108

시자 비에이라, 알바루 Siza Vieira, Alvaro (1933–)

포르투갈 건축가. 고전 모더니즘에 영향받았으며, 독자적인 현대 형태언어를 개발하여 미학적 효과나 예술적 공간구성이 뛰어나다.
주요 작품 : 포르투 건축대학(1986–95), 리스본 시아두Chiado 재건축(1988 이후), 갈리고 현대 아트센터(산티아고 데 콤포스텔라, 1988–94) **67, 107**

아우트, 야코뷔스 요하네스 피테르 Oud, Jacobus Johannes Pieter (1890–1963)

네덜란드 건축가이며 이론가. 데 스테일의 창립 멤버. 로테르담의 시정건축가로서 제한된 재정수단으로 고품질의 주거 프로젝트를 수행해냈다. 32, 38, 39

안도, 타다오 Ando, Tadao (1941–)

일본 건축가. 건물의 엄격한 비례라든가 콘크리트와 유리를 주재료로 사용하는 태도는 일본과 유럽 건축역사와의 강한 연관성을 보여준다. 98, **99**

알토, 휴고 알바 헨릭 Aalto, Hugo Alvar Henrik (1898–1976)

핀란드 건축가. 신고전주의와 국제주의 양식에 영향을 받아, 자신만의 유기적 건축양식을 발전시켰다. 72, 74

앨런, 윌리엄 밴 Alen, William van (1883–1954)

미국 건축가. 설계한 뉴욕 크라이슬러 빌딩은 20세기의 역동적인 마천루 건축의 전형이 되었다. 46, **47**, 87

야콥센, 아르네 Jacobsen, Arne (1902–1971)

덴마크 건축가. 뢰도브레 시청사(코펜하겐 근처, 1954–56)에서 볼 수 있듯이 국제 양식의 독자적인 변수를 개발하였다. 61, 62

얀, 헬무트 Jahn, Helmut (1940–)

독일 출생. 얀은 현재 고층건축을 만드는 데 가장 크게 성공한 건축가이다. 유리 사용이 설계의 기본이다.
주요 작품 : 메세트룸Messetrum(프랑크푸르트 암 마인, 1984–88), 소니 센터(베를린, 1996–2000)

에펠, 귀스타브 Eiffel, Gustave (1832–1923)

프랑스 엔지니어. 모리스 쾨쉴랭Maurice Koechlin(1889)과 건설한 파리의 에펠탑은 여전히 근대건축 아이콘 중의 하나이다. 8, 9, 110

엔델, 아우구스트 Endell, August (1871–1925)

독일 유겐트스틸 건축가이며 디자이너. 건물들을 유기적인 장식으로 꾸미고 치장하는 것이 특징이었다. 《디 유겐트Die Jugend》 잡지의 공동 발행인이었다.
주요 작품 : 엘비라 사진 아틀리에(뮌헨, 1897) 10

오르타, 빅토르 Horta, Victor (1861–1947)

아르누보를 주도한 벨기에 건축가.
주요 작품 : 타셀 주택(브뤼셀, 1893), 인민의 집(브뤼셀, 1896–99) 10, 11

오토, 프라이 Otto, Frei (1925–2015)

독일 건축가이며 엔지니어. 그가 전시시설이나 스포츠 시설(귄터 베니쉬와 합작한 뮌헨 올림픽 스타디움, 1972)들을 위해 만든 현수지붕은, 혁신적인 기술과 미학적 효과까지 겸비하고 있다. 76, 81

올브리히, 요제프 마리아 Olbrich, Joseph Maria (1867–1908)

오스트리아 유겐트슈틸 건축가. 주요 작품으로는 비엔나 제체션 회관(1897–98)과 예술가촌인 마틸덴회헤(다름슈타트, 1907) 건물들이 있다. 13, 15

웃손, 외른 Utzon, Jørn (1918–2008)

덴마크 건축가이며, 가장 잘 알려진 대표작으로 시드니 오페라하우스(1956–74)가 있다. 마치 배의 돛 같은 이 건축물은 도시의 상징이 되었다. 74, 75

웹, 필립 Webb, Philip (1831–1915)

영국 건축가. 윌리엄 모리스의 예술공예운동의 이상을 건축으로 옮겼다.
주요 작품 : 붉은 집Red House(켄트 주 벡슬리히스, 1859–1860) 10

윌포드, 마이클 Wilford, Michael

제임스 스털링의 건축 작업 협력자이면서 동업자. 86, 90, 108

이소자키, 아라타 Isozaki, Arata (1931–)

주요 일본 건축가 중의 한 사람.
주요 작품 : 후지미 컨트리클럽하우스(오이타, 1974), 츠쿠바 센터빌딩(1980–83), 데비스센터(베를린, 1996–97) 87, **98**

임스, 찰스 Eames, Charles (1907–1978)

미국 건축가이며, 영화감독이자 디자이너. 그의 부인 레이 임스Ray Eames(1916–1988)와 함께 20세기 가장 혁신적인 예술

가 중의 한 사람이었다. 산타 모니카 자택(1949)으로 가장 유명한데, 이 주택은 공업 생산된 부재들을 조립하여 건립하였고, 특히 주택을 위해 디자인한 의자들은 오늘날까지도 고전이 되고 있다. 58, 60

자게빌, 에른스트 Sagebiel, Ernst (1892–1970)

독일 건축가. 나치를 위해 기념비적인 관공서 건물들, 예를 들어 베를린의 항공운항성Reichs–lufthrtministerium과 템펠호프 공항(1935–39) 등을 지었다. 53

제니, 윌리엄 르 바론 Jenny, William Le Baron (1832–1907)

미국 건축가. 시카고파의 한 사람이며, 고층빌딩 건축의 선구자이다.
주요 작품 : 홈인슈어런스 빌딩(시카고, 1883–85), 라이터 빌딩 II(시카고, 1889–91) 42

젬퍼, 고트프리트 Semper, Gottfried (1803–1879)

독일 건축가이면서 예술이론가. 이탈리아 르네상스 건축처럼 절제된 양식으로, 분명하고 실용적인 형태와 여러 역사 양식에서 인용한 소박한 분절 등을 사용하여 건물을 지었다.
주요 작품 : 드레스덴 오페라하우스(1838–41. 화재로 불탄 후 1871–78 재건), 폴리테크니쿰Polytechnikum(취리히, 1855–57), 부르크극장Burgtheatre(빈, 1875–83) 8

존슨, 필립 코텔유 Johnson, Philip Cortelyou (1906–2005)

미국 건축가. 뉴욕 근대미술관 건축부 부장을 지냈으며, 미국의 국제주의 양식을 지지하였다. 후에 포스트모더니즘으로 방향을 바꾸었다.
주요 작품 : 글라스 하우스(뉴 캐넌, 1949), AT&T 빌딩(뉴욕, 1978–82) 58, 60, **87**

카라반, 다니 Karavan, Dani (1930–)

이스라엘 예술가. 그의 조각은 역사를 참조하며 건축적으로 만든 공간들로 구성되어 있다. 이런 예로 포르부Port-Bou에 있는 발터 벤야민의 기념물(1994)을 들 수 있다. 108-110

칸, 루이스 이사도르 Kahn, Louis Isadore (1901–1974)

미국 건축가. 브루탈리즘 건축의 주요 대표. 그의 설계는 기하학적 평면의 진지한 연구와 빛의 도입을 보여준다. 64, 69, **71**, 98

칸, 앨버트 Kahn, Albert (1869–1942)

미국 건축가. 포드 자동차회사를 위해 절제되고 기능적인 산업건축물들을 설계하였으며, 유럽의 모더니즘 건축 발전에 자극을 주었다. 19, 20, 23

칼라트라바 발스, 산티아고 Calatrava Valls, Santiago (1951–)

스페인 건축가. 1981년 이래로 취리히에 사무소를 개설하고 있다. 뛰어난 건축 엔지니어링 기술로 정교한 작품을 만들고 있으며, 교량이나 교통 교차시설을 포함하여 눈에 띄게 우아한 작품을 디자인하고 있다.

주요 작품 : 전시장(테네리페, 1992-95), 알라메다 버스터미널(1991-95) 103, **104**, 105

쿠넨, 요 Coenen, Jo **(1949-)**
네덜란드 현대건축을 이끄는 건축가 중의 한 사람. 고전적인 모더니즘에서 자신만의 조형 건축언어를 발전시켰다. 재료를 획기적으로 또한 다양하게 사용하며, 각 볼륨들을 매우 흥미있게 조합하는 것이 특징이다. 106

크라머, 피터 로더베이크
Kramer, Pieter Lodewijk **(1881-1961)**
네덜란드 건축가. 암스테르담파의 일원으로 1918년부터 암스테르담의 데 다헤라아트 DE Dageraad 주택 프로젝트에 다른 건축가들과 함께 참여하였다. 24, 25

크뤼거, 요하네스 Krüger, Johannes **(1890-1975)**
크뤼거, 발터 Krüger, Walter **(1888-1971)**
독일 건축가들.
주요 작품 : 탄넨베르크 국가기념 건축물 Nationaldenkmal(1927, 1935 개축), 주립 중앙은행Landeszentralbank(요하네스 크뤼거, 베를린, 1953-55) **51**

클레르크, 미켈 데 Klerk, Michel de **(1884-1923)**
네덜란드 건축가. 표현주의 암스테르담파의 한 사람. 다른 건축가들과 협력하여 암스테르담에 쉬파르츠하우스Schiffahrtshaus(1912-16)를 설계하였다.
주요 작품 : 스파른다머 광장 집합주택(1913-20), 데 다헤라아트 집합주거 계획(암스테르담, 1918 이후, 피터 크라머와 공동작) 24, 25

타우트, 브루노 Taut, Bruno **(1880-1938)**
독일 건축가. 표현주의 시기(유리 파빌리온, 쾰른 독일공작연맹전시회, 1914) 이후, 대단위 주거단지계획(후파이젠지들룽Hufeisensiedlung, 베를린-브리츠, 1925-30) 건설에 헌신하였다. 그의 비평은 일찍이 1929년부터 모더니즘을 수정하게 하였다.
주요 작품 : 카를 레긴 지들룽Carl Legien Siedlung(주거지계획, 베를린, 1930-32), 젠프텐베르크 학교(1930-32), 앙카라대학교 인문대학(1937-40) **19**, 26, 37, 39, 43, 102

타틀린, 블라디미르 Tatlin, Vladimir **(1885-1953)**
러시아 화가 겸 건축가. 구조주의를 이끈 대표인물. 주요 작품은 제3인터내셔널 기념탑(1919-20)으로 실현되지는 못하였다. 34, 35

탄게, 켄조 Tange, Kenzo **(1913-2005)**
일본 건축가. 제치장 콘크리트를 써서 뛰어나게 미학적인 결과를 얻었다(올림픽 아레나, 토쿄, 1964). 그가 설계한 건물 대부분은 강한 조형적 분절을 보여 준다(야마나시 라디오 센터, 고후, 1961-67). 64, 75, 81, **83**

테라니, 쥬세페 Terragni, Giuseppe **(1904-1941)**
이탈리아 합리주의의 선도자. 국제주의 양식을 직설적으로 도입한 그의 건축은, 파시스트 시기의 이탈리아 건축과 강하게 연관되어 있다. 그 예로, 이탈리아 코모에 있는 노보코뭄 아파트 블록(1927-28)과 카사 델 파시오(1932-36)가 있다. **36**, 37, 94

테세노프, 하인리히 Tessenow, Heinrich **(1876-1950)**
독일 건축가. 베를린 공예학교의 가장 영향력이 컸던 교수 중의 한 사람이었다. 드레스덴 헬레라우의 페스트슈피엘 하우스(페스티벌 홀, 1910) 같은 차분한 신고전주의는 많은 건축가들의 모범이 되었다. 그의 매우 감성 있는 미학적 감각의 예로는 쉰켈의 노이어 바슈Neue Wache를 변형시킨 전쟁 기념관(베를린, 1930-31)이 있다. 22, **24**, 52, 55

판 데어 메이, 요한 멜히오르
Van der Mey, Johann Melchior **(1878-1949)**
네덜란드 건축가. 표현주의인 암스테르담파의 한 사람. 암스테르담 쉬파르츠하우스 Schiffahrtshaus(1912-16) 집합주택 프로젝트의 선도 건축가이다. 24, 25

팔라디오, 안드레아 Palladio, Andrea **(1508-1580)**
르네상스 성기에 가장 영향력 있던 건축가이자 이론가. 고전형태에 기본을 두고 있으며, 오늘날까지도 모범이 되고 있다.(→포스트모더니즘 참조) 84, 96

팩스턴, 조셉 Paxton, Sir Joseph **(1801-1865)**
조경가로서 온실들을 설계하였으며, 이 온실을 패턴으로, 유리와 주철로 만든 획기적인 전시건물(크리스털 팰러스, 런던, 1851)을 만들었다. 7, 9, 102, 110

페레, 오귀스트 Perret, Auguste **(1874-1954)**
프랑스 개발업자이면서 건축가. 파리 프랭클렝 가 25번지 주택(1902-03)은, 건물의 미래 재료였던 콘크리트로 전환하고 널리 채택되는 데 결정적인 구실을 하였다. 9, 21, **22**

페이, 이에오 밍 Pei, Ieoh Meng **(1917-)**
중국 태생 미국 건축가. 페이는 미국에서 가장 성공한 실무건축가이다.
주요 작품 : 루브르 피라미드(파리, 1983-88), 독일 역사박물관 별관(베를린, 1998-2000) 89-91

포스터, 노먼 로버트
Foster, Sir Norman Robert **(1935-)**
하이테크 건축을 이끌고 있는 영국 건축가. 외관과 형태사용에서 고전주의 형태언어를 고의로 깨고 있다.
주요 작품 : 윌리스, 파버 & 뒤마스 보험회사(입스위치, 1970-75), 홍콩 상하이은행(홍콩, 1979-86), 베를린 국회의사당 재건축(1996-99), 대우 본사(서울, 1997-2000) 61, **80**, 81, 101, 113

필치히, 한스 Poelzig, Hans **(1869-1936)**
독일의 표현주의를 이끈 주창자로서, 그로세스 샤우슈필하우스Grosses Schauspielhaus(베를린 대극장, 1919)와 잘츠부르크 극장(1920-22)을 설계하였다. 그의 후기 작품들은 기능적이며 상징적인 특색을 보인다(IG-파벤 오피스, 프랑크푸르트 암 마인, 1928-31). 20, 27, 39, 52, 59

피아노, 렌조 Piano, Renzo **(1937-)**
이탈리아 건축가. 리처드 로저스와 함께 초현대적인 퐁피두센터(1971-77)를 실현하였다. 그의 최근 작품들은, 바젤 근처 리헨의 바이엘Beyerle 재단건물(1977)처럼 고전적인 모더니즘 형태에 개인적으로 확실한 해석을 가하거나, (테라코타로 덮인 파사드의 베를린 데비스 고층건물(1995-97)처럼) 재료를 세련되게 쓰는 것이 특징이다. 79, 89, 90

피아첸티니, 마르첼로
Piacentini, Marcello **(1881-1960)**
이탈리아 신고전주의 건축가로, 무솔리니 치하에서 국가 건축 책임자가 되었다.
주요 작품 : 로마대학교 본관(1932 착공) 36, 37, 55

하디드, 자하 Hadid, Zaha **(1950-2016)**
영국에서 활동하는 이란 태생 여성 건축가. 그녀의 표현 넘치는 디자인이나 바일 암 라인의 비트라 소방서(1993) 같은 건물들은 해체주의 건축의 주요 작품 중의 하나이다. 104, 105, 108

헤르초크, 자크 Herzog, Jaques **(1950-)**
피에르 드 므롱 Pierre de Meuron **(1950-)**
스위스 건축가 그룹으로, 최근 작품들이 차분하지만 시적이어서, 현대건축의 다음 발전 단계를 가리키는 지표가 되고 있다.
주요 작품 : 타볼레 석조주택(리구리아, 1982-88), 괴츠 미술관(뮌헨-오베르푀링, 1993), 스위스 재난보험 빌딩의 개축과 확장(바젤, 1995) 105-107

호프, 로버트 반트 Hoff, Robert van't **(1887-1979)**
네덜란드 건축가. 미국 유학 시 프랭크 로이드 라이트의 영향을 강하게 받았다. 유럽으로 돌아와 데 스테일 운동에 참가했으며, 1918년에서 1919년 사이에 대량 주거지 계획을 발전시켰다. 26

호프만, 요제프 Hoffmann, Josef **(1870-1956)**
오스트리아 유겐트슈틸 건축가이면서 디자이너로, 그의 큐비즘적 형태언어(푸케르스도르프 요양원, 1904)는 신건축운동의 차세대 건축가들에게 큰 영향을 주었다. 11, 14, 15, **17**

홀라인, 한스 Hollein, Hans **(1934-2014)**
오스트리아 건축가이면서 디자이너. 상상력 넘치는 포스트모던 작품들로 알려졌다.
주요 작품 : 압타이베르크 시립박물관(뮌헨글라트바흐 1972-82) 89, 90

회거, 프리츠 Höger, Fritz **(1877-1949)**
독일 건축가. 암스테르담파에 영향받아 독일 표현주의 건축을 이끈 대표 인물.
주요 작품 : 칠레하우스(함부르크, 1921-24) 27

후드, 레이먼드 Hood, Raymond **(1881-1934)**
20세기 고층빌딩을 디자인한 가장 중요한 미국 건축가. 당시 팽배했던 네오고딕 형태를 극복하고, 유럽 모더니즘의 형태를 도입하였다.
주요 작품 : 시카고 트리뷴 빌딩(시카고, 1925, 존 미드 호웰과 공동작), 맥그로우 힐 빌딩(1929), 록펠러 센터(뉴욕, 1931년 이후) **44**, 48, **49**, 87

휩쉬, 하인리히 Hübsch, Heinrich **(1795-1863)**
독일 건축가. 그의 책 『어떤 양식으로 지어야 하는가』In welchem Style sollen wir bauen』는 고전주의를 탈피하려는 논의에 결정적으로 공헌하였다. 8

현대건축 흐름과 맥락
The Story of MODERN ARCHITECTURE of the 20th Century

초판발행	2015년 4월 6일
초판 2쇄	2016년 3월 16일
초판 3쇄	2019년 2월 28일
저자	Jürgen Tietz
역자	고성룡
펴낸이	김성배
펴낸곳	도서출판 씨아이알
책임편집	정은희
디자인	백정수, 정은희
제작책임	김문갑
등록번호	제 2-3285호
등록일	2001년 3월 19일
주소	04626 서울특별시 중구 필동로 8길 43
전화	02-2275-8603(대표) 팩스번호 02-2265-9394
홈페이지	www.circom.co.kr

ISBN 979-11-5610-127-7 93540

정가 15,000원